图说羊病防控一本通

主编　席克奇　辛　峰　何宇喜

中国农业科学技术出版社

图书在版编目（CIP）数据

图说羊病防控一本通 / 席克奇，辛峰，何宇喜主编 .—北京：中国农业科学技术出版社，2020.9

ISBN 978-7-5116-4947-8

Ⅰ.①图… Ⅱ.①席… ②辛… ③何… Ⅲ.①羊病－防治－图谱 Ⅳ.① S858.26-64

中国版本图书馆 CIP 数据核字 (2020) 第 152703 号

责任编辑　张志花
责任校对　李向荣

出 版 者　中国农业科学技术出版社
　　　　　北京市中关村南大街 12 号　　邮编：100081
电　　话　（010）82106636（编辑室）（010）82109702（发行部）
　　　　　（010）82109709（读者服务部）
传　　真　（010）82106631
网　　址　http://www.castp.cn
经 销 者　各地新华书店
印 刷 者　北京科信印刷有限公司
开　　本　170 mm × 240 mm　1/16
印　　张　11.5
字　　数　245 千字
版　　次　2020 年 9 月第 1 版　2020 年 9 月第 1 次印刷
定　　价　59.80 元

《图说羊病防控一本通》

编　委　会

主　编　席克奇　辛　峰　何宇喜

副主编　景　川　张丽卓　孔祥莹

　　　　　姬安乐　孔祥英　王　鹏

编　委（以姓氏笔画为序）

　　　　　朱　磊　刘德明　李宏敏　何茂荣

　　　　　张玉良　张坤峰　张相冉　张晓亮

　　　　　陈成旭　孟德亮　赵桂春　赵维晓

　　　　　姜维义　徐明林　崔素艳　路清霞

免责声明

编者对本书做出如下声明：

1.《图说羊病防控一本通》仅供作为参考信息资料使用，书中大量药物为兽用药，请使用人员在严格遵守我国兽药相关的法律、法规、条例和规范的前提下，并参考《中华人民共和国兽药典》（2015 版）等相关资料进行临床合理用药。

2. 已经对《图说羊病防控一本通》所包含的信息，进行了严格把关。鉴于具体情况千差万别，不能面面俱到，若产生严重后果，本书相关工作人员均不承担任何法律责任。

内容简介

本书重点介绍了羊传染病的流行与防控、羊病的诊断与投药、羊的免疫接种、羊病毒性传染病的防控技术、羊细菌性传染病的防控技术、羊寄生虫病的防控技术、羊中毒性疾病的防控技术、羊营养代谢病的防控技术、羊普通病的防控技术等方面内容。文字通俗易懂，内容简明扼要，图文并茂，注重实际操作，可供养羊生产者及畜牧兽医工作人员阅读参考。

前　言

我国是世界养羊大国。据资料统计，2017 年我国养羊存栏达 3.11 亿只。羊是食草类牲畜，具有较高的食用营养价值和工业应用价值，是当前国家大力提倡发展的养殖种类。随着我国农村经济的发展和人们消费水平的提高，养羊业日益成为农业和农村经济结构调整的一个重要方向。

我国广大中部传统农区特别是粮食主产区，饲料资源十分丰富，具有发展养羊业的良好天然条件。而且羊主要食用落叶、枯草，不与牛争食，对精饲料需求少，适合家庭饲养。养羊具有投入少、见效快、收益高的特点，是促进粮食主产区农民增收的一个重要选择，在当前乃至今后一段时期具有广阔的发展前景。但是近几年来，由于各地养羊业迅猛发展，产业化水平不断提高，羊群的流动性加快，长途运输时有发生，这为一些疫病的传播和流行创造了条件，尤其是饲养模式的改变，给养羊生产带来了一些不可回避的问题，那就是疾病的流行更加广泛，多种疾病在同一个羊场同时存在的现象十分普遍，混合感染十分严重，一些疾病出现了非典型和温和型，这一切都给养羊场或养羊大户的疾病控制提出了新问题，特别是很多疾病在临床上有很多相似的症状出现，也给疾病的现场诊断带来很大困难。目前我国羊场中疾病诊断仍然比较落后，尤其缺乏实验室诊断手段，不能及时、准确地对疾病进行确诊。但是，疾病发生后，迅速诊断是控制疾病的前提，尤其对于一些传染性疾病来讲，只有尽早做出诊断，及时采取有效措施，损失才能降低到最小。基于这种现状，我们编写了这本《图说羊病防控一本通》，期望能对养羊生产者有所帮助。

本书在编写过程中，曾参考一些专家、学者撰写的文献资料，因篇幅所限，未能一一列出，在此表示衷心的感谢。

由于作者的理论和技术水平有限，书中不妥、错误之处在所难免，敬请广大读者批评指正。

作　者

2020 年 2 月

目　录

第一章　羊传染病的流行与防控

羊病，尤其是一些传染性疾病和成批发生的寄生虫病，是养羊业的大敌，如果疏于防范，往往会使整群甚至整个羊场毁于一旦，造成重大的经济损失。因此，在养羊生产中，必须贯彻“以预防为主”的方针，采取切实可行的措施，确保羊群健康无病，高产稳产。

一、病原微生物

动物传染病是由肉眼看不见且具有致病性的微小生物——病原微生物引起的。这些微生物包括病毒、细菌、支原体、真菌及衣原体等。

（一）病毒

病毒是很小的微生物，一般圆形病毒的直径为几十至100多纳米，必须用电子显微镜放大数万倍才能观察到。

病毒不能独立进行新陈代谢，每种病毒必须寄生在对其具有易感性的动物、植物或微生物的活细胞内，才能正常地生存和繁殖。由病羊消化道、呼吸道等排出的各种病毒，都是释放在细胞之外的，它们在自然界中不能繁殖，但能存活数十天至数百天之久，当有机会侵入羊体时，又在细胞内繁殖，引起疾病。

病毒有耐冷怕热的共性，温度越低，存活越久，但在高热环境中存活的时间很短。例如，绵羊肺腺瘤病毒在56℃下经30分钟即可灭活。不同病毒对酸、碱、日光、紫外线及各种消毒剂有不同的耐受力，但大多数不能耐受碱和长时间（半小时以上）的日光直射。

病毒性羊病与细菌性羊病的一个不同之处是，前者用疫苗预防的效果比较好，但一般来说没有特效药物可以治疗。抗生素及磺胺类药物的作用是破坏细菌的新陈代谢，而病毒靠寄生生存，没有自身的代谢，因而不受这些药物的影响。能够进入细胞杀灭病毒而又不损害细胞的化学药品，研制难度大，仅取得有限的进展。有些病毒性羊病可以用高免血清治疗，虽有特效，但费用比较高。

（二）细菌

细菌是单细胞的微生物，直径或长度一般为几微米至几十微米，用普通光学显微镜放大1 000多倍可以观察到。依细菌的形态可分为球菌、杆菌和螺旋菌3种类型，有些球菌和杆菌在分裂之后，仍由一般显微镜下看不到的原浆带相连，从而排列成一定形态，分别称为双球菌、链球菌、葡萄球菌、链状杆菌等。

细菌与病毒不同，它能独立进行新陈代谢。只要有适宜的温度、湿度、酸碱度及营养等条件，细菌就可以大量地分裂繁殖。例如，大肠杆菌在适宜条件下，每

20分钟左右就分裂1次。一般病原菌在10～45℃的温度下都可以繁殖，以37℃最为适宜。当外界环境不利时，细菌会减缓乃至停止繁殖，但能较长时间地存活，待环境有利时再恢复繁殖。

有些细菌能在细胞壁外面形成肥厚的胶状物，包裹整个菌体，这种胶状物称为荚膜，它具有抵抗动物细胞的吞噬和消除抗体的作用，从而增强细菌的致病能力。还有些杆菌在外界环境不利时能形成一种有坚实厚壁的圆形或椭圆形囊状结构，称为芽孢，可大大增强对高温、干燥及消毒药的抵抗力。能否形成荚膜和芽孢以及芽孢呈现什么形态是菌种的特征，因而是鉴别细菌的依据之一。

细菌可以在人工培养基上进行培养，在固体培养基上培养时，细菌大量繁殖所形成的肉眼可见的聚集物称为菌落，不同细菌的菌落呈不同形态，这也是鉴别细菌和诊断传染病的依据之一。

羊的细菌性传染病都可以用药物进行预防和治疗，但大多数细菌性传染病没有可供免疫接种的疫苗，只有少数有用于预防的疫苗，但效果也不够理想，仅在必要时使用。

（三）支原体

又称霉形体，其大小介于细菌和病毒之间，结构比细菌简单，但能独立生存。支原体没有真性细胞壁，只有极薄的胞质膜，不足以保持固定形态，因而呈多形性，如球形、杆形、星形、螺旋形等。多种抗生素如土霉素、金霉素对支原体有效，但青霉素的作用是破坏细胞壁的合成，而支原体并无真性细胞壁，所以青霉素对支原体无效。

（四）真菌

真菌包括担子菌、酵母菌和霉菌，一般担子菌、酵母菌对动物无致病性，霉菌种类繁多，有些霉菌对羊有致病性，如烟曲霉菌使饲料、垫料发霉，引起羊的曲霉菌病，黄曲霉菌常使花生饼变质，喂羊后易引起中毒。

霉菌的形态是细长的菌丝，有很多分枝，各执行不同的功能。一些菌丝肉眼看不到，大量菌丝聚在一起呈丝绒状，是人们所常见的形态。

霉菌能够进行独立的新陈代谢，在温暖（22～28℃）、潮湿和偏酸性（pH值为4～6）的环境中繁殖很快，并可产生大量的孢子浮游在空气中，易被羊吸入肺部。一般消毒药对霉菌无效或效力甚微。

（五）衣原体

衣原体是一种介于病毒和细菌之间的微生物，生长繁殖的一定阶段寄生在细胞内，对抗生素敏感。

二、传染病的传播

某些病原微生物侵入羊体后，在羊体内生长繁殖，损伤羊体组织，扰乱其生理功能而引起疾病。这种疾病可由一只病羊传染给同群的其他健康羊，也可由一个羊群传染给其他羊群而发生同样的疾病，因而称为传染病。

羊传染病的传播扩散，必须具备传染源、传播途径和易感羊群3个基本环节，如果打破、切断和消除这3个环节中的任何一个环节，就可终止羊传染病的流行（图1-1）。

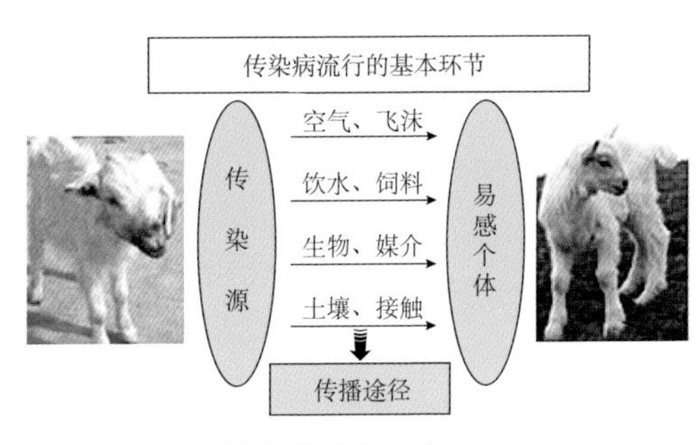

图 1-1　羊传染病的流行途径

（一）传染源

即病原微生物的来源。主要传染源是病羊和带菌（毒）的羊，病羊不仅体内有病原微生物繁殖，而且通过各种排泄物将病原微生物排出体外，传播扩散，使健康羊发生传染病。但带菌（毒）的隐性感染羊，由于缺乏病症，不被人们注意，往往会被认为是健康羊，这样就潜伏了极大的危险，易造成大面积传播。另外，患传染病的羊尸体处理不当，其他带菌（毒）的动物等，也是散播病原微生物的重要传染源。

（二）传播途径

羊传染病的病原微生物，由传染源向外传播的途径有 2 种，即垂直传播和水平传播。

1. 垂直传播

也叫亲子代传递。是种羊感染了（包括隐性感染）某些传染病时，体内的病菌或病毒能侵入受精卵，传播给下一代羔羊。能垂直传播的羊病有沙门氏菌病、支原体病、脑脊髓炎、大肠杆菌病等。

2. 水平传播

也叫横向传播，是指病原微生物通过各种媒介在同群羊和地区之间的传播。这种传播方式面广量大，媒介物也很多。同群羊之间的传播媒介主要是饲料、饮水、空气中的飞沫与灰尘等，远距离传播的媒介通常是羊舍内清除出去的垫料和粪便、运羊车辆、在各羊场间周转的饲料包装袋及工作人员的衣物等。

（三）羊的易感性

病原微生物仅是引起传染病的外因，它通过一定的传播途径侵入羊体后，是否导致发病，还要取决于羊的内因，也就是羊的易感性和抵抗力。羊由于品种、日龄、免疫状况及体质强弱等不同，对各种传染病的易感性有很大差别。例如，在日龄方面，羔羊对沙门氏菌、大肠杆菌等易感性高，成年绵羊则对痒病朊病毒易感性高；在免疫状况方面，羊群接种过某种传染病的疫苗后，产生了对该病的免疫力，易感性即大大降低。当羊群对某种传染病处于易感状态时，如果体质健壮，也有一定的抵抗力。

三、传染病的感染与发病

（一）感染的类型

某种病原微生物侵入羊体后，必然引起羊体防卫系统的抵抗，其结果必然出现以下三种情况：一是病原微生物被消灭，没有形成感染；二是病原微生物在羊体内的一定部位定居并大量繁殖，引起病理变化和症状，也就是引起发病，称为显性感染；三是病原微生物与羊体内防卫量处于相对平衡状态，病原微生物能够在羊体某些部位定居，进行少量繁殖，有时也引起比较轻微的病理变化，但没有引起症状，也就是说没有引起发病，则称为隐性感染。有些隐性感染的羊是健康带菌、带毒者，会在较长时期内排出病菌、病毒，成为易被忽视的传染源。

（二）发病过程

显性感染的过程,可分为以下4个阶段。

1. 潜伏期

病原微生物侵入羊体后，必须繁殖到一定数量才能引起症状，这段时间称为潜伏期。潜伏期的长短，与入侵的病原微生物毒力、数量及羊体抵抗力强弱等因素有关。例如,小羊瘟的潜伏期一般为3 ~ 5天，其最大范围为2 ~ 10天。

2. 前驱期

此时是羊发病的征兆期，病羊表现精神不振、食欲减退、体温升高等一般症状，尚未表现出该病特征性症状。前驱期一般只有数小时至1天多。某些最急性的传染病如羊快疫、羊猝狙等，没有前驱期。

3. 明显期

此时羊的病情发展到高峰阶段，表现出病的特征性症状。前驱期与明显期合称为病程。急性传染病的病程一般为数天至2周左右，慢性传染病则可达数月。

4. 转归期

即病程发展到结局阶段，病羊有的死亡，有的恢复健康。康复羊在一定时期内对该病具有免疫力，但体内仍残存并向外排放该病的病原微生物，成为健康带菌或带毒羊。

四、羊传染病的基本防治措施

（一）预防羊传染病的基本措施

1. 羊场选址要符合防疫要求

羊场的场址应背风向阳，地势高燥，水源充足，排水方便。位置要远离村镇、机关、学校、工厂和居民区，与铁路和公路干线、运输河道也要有一定距离。

2. 对饲养人员和车辆要进行严格消毒，切断外来传染源

羊场入口应设置消毒设施，外来车辆进入场区和饲养人员出入羊舍时要经过消毒（图1–2）。

图1–2　肉羊场大门消毒

3. 建立场内兽医卫生制度

不得把后备羊或新购入的羊与成年羊混养，以防止疫病接力传染。食槽、水槽要保持清洁卫生，定期清洗消毒。粪便要定期清除。羊转群前或羊舍进羊前要彻底对羊舍和用具进行消毒（图1–3）。

图1–3　羊舍消毒

定期对羊群进行计划免疫和药物防病，定期驱虫。疫苗接种是防止某些传染病发生的可靠措施，在接种时要查看疫苗的有效期、接种方法及剂量等。预防性用药是根据某些病的发病规律提前用药，应注意各种抗菌药物交替使用，以防病原菌产生耐药性（图 1-4、图 1-5）。

图 1-4 皮下注射法，选择在颈上部

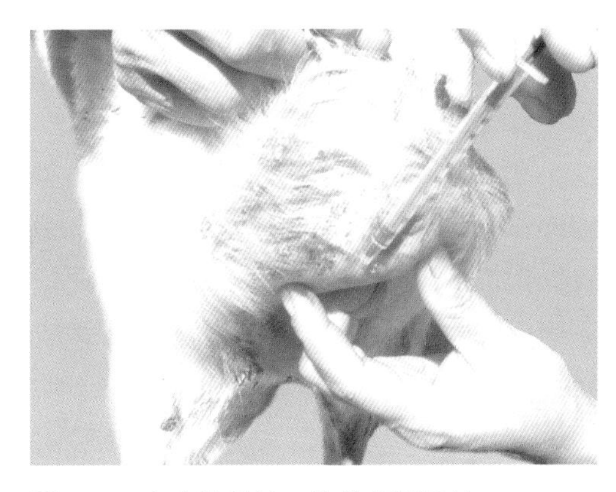

图 1-5 皮内注射法，选择在尾根处

养羊场要重视和做好除鼠、防蚊、灭蝇工作。

4. 加强羊群的饲养管理，提高羊的抗病能力

（1）供给全价饲粮 饲粮的营养水平不仅影响羊的生产能力，而且缺乏某些成分可发生相应的缺乏症。所以要从正规的饲料厂购买饲料，贮存时注意时间不要过长，并防止霉变和结块。在自配饲粮时，要注意原料的质量，避免饲粮配方与实际应用脱节。

（2）给予适宜的环境温度 适宜的环境温度有利于提高羊群的生产能力。如果温度过高或过低，都会影响羊群的健康，冷热不定很容易导致羊群呼吸道疾病的发生。

（3）维持良好的通风换气条件 羊舍内的粪便及残存的饲料受细菌的作用可产生大量的氨气，加上羊呼吸排出的气体，都对羊十分有害。特别是氨气一旦达到使人感觉不适甚至流泪的程度，即可导致羊呼吸道黏膜损伤而发生细菌和病毒的感染。要减少羊舍内的有害气体，一方面可采取在不突然降低温度的情况下开窗或排风扇排气，另一方面要保持地面干燥卫生，减少氨气的产生。

（4）保持合理的饲养密度 密度过大可造成羊群拥挤和空气中有害气体增多，羊群易患伤寒、球虫病、大肠杆菌病等。

5. 建立兽医疫情处理制度

兽医防疫人员每天要深入羊舍观察羊群，有疫情要立即诊断。发现传染病时，病羊隔离，死羊深埋或烧毁。对一些烈性传染病（如羊小反刍兽疫等），应及时报告上级兽医机关，并封锁羊场，进行紧急接种，直至最后一只病羊死亡半月后不再有病羊出现，方可报告上级部门解除封锁。对污染的羊舍和用具要进行消毒处理，羊的粪便需要堆积发酵后方可运出场外。

（二）扑灭羊群传染病的基本措施

一旦发生传染病时，为了扑灭疫情，避免造成大范围流行，必须立即查明和消

灭传染源，切断传播途径，提高羊群对传染病的抵抗力。

1. 发现异常，及早做出诊断

发现羊群中有部分羊发病或异常时，应立即请兽医人员亲临现场，做出病情诊断，并查明发病原因。如不能确诊，应立即送病料到兽医权威部门进行确诊。必要时应把疫情通知周围羊场或养羊户，以便采取预防措施。

2. 针对疫情，及时采取防治措施

当确诊为羊小反刍兽疫、羊口蹄疫等烈性传染病时，如为流行初期，应立即对未发病羊进行疫苗紧急接种，以便在短期内使流行逐渐停止。但是，已经感染正在潜伏期的病羊，接种疫苗后，不但不能使其免疫，反而可能加速发病死亡。所以到了流行中期，已经感染但貌似健康的羊为数很多，此时接种疫苗，往往收效不大。当确诊为巴氏杆菌病等细菌性传染病时，在流行初期除用疫苗进行紧急接种外，还可用磺胺类药物或抗生素进行治疗和预防，并加强饲养管理。

3. 严格隔离和封锁，防止疫情蔓延

对发生传染病的羊群要进行全部检疫，对检出的病羊要隔离治疗；疑似病羊应隔离观察，对病羊或疑似病羊设专人饲养管理。对发生传染病的羊群和羊场，应及早划定疫区，进行严格封锁（图 1–6）。在封锁期间，禁止羔羊、种羊调进或调出。待场内病羊已经全部痊愈或处理完毕，羊舍、场地和用具经过严格消毒后，经 2 周再无新病例出现，然后再做一次严格大消毒，方可解除封锁。

图 1–6　疫区封锁

4. 坚决淘汰病羊，彻底进行环境消毒

羊群发病后，对所有病重的羊要坚决淘汰。如果可以利用，必须在兽医部门同意的地点，在兽医监督下加工处理。羊毛、血水、废弃的内脏要集中深埋，肉尸要高温处理。病死羊的尸体、粪便和垫料等应运往指定地点烧毁或深埋，防止猪、犬等扒吃（图 1–7）。对被污染的羊舍、运动场及饲养用具，都要用 2% ~ 3% 的热氢氧化钠溶液等高效消毒剂进行彻底消毒。

图 1–7　病死羊的处理

第二章　羊病的诊断与投药

一、羊病的诊断

诊断的目的是为了尽早地认识疾病，以便采取及时而有效的防治措施。只有及时正确地诊断，防治工作才能有的放矢，使羊群病情得以控制，免受更大的经济损失。羊病的诊断主要从以下几个方面着手。

（一）流行病学调查

有许多羊病的临床表现非常相似，甚至雷同，但各种病的发病时机、季节、传播速度、发展过程、易感日龄、发病羊的品种、性别及对各种药物的反应等方面各有差异，这些差异对鉴别诊断有非常重要的意义。如进行了某些传染病的预防接种的羊，在接种免疫期内可排除相关的疫病。因此，在发生疫情时要进行流行病学调查，以便结合临床症状和化验结果，确定最后诊断。

（二）临床诊断

临床诊断是诊断羊病最常用的方法。将通过问诊、视诊、触诊、叩诊和嗅诊所发现的症状表现及异常变化，综合起来加以分析，往往可以对疾病做出诊断，或为进一步检验提供依据。

1. 大群检查

接触羊群时，首先对群体进行检查，从大群羊中先剔出病羊和可疑病羊，然后再对其进行个体检查。运动、休息和摄食、饮水的检查，是对羊群进行临床检查的三大环节；眼看、耳听、手摸、检温（即用体温计检查羊的体温），是对羊群进行临床检查的主要方法。运用“看、听、摸、检”的方法，通过三大环节的检查，可以把大部分病羊从羊群中检查出来。运动时的检查，是在羊群自然活动和人为驱赶活动时的检查，从不正常的姿态中找出病羊。休息时的检查，是在保持羊群安静的情况下，通过看和听，以检出姿态、声音有异常变化的羊。摄食、饮水时的检查，是在羊自然摄食、饮水或喂给少量食物、饮水时进行的检查，以检出摄食、饮水有异常表现的羊。

（1）运动时的检查　检查者位于羊群旁边或进入羊群内。首先，观察羊的精神外貌和姿态步样。健康羊精神活泼，步态平稳，不离群，不掉队。而病羊多精神不振，沉郁或不安，步行踉跄或做回旋运动，跛行，前肢软弱跪地或后肢麻痹，有时突然倒地发生痉挛等。发现这些异常表现的羊时，应将其剔出做个体检查。其次，注意观察羊的天然孔及分泌物。健康羊鼻镜湿润，鼻孔、眼及嘴角干净；病羊则表现鼻镜干燥，鼻孔流出分泌物，有时鼻孔周围粘有脏土、杂物，眼角附着脓性分泌物，嘴角流出唾液。发现这样的羊，应将其剔出复检。

（2）休息时的检查　检查者位于羊群周围，保持一定距离。首先，有顺序地并尽可能逐只观察羊地站立和躺卧姿态。健康羊吃饱后多合群卧地休息，时而进行反刍，当有人接近时常起立离去。病羊常独自呆立一侧，肌肉震颤及痉挛，或离群单卧，长时间不见其反刍，有人接近也不理睬。发现这样的羊应做进一步检查。其次，也要注意羊的天然孔、分泌物及呼吸状态等，当发现口、鼻及肛门等处流出异常分泌物及排泄物，鼻镜干燥和呼吸促迫时，也应剔出。再次，注意被毛状态，如发现被毛有脱落之处，无毛部位有痘疹或痂皮时，也要剔出做进一步检查。休息时的检查还要听羊的各种声音，如听到磨牙声、咳嗽声或喷嚏声时，也要剔出复检。

（3）摄食、饮水时的检查　是在放牧、喂饲或饮水时对羊的食欲及摄食饮水状态进行的观察。健康羊在放牧时多走在前头，边走边吃草，饲喂时也多抢着吃草，当饮水时或放牧中遇见水时，多迅速奔向饮水处，争先喝水。病羊吃草时，多落在后边，时吃时停，或离群站立不吃草，当全群羊吃饱后，病羊的肷窝（肷部）仍不臌胀，饮水时或不喝或暴饮，如发现这样的羊，应予剔出复检。

2. 个体检查

（1）问诊　问诊是通过询问畜主或饲养员，了解羊发病的有关情况。询问内容一般包括：发病时间，发病只数，病前和病后的异常表现，以往的病史、治疗情况、免疫接种情况，饲养管理情况以及羊的年龄、性别等。但在听取其回答时，应考虑所谈情况与当事人的利害关系（责任），分析其可靠性（图 2-1）。

（2）视诊　视诊是观察病羊的表现。视诊时，最好先从距病羊几步远的地方观察羊的肥瘦、姿势、步态等情况；然后靠近病羊详细察看被毛、皮肤、黏膜、结膜、粪尿等情况（图 2-2）。

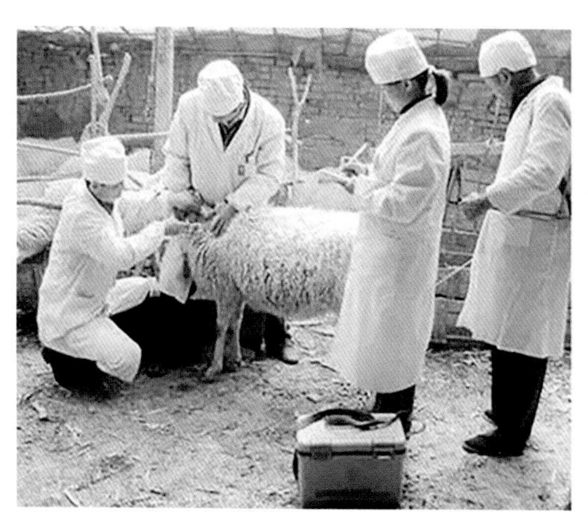

图 2-1　羊病问诊

图 2-2　羊病视诊

①肥瘦　一般患急性病，如急性臌胀、急性炭疽等，病羊身体仍然肥壮；相反，患慢性病，如寄生虫病等，病羊身体多表现瘦弱。

②姿势　观察羊只一举一动是否与平时相同，如果不同，就可能是患病的表现。有些疾病表现出特殊的姿势，如破伤风表现四肢僵直、行动不灵便。

③步态　一般健康羊步行活泼而稳重。如果羊患病时，常表现行动不稳，或不愿行走。当羊的四肢肌肉、关节或蹄部发生疾病时，则表现为跛行。

④被毛和皮肤　健康羊的被毛平整而不易脱落，富有光泽。在病理状态下，被毛粗乱蓬松，失去光泽，而且容易脱落。

患螨病的羊，患部被毛可成片脱落，同时皮肤变厚、变硬，出现蹭痒和擦伤。在检查皮肤时，除注意皮肤的颜色外，还要注意有无水肿、炎性肿胀、外伤以及皮肤是否温热等。

⑤黏膜　一般健康羊的眼结膜，鼻腔、口腔、阴道和肛门黏膜表面光滑呈粉红色。如口腔黏膜发红，多半是由于体温升高和身体有发炎的地方。黏膜发红并带有红点、血丝或呈紫色，是由于严重的中毒或传染病引起的。黏膜苍白，多为贫血；呈黄色，多为黄疸；呈蓝色，多为肺脏、心脏患病。

⑥吃食、饮水、口腔、粪尿　羊采食或饮水忽然增多或减少，以及喜欢舔泥土、吃草根等，也是患病的表现，可能是慢性营养不良。反刍减少、无力或停止，表示羊的前胃可能患病。口腔患病时，如喉炎、口腔溃疡、舌有烂伤等，打开口腔就可以看出来。羊的排便状态也要检查，主要检查其形状、硬度、色泽及附着物等。正常时，羊粪呈小球形，没有难闻臭味。病理状态下，粪便有特殊臭味，见于各型肠炎；粪便过于干燥，多为缺水和肠弛缓；粪便过于稀薄，多为肠功能亢进；前部肠管出血可见粪便呈黑褐色，后部出血则粪便呈鲜红色；粪便内有大量黏液，表示肠黏膜有卡他性炎症；粪便中混有完整谷粒或很粗的纤维，表示消化不良；混有纤维膜时，表示为纤维素性肠炎；混有寄生虫及其节片时，说明体内有寄生虫。正常羊每天排尿 3 ～ 4 次，排尿次数和尿量过多或过少，以及排尿痛苦、失禁，都是患病的征候。

⑦呼吸　正常时，羊每分钟呼吸 12 ～ 20 次。呼吸次数增多，见于热性病、呼吸系统疾病、心脏衰弱及贫血、腹压升高等；呼吸次数减少，主要见于某些中毒病、代谢障碍、昏迷。另外，还要检查呼吸型、呼吸节律以及呼吸是否困难等。

（3）嗅诊　诊断羊病时，嗅闻分泌物、排泄物、呼出气体及口腔气味也很重要。如肺坏疽时，鼻液带有腐败性恶臭；胃肠炎时，粪便腥臭或恶臭；消化不良时，可从呼气中闻到酸臭味。

（4）触诊　触诊是用手指或手指尖感触被检查的部位，并稍加压力，以便确定被检查的各个器官组织是否正常。触诊常用如下几种方法。

①皮肤检查　主要检查皮肤的弹性、温度、湿度、有无肿胀和伤口等（图 2–3）。羊的营养不好，或得过皮肤病，皮肤就没有弹性。高热时，皮温会升高。

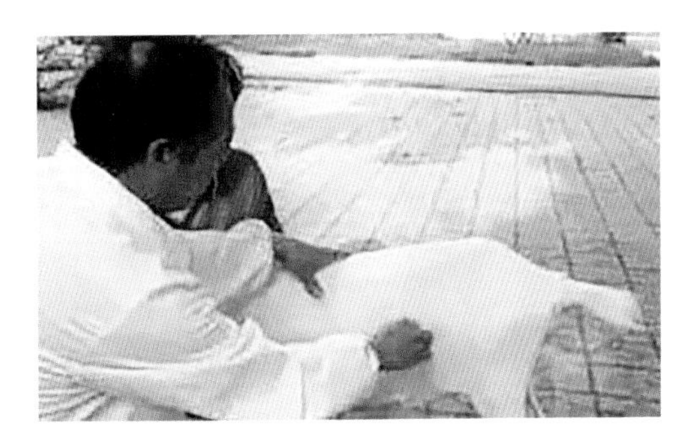

图 2–3　羊病触诊

②体温检查　一般用手摸羊耳朵或把手插进羊嘴里去握住舌头，可以知道病羊是否发热。测温的准确方法，是用体温表测量。在给病羊测体温时，先把体温表的水银柱甩下去，涂上油或水以后，再慢慢插入肛门里，体温表的 1/3 留在肛门外面，插入后滞留的时间一般为 2 ～ 5 分钟。一般幼羊的体温比成年羊高一些，热天时体温比冷天高一些，运动后的体温比运动前高一些，这都是正常的生理现象。羊的正常体温是 38 ～ 40℃。如高于正常体温，则为发热，常见于传染病。

③脉搏检查　检查时，注意每分钟跳动次数和强弱等。检查羊脉搏的部位，是用手指摸后肢股部内侧的动脉。健康羊每分脉搏跳动70～80次。患病时，脉搏的跳动次数和强弱都与正常羊不同。

④体表淋巴结检查　主要检查颌下、肩前、膝上和乳房上淋巴结。当羊发生结核病、伪结核病、链球菌病时，体表淋巴结往往肿大，其形状、硬度、温度、敏感性及活动性等也会发生变化。

⑤人工诱咳　检查者站立在羊的左侧，用右手捏压气管前3个软骨环，羊患病时，就容易引起咳嗽。羊发生肺炎、胸膜炎、结核病时，咳嗽低弱；发生喉炎及支气管炎时，则咳嗽强而有力。

（5）听诊　听诊是利用听觉来判断羊体内正常的和有病的声音，听诊部位为胸部（心脏、肺脏）和腹部（胃、肠）。听诊的方法有2种，一种是直接听诊，即将一块布铺在被检查的部位，然后把耳朵紧贴其上，直接听羊体内的声音。另一种是间接听诊，即用听诊器听诊（图2-4）。不论用哪种方法听诊，都应当把病羊牵到清静的地方，以免受外界杂音的干扰。

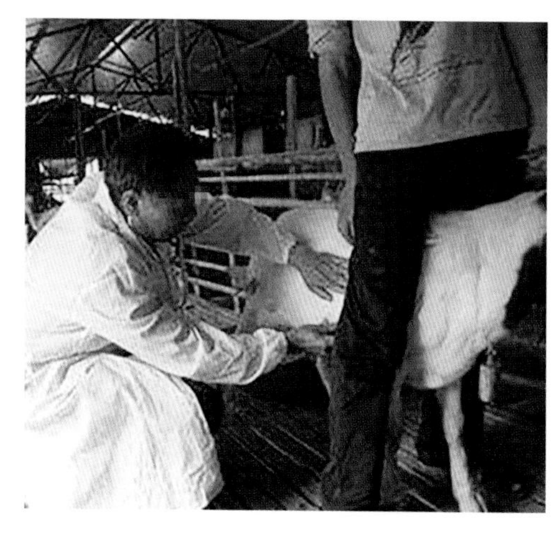

图2-4　羊病听诊

①心脏听诊　心脏跳动的声音，正常时可听到“嘣—咚”两个交替发出的声音。“嘣”音,为心室收缩时所产生的声音，其特点是低、钝、长、间隔时间短，叫作第一心音。“咚”音，为心室舒张时所产生的声音，其特点是高、锐、间隔时间长，叫作第二心音。第一、第二心音均增强，见于热性病的初期；第一、第二心音均减弱，见于心脏功能障碍的后期或患有渗出性胸膜炎、心包炎；第一心音增强时，常伴有明显的心搏动增强和第二心音微弱，主要见于心脏衰弱的后期，排血量减少、动脉压下降时；第二心音增强时，见于肺气肿、肺水肿、肾炎等病理过程中。如果在正常心音以外听到其他杂音，多为瓣膜疾病、创伤性心包炎、胸膜炎等。

②肺脏听诊　是听取肺脏在吸入和呼出空气时，由于肺脏振动而产生的声音。一般有下列5种。

肺泡呼吸音：健康羊吸气时，从肺部可听到“夫”的声音，呼气时，可以听到“呼”的声音，这称为肺泡呼吸音。肺泡呼吸音过强，多为支气管炎、黏膜肿胀等；过弱时，多为肺泡肿胀、肺泡气肿、渗出性胸膜炎等。

支气管呼吸音：是空气通过喉透过喉头狭窄部所发出的声音，类似“赫”的声音，此音传到气管，称气管呼吸音，在肺前部支气管区听到的称支气管呼吸音。如果在肺部其他部位听到这种声音，多为肺炎的肝变期，见于羊传染性胸膜肺炎等疾病。

啰音：是支气管发炎时，管内积有分泌物，被呼吸的气流冲动而发出的声音。啰音可分为干啰音和湿啰音2种。干啰音甚为复杂，有咝咝声、笛声、口哨声及猫鸣声等，多见于慢性支气管炎、慢性肺气肿、肺结核等。湿啰音类似含漱音、沸腾音或水泡破裂音，多发生于肺水肿、肺充血、肺出血、慢性肺炎等。

捻发音：这种声音像用手指捻毛发时发出的声音，多发生于慢性肺炎、肺水肿等。

摩擦音：一般有2种，一种为胸膜摩擦音，多发生在肺脏与胸膜之间，多见于纤维素性胸膜炎、胸膜结核等。因为胸膜发炎，纤维素沉积，使胸膜变得粗糙，当呼吸时，两层胸膜互相摩擦而发出声音，这种声音像一手贴在耳上，另一手的手指轻轻摩擦贴耳的手背所发出的声音。另一种为心包摩擦音，当发生纤维素性心包炎时，心包膜的壁层和脏层失去润滑性，因而伴随心脏的跳动两层膜互相摩擦而发生杂音。

③腹部听诊：主要是听取腹部胃、肠运动的声音。羊健康的时候，于左肷窝可听到瘤胃蠕动音，呈逐渐增强又逐渐减弱的“沙沙”音，每分钟可听到3～6次。羊患前胃弛缓或发热性疾病时，瘤胃蠕动音减弱或消失。羊的肠音，类似于流水声或漱口声，正常时较弱。在羊患肠炎初期，肠音亢进；便秘时，肠音消失。

（6）叩诊　叩诊是用手指或叩诊锤来叩打羊体表部分或体表的垫着物（如手指或垫板），借助所发声音来判断内脏的活动状态。羊叩诊方法是左手食指或中指平放在检查部位，右手中指由第二指节成直角弯曲，向左手食指或中指第二指节上敲打。叩诊的音响有清音、浊音、半浊音、鼓音。清音，为叩诊健康羊的胸廓所发出的持续、高而清的声音。浊音，为健康状态下，叩打臀及肩部肌肉时发出的声音。在病理状态下，当羊胸腔积聚大量渗出液时，叩打胸壁出现水平浊音。半浊音，为介于浊音和清音之间的一种声音，叩打含少量气体的组织，如肺缘，可发出这种声音；羊患支气管肺炎时，肺泡含气量减少，叩诊呈半浊音。鼓音，如叩打左侧瘤胃处，发鼓响音；若瘤胃臌胀，则鼓响音增强。

（三）病理剖检诊断

病理剖检是对羊病进行现场诊断的一种重要诊断方法。在临床诊断时，有些疾病症状很不明显，有些发病后突然死亡，来不及临床检查或临床检查没有发现任何病症，并且羊发生传染病、寄生虫病或中毒性疾病时，器官和组织常呈现出特征性病理变化，这样可通过病羊死后尸体剖检，做全面、系统的观察，检查组织器官的病理变化，结合生前症状，做出正确的诊断（图2–5）。

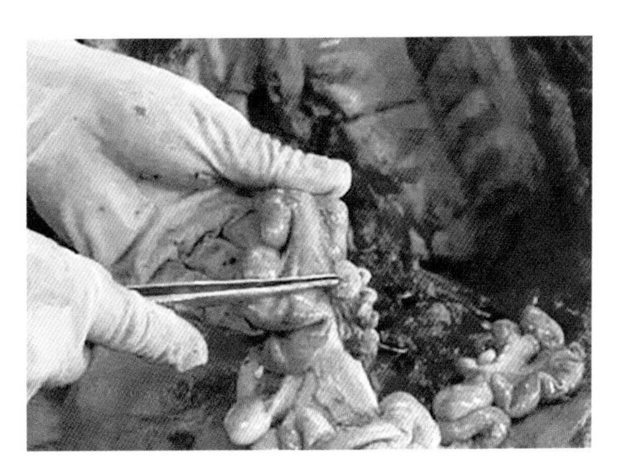

图2–5　羊病剖检

在实践中，有条件应尽可能剖检病羊尸体，必要时可剖杀典型病羊。除肉眼观察外，必要时可采取病料送有关部门进行病理组织学检查。

1. 尸体剖检时的注意事项

剖检所用器械要预先用高压蒸汽消毒

锅进行消毒。剖检前应对病羊或病变部位进行仔细检查，如怀疑为炭疽时，应先采耳尖血涂片镜检，排除后方可进行剖检。剖检时间越早越好（一般不应超过死后24小时），特别是在夏天，尸体腐败后影响观察和诊断。剖检时应保持清洁，注意消毒，尽量减少对周围环境和衣物的污染，并做好个人防护。剖检后将尸体和污染物做深埋处理，在尸体上撒上生石灰或10%石灰乳、4%氢氧化钠溶液、5% ~ 20%漂白粉溶液等。

尸体和污染的表层土壤铲除后投入坑内，埋好后对埋尸地面要再次进行消毒。

2. 剖检方法和程序

为了全面系统地观察尸体内各组织、器官所呈现的病理变化，尸体剖检必须按照一定的方法和程序进行。尸检程序如下。

（1）外部检查　主要包括羊的品种、性别、年龄、毛色、特征、营养状况、皮肤等一般情况的检查，死后变化，口、眼、鼻、耳、肛门和外生殖器等天然孔检查，并注意可视黏膜的变化。

（2）剥皮与皮下检查

①剥皮方法　尸体仰卧固定，由下颌间隙经过颈、胸、腹下（绕开阴茎或乳房、阴户）、肛门做一纵切口，再由四肢系部经其内侧至上述切线做4条横切口，然后剥离全部皮肤。

②皮下检查　应注意检查皮下脂肪、血管、血液、肌肉、外生殖器、乳房、唾液腺、眼、扁桃体、食道、喉、气管、甲状腺、淋巴结等的变化。

（3）腹腔的剖开与检查

①腹腔剖开与腹腔脏器的取出　剥皮后使尸体左侧卧位，从右侧肷窝部沿肋骨弓至剑状软骨切开腹壁，再从髋关节至耻骨联合切开腹壁。将此三角形的腹壁向腹侧翻转即可暴露腹腔。检查有无肠变位、腹膜炎、腹腔积液或腹腔积血等异常。在横膈膜之后切断食道，用左手插入食道断端握住食道向后牵拉，右手持刀将胃、肝脏、脾脏背部的韧带和后腔静脉、肠系膜根部切断，即可取出腹腔脏器。

②胃的检查　从胃小弯处的瓣皱胃孔开始，沿瓣胃大弯、网瓣胃孔、网胃大弯、瘤胃背囊、瘤胃腹囊、食管、右侧沟线路切开，同时注意内容物的性质、数量、质地、颜色、气味、组成及黏膜的变化，特别应注意皱胃的黏膜炎症和寄生虫，瓣胃的阻塞状况，网胃内的异物、刺伤或穿孔，瘤胃内容物的状态等。

③肠道的检查：检查肠外膜后，沿肠系膜附着缘对侧剪开肠管，重点检查内容物和肠系膜，注意内容物的质地、颜色、气味和黏膜的各种炎症变化。

④其他器官的检查 主要包括肝脏、胰脏、脾脏、肾脏、肾上腺等，重点注意这些器官的颜色、大小、质地、形状、表面和切面有无异常变化等。

（4）骨盆腔器官的检查　除输尿管、膀胱、尿道外，重点检查公羊的精索、输精管、腹股沟、精囊腺、前列腺、外生殖器官，母羊的卵巢、输卵管、子宫角、子宫体、子宫颈与阴道。重点观察这些器官的位置及表面和内部的异常变化。

（5）胸腔器官的检查　割断前腔静脉、后腔静脉、主动脉、纵膈和气管等同心脏和肺脏的联系后，即可将心脏和肺脏一同取出。检查心脏时应注意心包液的数量、颜色，心脏的大小、形状、软硬度、心室和心房的充盈度，心内膜和心外膜的变化。

检查肺脏时，重点注意肺脏的大小变化、表面有无出血点和出血斑、是否发生实变、气管和支气管内有无寄生虫等。

（6）脑的取出与检查　先沿两眼的后沿用骨锯横向锯断，再沿两角外缘与第一锯相接锯开，并于两角的中间纵锯－正中线，然后两手握住左、右角用力向外分开，使颅顶骨分成左、右两半，即可露出脑。应注意检查脑膜、脑脊液、脑回和脑沟的变化。

（7）关节的检查　尽量将关节弯曲，在弯曲的背面横切关节囊。注意囊壁的变化，确定关节液的数量、性质及关节面的状态。

（四）实验室诊断

在诊断羊病的过程中，对其中一些疾病特别是某些传染病，必须配合实验室检查才能确诊。当然，有了实验室检查结果，还必须结合流行病学调查、临床症状和病理剖检所见再进行综合分析，切不可单靠化验结果就盲目做出结论。

（五）药物诊断

使用药品治疗疾病，有的疗效很好，非常理想；有的疗效不明显；有的无疗效，病情越来越重。如使用抗生素治疗病毒性传染病无效，而治疗细菌性传染病有效，这给临床诊断提供了可靠依据。

（六）鉴别诊断

随着养羊生产的发展，羊病的临床表现和病理变化变得错综复杂，给临床诊断带来了一定的困难。对于小型养羊场而言，在羊病诊断中，鉴别诊断相对难度较大，但非常重要，必须给予高度重视。要根据病原特性、流行特点、临床症状、病理特征，认真分析，仔细梳理，从可能会发生的多种疾病中逐一排除，最后做出正确诊断。

二、羊体保定

在进行医疗检查时，应在了解羊的习性基础上，视个体情况，尽可能在其自然状态下进行。必要时，可采取一定的保定措施，以便检查和处理，保证人、羊安全。接近羊只时，要胆大、心细、温和、注意安全。检查者先向其发出欲接近的信号，然后从其侧前方徐徐接近。接近后，可用手轻轻抚摸其颈部或臀部，使其保持安静、温顺状态。

（一）握角骑跨夹持保定法

保定者两手握住羊的两角或头部，骑跨羊身以腿内侧夹持羊两侧胸壁即可保定。适用于临床检查和治疗时的保定（图2-6）。

图 2-6　握角骑跨夹持保定法

（二）两手围抱保定法

保定者从羊胸侧用两手分别围抱其前胸或股后部加以保定（图 2-7）。羔羊保定时，保定者坐着抱住羔羊，羊背向保定者，头朝上，臀部朝下，两手分别握住前后肢。适用于一般的临床检查或治疗时的保定。

图 2-7　两手围抱保定法

（三）侧卧保定法

保定大羊时，保定者俯身从对侧一手抓住两前肢系部或一前肢臂部，另一只手抓住两后肢系部，前后一起按住即可。为了保证牢靠，可用绳索将羊四肢捆绑在一起（图 2-8）。适用于治疗和简单手术的保定。

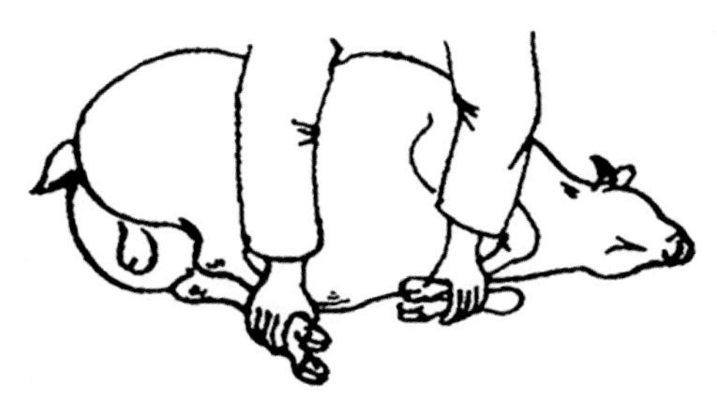

图 2-8　侧卧保定法

（四）倒立式保定法

保定者骑跨羊颈部，面向后，两腿夹紧羊体，弯腰用手将羊两后肢提起（图 2-9）。适用于阉割、后躯检查等。

图 2-9　倒立式保定法

（五）拴系保定法

拴系保定法就是用绳子拴系在羊角或羊的颈部，并将绳子固定在木桩或护栏上，使羊不能大幅度活动的保定方法。此法在保定人员的协助下可对羊的各部位进行检查和治疗。

（六）手术床保定法

将羊四肢捆绑在专用手术床上，根据需要使其侧卧或仰卧。此法多用于手术。

三、羊的投药方法

在养羊生产中，为了促进羊群生长，预防和治疗某些疾病，经常需要进行投药。羊的投药方法很多，大体上可分为两大类：一是全群投药法，二是个体给药法。

（一）全群投药法

1. 混水给药

（1）操作方法　将药物溶解于水中，让羊自由饮用。此法常用于预防和治疗羊病，尤其是适用于已患病、采食量明显减少但饮水状况较好的羊群。投喂的药物应该是较易溶于水的药片、药粉和药液，如葡萄糖、高锰酸钾、四环素、卡那霉素、北里霉素、磺胺二甲基嘧啶、亚硒酸钠等。

（2）应注意的问题　对油剂（如鱼肝油等）及难溶于水的药物（如制霉菌素、红霉素），不能采用此法给药。

对微溶于水且又易引起中毒的药物片剂，要充分研细，然后溶于水中，使之成为悬浮液。

对其水溶液稳定性较差的药物，如青霉素、金霉素、土霉素等，要现用现配，一次配用时间不宜超过 8 小时。为了保证药效，最好在用药前停止供水 1 ~ 2 小时，然后再喂给药液，以便羊群在较短时间内将药液饮完。

要准确掌握药物的浓度。用药混水时，应根据“毫克 / 千克”或“%”首先计算出全群羊所需药量，并严格按比例配制符合浓度的药液。“毫克 / 千克”代表百万分率，例如，125 毫克 / 千克就是百万分之 125，等于每千克水中加入 125 毫克药物或每吨水中加入 125 克药物。如果将“毫克 / 千克”换算成“%”（百分数），把小数点向左移 4 位即可，如 500 毫克 / 千克 = 0.05%。

应根据羊的可能饮水量来计算药液量。羊的饮水量多少与其品种、饲养方法、饲料种类、季节及气候等因素紧密相关，生产中要给予考虑。如冬天饮水量一般减少，配给药液就不宜过多；而夏天饮水量增加，配给药液必须充足，否则就会造成部分羊只饮药液过少，影响药效。

2. 混料给药

（1）操作方法　将药物均匀混入饲料中，让羊吃料时能同时吃进药物。此法简便易行，切实可靠，适用于长期投药，是养羊生产中最常用的投药方式。适用于混料的药物比较多，尤其对一些不溶于水且适口性差的药物，采用此法投药更为恰当，如土霉素、复方新诺明、氯苯胍、微量元素、多种维生素、鱼肝油等。

（2）应注意的问题　药物与饲料的混合必须均匀，尤其对一些易产生不良反应的药物。如磺胺类药物及某些抗寄生虫药物等，更要特别注意。常用的混合方法是将药物均匀混入少量饲料中，然后将含有全部药量的部分饲料与大批量饲料混合。大批量饲料混药，还需多次逐步递增混合才能达到混合均匀的目的，以保证饲喂时每只羊都能服入大致等量的药物。

要注意掌握饲料中药物的浓度。混料浓度与混水浓度虽然都用“毫克 / 千克”或“%”表示，但饲料中的药物浓度不能当作溶液中的药物浓度，因为混水比混料的药物浓度往往要高。例如，北里霉素混饲浓度为 110 ~ 330 毫克 / 千克，而混水的浓度却为 250 ~ 500 毫克 / 千克。但对羊易产生毒性的药物（如磺胺类药物），其混水量往往比混料量低，如磺胺嘧啶，用于治疗时混料浓度为 0.2%，而混水的浓度为 0.1%。

3. 药浴和喷淋

是防治羊体外寄生虫，尤其是螨病的有效措施。

（1）操作方法　一般可选择在每年剪毛或抓绒后 7 ~ 10 天进行。选取表

2-1 中所列杀虫药物配成所需浓度的水乳剂，使羊在药浴池（图 2-10）或特制药浴、喷淋装置内进行药浴或喷淋，也可人工使其在药浴池或大盆、大锅内逐只进行。药淋装置目前国内主要有 2 种，一种是 9AL-8 型药淋装置，主要由机械和建筑两部分组成。另一种是流动药浴车，主要型号有 9A-21 型新长征一号牛羊洗浴车、9LYY-15 型移动式羊洗浴机、9AL-2 型小型洗浴机以及 9YY-16 型移动式羊洗浴车。9AL-2 型小型洗浴机每 15 ~ 30 分钟可淋浴羊 200 ~ 250 只。药淋装置多在牧区使用，深受牧民欢迎。规模化羊场多建药浴池，而小规模饲养和散养多采用大盆或大锅进行药浴。

图 2-10　药浴池药浴

（2）应注意的问题　药浴或喷淋要选择在温暖晴朗的天气进行，药浴或喷淋前要使羊只饮足水，以免因口渴误饮药液，引发中毒。

在药浴过程中，应注意浴液的温度，保持在 36 ~ 39℃，并随时补充新药液，以保证浴液的有效浓度。

（二）个体给药法

1. 口服法

（1）长颈瓶给药法　当给羊灌服液态药物时，可将药物倒入细口长颈的玻璃瓶、塑料瓶或一般的酒瓶中。

操作时，先站立保定羊只，抬高羊的嘴巴，给药者右手持药瓶，左手用食指和中指自羊右口角伸入口内，轻轻压迫舌头，羊口即张开。然后右手将药瓶口从左口角伸入羊口中，并将左手抽出，待瓶口伸到舌头中段，即抬高瓶底，将药物灌入（图 2-11）。

（2）药板给药法　专用于给羊服用舌用舔剂。舔剂不流动，在口腔中不会向咽部滑动，因而不致发生误咽。给药时，使用竹制或木制的药板，药板长约 30 厘米、宽约 3 厘米、厚约 3 毫米，表面须光滑没有棱角（图 2-12）。

表 2-1　药浴或喷淋时常用的杀虫药

药物名称	作用范围	使用方法	水用量（克 /100 千克）	备注
溴氰菊酯	广谱杀虫药	药浴或喷淋	2	屠宰前 7 天停药
氯菊酯	广谱杀虫药	药浴 喷淋	2 40	屠宰前 7 天停药
敌匹硫磷（螨净）	广谱杀虫药	药浴 喷淋	20 60	屠宰前 7 天停药
杀灭菊酯	广谱杀虫药	药浴 喷淋	8 20	屠宰前 7 天停药

图 2-11　长颈瓶投药法

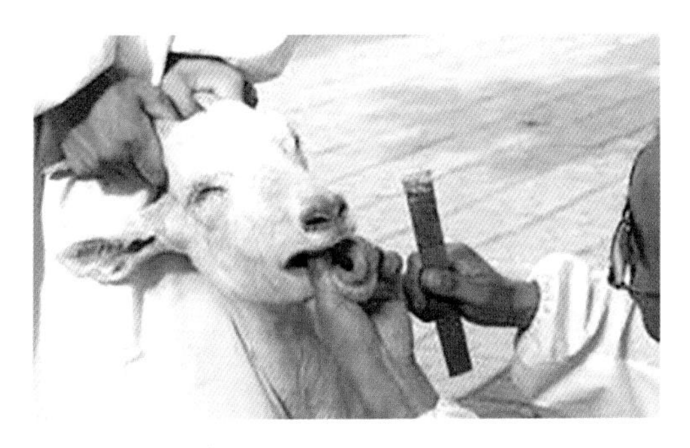

图 2-12　药板给药法

操作时，先站立保定羊只，给药者站在羊的右侧，左手将开口器放入羊口中，右手持药板，用药板前部刮取药物，从右口角伸入口内到达舌根部，将药板翻转，轻轻按压，并向后抽出，把药抹在舌根部，待羊咽下后，再抹第二次，如此反复进行，直至把药给完。

2. 灌肠法

灌肠法是将药物配成液体，直接灌入直肠内（图 2-13）。羊可用小橡皮管灌肠。

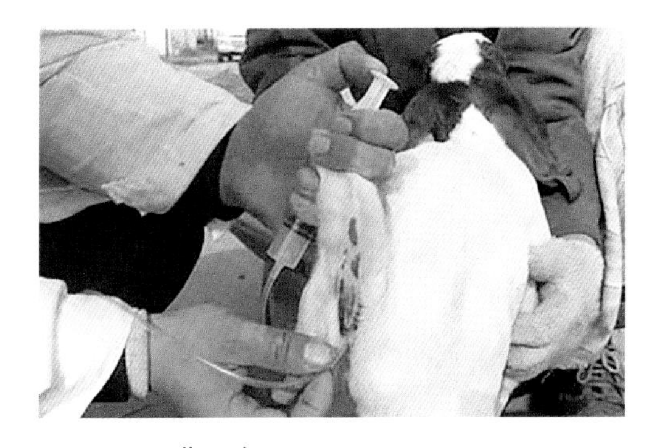

图 2-13　灌肠法

操作时，先站立保定羊只，将直肠内的粪便清除，然后在橡皮管前端涂上凡士林，插入直肠内，把连接橡皮管的盛药容器提高到羊的背部以上。灌肠完毕后，拔出橡皮管，用手压住肛门或拍打尾根部，以防药液排出。灌肠药液的温度，应与体温一致。

3. 胃管法

给羊插入胃管的方法有两种：一是经鼻腔插入，二是经口腔插入。

（1）经鼻腔插入　操作时，先站立保定羊只，将胃管插入鼻孔内，沿下鼻道慢慢送入，到达咽部时，有阻挡感觉，待羊进行吞咽动作时乘机送入食管；如不吞咽，可轻轻来回抽动胃管，诱发吞咽。胃管通过咽部后，如进入食管，继续深送会感到稍有阻力，这时要向胃管内用力吹气，或用橡皮球打气，如见左侧颈沟有起伏，表示胃管已进入食管。如胃管误入气管，多数羊会表现不安、咳嗽，继续深送，感觉毫无阻力，向胃管内吹气，左侧颈沟看不见波动，用手在左侧颈沟胸腔入口处摸不到胃管，同时，胃管末端有与呼吸一致的气流出现。如胃管已进入食管，继续深送即可到达胃内。此时从胃管内排出酸臭气体，将胃管放低时则流出胃内容物。

（2）经口腔插入　先装好木质开口器，用绳固定在羊头，将胃管通过木质开口器的中间孔，沿上腭直插入咽部，借吞咽动作胃管可顺利进入食管，继续深送，胃管即可到达胃内。胃管插入正确后，即可接上漏斗灌药。药液灌完后，再灌少量清水，然后取掉漏斗，用嘴对胃管吹气，或用橡皮球打气，使胃管内残留的液体完全入胃，用拇指堵住胃管管口，或折叠胃管，慢慢抽出。该法适用于灌服大量水剂及有刺激性的药液。患咽炎、咽喉炎和咳嗽严重的病羊，不可用胃管灌药（图2-14）。

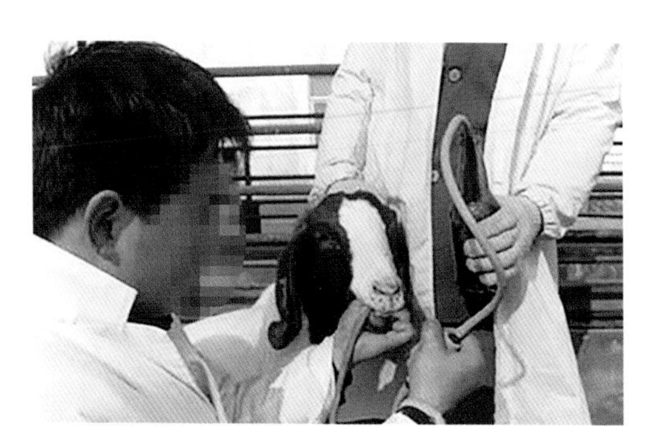

图 2-14　胃管投药法

4. 注射法

（1）肌内注射法　肌内注射法（图2-15）是兽医临床上常用的给药方法。肌肉内血管丰富，容易吸收，感觉神经较少，疼痛轻微。刺激性较大或较难吸收的药液（水剂、乳剂、油剂等）以及多种疫苗的接种，均可应用此法。注射前必须仔细检查注射器有无缺损、针头是否通畅，有无倒钩，活塞是否严密，并将针头、注射器充分冲洗干净，严格消毒。注射部位可选择肌肉肥厚并能避开大血管及神经干的部位，羊一般可选择颈部两侧。

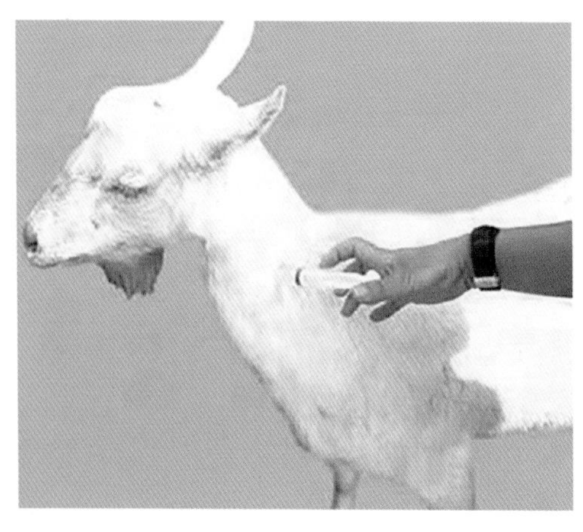

图 2-15　肌内注射法

操作时，先站立保定羊只，注射部位剪毛消毒，术者左手固定注射部位，右手持注射器，与皮肤呈垂直的角度迅速刺入肌肉 2 ~ 3 厘米（视羊的大小而定），回抽针管内芯，确认无回血后，方可注入药液，注射完毕拔出针头，局部消毒。

（2）皮下注射法　对于易溶解、无刺激性的药物，或希望药物较快吸收、尽快产生药效时，均可用皮下注射法给药（图2-16），如阿托品、阿维菌素、疫苗、血清等均可用此法。注射前也须仔细检查注射器和针头是否通畅，有无倒钩，活塞是否严密，并将针头、注射器充分冲洗干净，严格消毒。注射部位可选择羊的颈部两侧或股内侧的皮肤较松处。

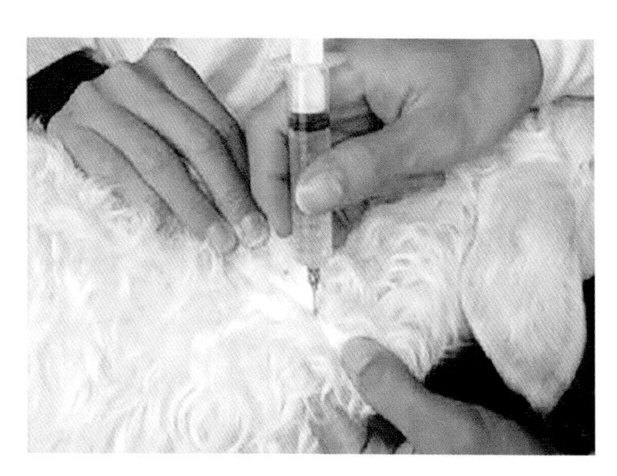

图 2-16　皮下注射法

操作时，先站立保定羊只，局部消毒，以左手的食指和拇指捏起注射部位的皮肤，右手持注射器，使针头和皮肤成 30° 角，向内下方刺入 2 ~ 3 厘米，注入药液，注射完毕拔出针头，消毒注射部位。

（3）皮内注射法　皮内注射主要用于皮内变态反应诊断及炭疽芽孢苗免疫注射。注射前亦需仔细检查注射器和针头是否通畅，有无倒钩，活塞是否严密，并将针头、注射器充分冲洗干净，严格消毒。

注射部位可选在颈部两侧或尾根部（图2-17）。

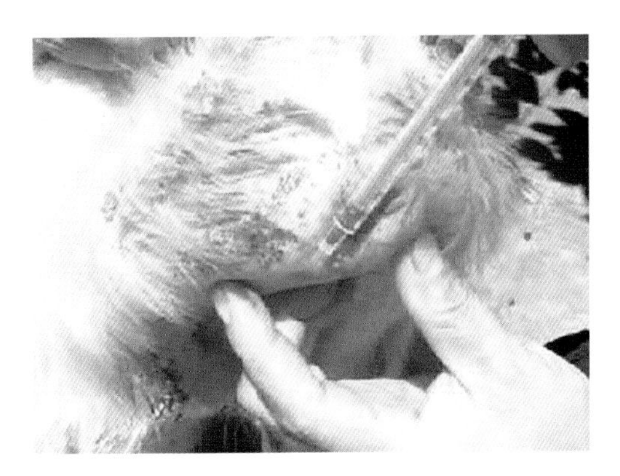

图 2-17　皮内注射法（选择在尾根处）

操作时，先行站立保定病羊、局部消毒，然后以左手拇指、食指和中指固定（绷紧）皮肤，右手持注射器，使针头与皮肤呈 30° 角，刺入表皮与真皮之间，缓慢注入药液，至皮肤表面形成一个小圆形丘疹即可。注射完毕拔出针头，消毒注射部位。

（4）静脉注射法　静脉注射是将药液直接注入静脉中（图 2-18），使药物随血液循环分布全身，可迅速产生药效，但排泄也较快。主要用于补液和刺激性较大的不适于肌内注射和皮下注射的药物。注射部位多采用颈静脉和耳静脉，也可以采用四肢静脉。

图 2-18　静脉注射法

操作时，先保定羊只（可取站立式，也可取侧卧式），在颈静脉上 1/3 处，局部剪毛消毒，用左手拇指在其血管的近心端按压，使血管怒张，其余四指在颈的对侧固定。右手持针头或注射器，将针头向斜下方刺入静脉内，松开左手见到回血后，再将药液慢慢注入静脉内，注射完毕后，以左手按住注入孔，右手拔出针头，消毒注射部位。

如药液量较大，可采用输液器进行输液。操作时步骤同静脉注射，保定羊只、消毒局部、按压血管，右手将已排尽空气的输液针头刺入静脉血管内，见到回血时方可松手，观察 2 ~ 3 分钟，看药液滴入是否均匀，扎针部分是否异常，如果一切正常，可用胶布或纸夹固定好针头，让配好的药液缓慢地滴入血管内即可。输液后左手用酒精棉球按住针孔，右手将针头拔出，左手继续按压片刻，以防药液流出。

（5）气管内注射法　气管内注射法是将药液直接注入气管内，用以治疗寄生虫病（如注射碘液治疗肺线虫病）或支气管肺炎等。注射前亦需仔细检查注射器和针头是否正常，并将针头、注射器充分冲洗干净，严格消毒。

操作时，先将羊侧卧保定，并使其后躯低于前部，注射部位在喉头的下方，气管的上 1/3 处，以左手食指摸清气管软骨环之间，剪毛消毒，以拇指和中指固定皮肤，右手持注射器垂直刺入气管内，抽动活塞，见有气泡时即可缓缓注入药液，注射完毕，取针消毒。注意药量不要超过 5 毫升（以羊只大小而定），药液加温至接近体温，以减少刺激。为避免剧烈咳嗽，可先注入 2% 普鲁卡因注射液 0.5 ~ 1 毫升后再注射药液。如欲使药液流入两侧肺部，需隔天将羊翻转，卧于另一侧，以上述同样方法注射药液 1 次。也可取站立保定，助手抬高羊头，术者进行注射。

（6）瘤胃穿刺法　瘤胃穿刺注药，常用于瘤胃臌气放气后，为防止胃内容物继续发酵产气，可注入止酵剂及有关药液。有些药液（如四氯化碳、驱虫剂）刺激性强，经口入消化道反应强烈，可采用瘤胃穿刺注药。方法是：如果瘤胃臌气，穿刺部位应在左肷窝中央臌气最高的部位，局部剪毛，用碘酊涂擦消毒，将皮肤稍向上移，然后，将套管针或普通针头垂直或朝右侧肘头方向刺入皮肤及瘤胃内，气体即从针头排出。如臌胀严重，应间断放气，气放完后再注入相应的药物；如为泡沫性臌气应先注入适量的消沫剂才能放出气体。然后用左手指压紧皮肤，右手迅速拔出针头，穿刺孔用碘酊涂擦消毒。如注射驱虫剂或其他药物，穿刺部位应在左肷部髋结节与最后肋骨所引水平线的中间，距腰椎横突 5 ~ 10 厘米处（图 2-19）。

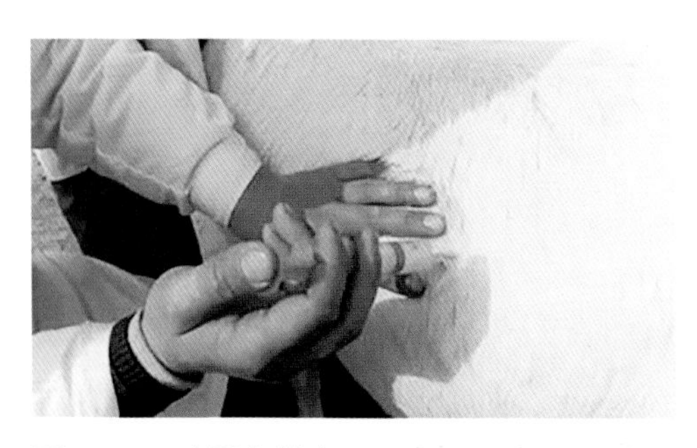

图 2-19　瘤胃穿刺法

（7）腹腔注射法　腹腔注射给药（图 2-20）一般用于腹膜炎的治疗、羔羊体液和营养物质的补充及腹膜透析，以治疗内脏的某些疾病。注射部位、保定方法、操作步骤因羊个体大小不同而不同。小羊在脐孔后方 5 ~ 10 厘米处，先由助手提起羊的两后肢，使其内脏因重力而下垂，找准部位进行常规消毒，术者用左手捏起腹壁，右手持注射器刺入腹腔，回抽观察确定针头在腹腔内，将药液注入，注射完毕，拔出针头，消毒注射部位。大羊在右肷部，常规剪毛、消毒，用 16 号针头与腹壁垂直刺入腹腔，当针头能左右活动时，再将药液徐徐注入腹腔，注射完毕，取针消毒。

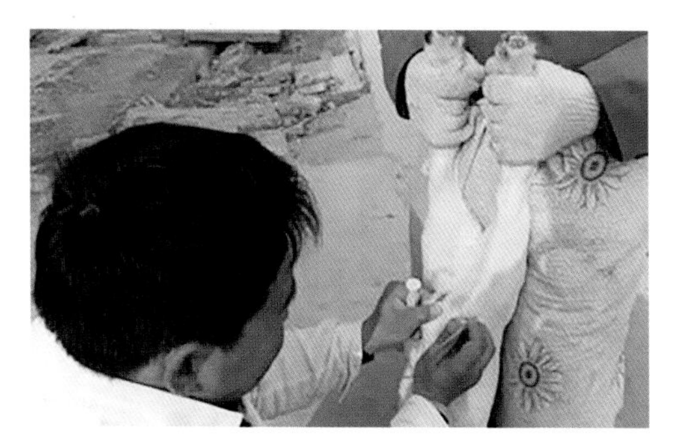

图 2-20　腹腔注射法

（8）乳腺内注射法　乳腺内注射给药是治疗乳腺炎的有效方法。使用通乳针头（或用大号长针头剪去尖锐部分，再将其磨至钝圆，以免损伤乳腺管）注射药物。

操作时，将通乳针头消毒后晾干，病羊取侧卧保定，挤净乳池内的乳汁，轻轻地将通乳针头经乳头管送入乳池，把药液慢慢地注入其内，注射完毕，拔出通乳针头，轻轻捏住乳头孔并按摩乳房，促进药物吸收。

5. 皮肤表层涂药法

皮肤表层涂药法多在羊患有疥癣病、虱病、皮肤湿疹、外伤、口疮等时采用，就是将药物直接涂到病变部位表面。如羊患疥癣病时，将患处用温水洗净，刮去干燥的皮屑，再把调好的敌百虫油剂涂到患部即可。如患乳房炎可在乳房外部涂抹一些相应的药物。

第三章　羊的免疫接种

一、免疫接种的目的和种类

（一）免疫接种的目的

免疫接种是激发动物机体产生特异性抵抗力，使易感动物转化为不易感动物的一种手段。有组织、有计划地对羊只进行疫苗接种，是预防和控制羊传染病的一项极为重要的措施，对某些传染病（如小反刍兽疫、口蹄疫、羊痘、破伤风等）的防治，具有关键性的作用。

（二）免疫接种的种类

羊的免疫接种，根据进行的时机不同，可以分为两类：一是预防接种，二是紧急接种。

1. 预防接种

是指为预防某些传染病而进行的疫苗接种。在实施预防接种时，首先要依据当地羊只各种传染病发生、流行的现状和历史，制订周密的预防接种计划；其次要制定并执行符合本地区、本场实际的合理免疫程序。一般一个地区、一个饲养场可能发生的传染病有多种，市场上用来预防这些传染病的疫苗也有多样，且性质不尽相同，免疫期长短不一。因此，羊只在饲养过程中，往往需要多次免疫和使用多种疫苗。所以，应根据各种疫苗的免疫特性，合理地设定预防接种的次数和时间。

2. 紧急接种

是指在发生传染病时，为了迅速控制和扑灭疫情，对疫区和受威胁区内尚未发病的易感羊只进行的应急性免疫接种。紧急接种具有两个特点，即不安全性和区域性。不安全性是指尽管接种时对羊只经过了逐只观察，但仍有接种潜伏期病羊的可能。对已感染羊进行接种，有促其尽快发病的作用，故对疫区内易感羊群进行紧急接种后，一段时间内有病羊增多的现象出现；区域性指紧急接种仅在疫区和受威胁区内进行，其他区域一般不进行。受威胁区的大小视疫病性质而定，如口蹄疫、羊痘等烈性传染病发生时，受威胁区在疫区周围 5 ~ 10 千米及以上，目的在于建立“免疫带”，以包围疫区，阻止疫情扩散。

二、疫苗的保存、运输与使用

疫苗的保存、运输和使用方法是否得当，对其效果影响很大，在生产中必须给予重视。

（一）疫苗的保存

各种疫苗在使用前和使用过程中，必须按说明书上规定的条件保存，绝不能马虎大意。一般灭活疫苗要保存在 2 ~ 15℃的阴暗环境内，但对弱毒疫苗，则要求低温保存。一般情况下，疫苗保存期越长，病毒（细菌）死亡越多，因此要尽量缩短保存期限。

（二）疫苗的运输

疫苗运输时，通常都达不到低温的要求，因而运输时间越长，疫苗中的病毒或细菌死亡越多，如果中途再转运几次，其影响就会更大。所以，在运输疫苗时，一方面应千方百计降低温度，如采用保温箱、保温桶、保温瓶等，另一方面要利用飞机等高速度的运输工具，以缩短运转时间，提高疫苗的效力。

（三）疫苗的稀释

各种疫苗使用的稀释剂、稀释倍数及稀释方法都有一定的要求，必须严格按规定处理。否则，疫苗的滴度就会下降，影响免疫效果。例如，用于饮水的疫苗稀释剂，最好是用蒸馏水或去离子水，也可用洁净的深井水，但不能用自来水，因为自来水中的消毒剂会杀死疫苗病毒。如果能在饮水中加入0.1%的脱脂奶粉，会保护疫苗的活性。在稀释疫苗时，应用注射器先吸入少量稀释液注入疫苗瓶中，充分振摇溶解后，再加入其余的稀释液。如果疫苗瓶太小，不能装入全量的稀释液，需要把疫苗吸出放在另一容器内，再用稀释液把疫苗瓶冲洗几次，使全部疫苗所含病毒（或细菌）都被冲洗出来。

（四）疫苗的使用

疫苗在临用前由冰箱取出，稀释后应尽快使用，一般来说，活毒疫苗应在4小时内用完。当天未能用完的疫苗应废弃，并妥善处理，不能隔天再用。疫苗在稀释前后都不应受热或晒太阳，更不许接触消毒剂。稀释疫苗的一切用具必须洗涤干净，煮沸消毒。混饮苗的容器也要洗干净，使之无消毒药残留。

总之，疫苗在使用时要勤抽快打，不要拖延时间，以免影响免疫效果。

三、疫苗质量的测定

（一）物理性状的观察

生物制品使用前应认真检查有无破损，外观是否符合各类制品规定的要求。例如，冻干活疫苗应是疏松海绵状固体，稀释后团块迅速均匀溶解，无异物和干缩现象。凡玻璃瓶有裂纹、瓶塞松动以及药品色泽等物理性状与说明不相符者，不得使用。

（二）冻干活疫苗真空度的测定

测定真空度采取高频火花测定器。测定时瓶内出现蓝色或紫色光者为真空（切勿直对瓶盖），不透光者为无真空。无真空疫苗不得使用，若使用这种冻干疫苗免疫必然导致免疫失败。

（三）效力检查

效力检查在生产实践中具有重要意义。凡合法生物药品制造厂所生产的疫苗，均应为经过检验的合格产品，产品附有批准文号、生产日期、批号、有效期等说明。但在生产实践中，往往由于保存、运输以及使用不当，造成疫苗质量下降。为确保免疫效果，疫苗使用前应进行效力检验。检验方法应严格按农业部颁布的规程进行。

四、羊群免疫程序的制订

有些传染病需要多次进行免疫接种，在羊的多大日龄接种第一次，什么时候再接种第二次、第三次……称为免疫程序。单独一种传染病的免疫程序，见本书关于该病的叙述；羊群综合免疫程序，要根据具体情况先确定对哪几种病进行免疫，然后合理安排。

（一）制订羊群免疫程序应注意的问题

在制订羊群的免疫程序时，应重点考虑以下几个因素。

1. 接种疫苗的种类和接种时间

根据当地疫病的流行情况及严重程度，决定需要接种哪些种类的疫苗和进行接种的时间。

2. 羊只的基础抗体水平

羊只的基础抗体包括两个方面。一是羔羊的母源抗体。初生羔羊吃初乳后，乳汁的抗体被羔羊的肠道吸收进入血液，从中获得母源抗体。母源抗体可增强羔羊的抗病力，同时也可干扰首次免疫的效果。所以，要达到预期的免疫效果，必须根据母源抗体的消长规律，待抗体水平降至一定程度时，才可进行免疫接种。

二是重复免疫羊只的残存抗体水平。重复免疫羊只体内都或多或少存在上一次免疫接种产生的抗体，过早接种，可能因体内抗体水平过高而使接种进入体内的疫苗大多被中和而影响免疫效果；过迟接种，则错过最佳免疫时机，容易遭受疫病侵袭。

3. 疫苗的种类和剂型

羊用疫苗有强毒灭活疫苗和弱毒疫苗两大类，常用剂型有 4 种，即真空冻干疫苗、氢氧化铝灭活疫苗、油佐剂疫苗和湿疫苗。油佐剂疫苗或氢氧化铝灭活疫苗注射后，需 2 ~ 3 周才能产生较强的免疫力，且注射量较大，一般免疫期较短，但受母源抗体的干扰较小。弱毒疫苗注射后，经 7 天左右就能产生良好的免疫力，注射剂量小，一般免疫期较长，但易受母源抗体的干扰。

4. 免疫接种方法

羊用疫苗一般采用皮下或肌内注射接种，有些可以口服、滴鼻或气雾免疫，个别疫苗（如气喘病弱毒疫苗）需做胸腔内注射，才能产生免疫力。总之，应按疫苗使用说明进行操作，不可随意改变。

5. 各种疫苗的配合接种

疫苗是生物制品，有其特异性，只能预防与之相对应的疾病。为了预防多种传染病，需要接种多种疫苗。有时为了节省人力、物力和时间，也可把几种疫苗混合接种，但不能盲目混合，要依据其抗原性的强弱、刺激机体产生免疫反应的类型等合理配合。因为多种疫苗同时接种，疫苗间有时可产生相互干扰作用，且各种疫苗的抗原性有较大差异，抗原性强的疫苗可干扰抗原性弱的疫苗，影响其免疫效果。

需要注意的是，免疫程序是依据本场当前的实际制定的，需要在生产实践中不断改进和完善。世界上没有统一的、完全一致的免疫程序，也没有一成不变的免疫程序。

（二）免疫程序的实施

生产中规模化养羊场具体综合免疫程序可参见表 3-1、表 3-2。

放牧羊群一般多在春、秋两季进行免疫接种。

表 3-1 羔羊免疫程序

接种时间	疫苗	接种方式	免疫期
7 日龄	羊传染性脓疱性皮炎灭活疫苗	口、唇黏膜注射	1 年
15 日龄	山羊传染性胸膜肺炎灭活疫苗	皮下注射	1 年
1 月龄	小反刍兽疫弱毒疫苗	肌内注射	3 年
2 月龄	山羊痘灭活疫苗	尾根皮内注射	1 年
2.5 月龄	羊 O 型口蹄疫灭活疫苗	肌内注射	6 个月
3 月龄	羊梭菌病三联四防灭活疫苗	皮下或肌内注射（第一次）	6 个月
	气肿疽灭活疫苗	皮下注射（第一次）	7 个月
3.5 月龄	羊梭菌病三联四防灭活疫苗	皮下或肌内注射（第二次）	6 个月
	Ⅱ号炭疽芽孢苗	皮下注射	山羊 6 个月，绵羊 12 个月
	气肿疽灭活疫苗	皮下注射（第二次）	7 个月
产前 6 ～ 8 周（母羊未免疫）	羊梭菌病三联四防灭活疫苗	皮下注射（第一次）	6 个月
	破伤风类毒素疫苗	肌内或皮下注射（第二次）	12 个月
产前 1 ～ 2 周（母羊）	羊梭菌病三联四防灭活疫苗	皮下注射（第二次）	6 个月
	破伤风类毒素疫苗	皮下注射（第二次）	12 个月
4 月龄	羊链球菌病灭活疫苗	皮下注射	6 个月
5 月龄	布鲁氏菌病活疫苗	肌内注射或口服	3 个月
7 月龄	羊 O 型口蹄疫灭活疫苗	肌内注射	6 个月

表 3-2 成年母羊免疫程序

接种时间	疫苗	接种方式	免疫期
配种前 2 周	羊 O 型口蹄疫灭活疫苗	肌内注射	6 个月
配种前 1 周	羊梭菌病三联四防灭活疫苗	皮下或肌内注射（第二次）	6 个月
	Ⅱ号炭疽芽孢苗	皮下注射	山羊6个月，绵羊 12 个月
产后 1 个月	羊 O 型口蹄疫灭活疫苗	肌内注射	6 个月
	Ⅱ号炭疽芽孢苗	皮下注射	山羊6个月，绵羊 12 个月
产后 1.5 个月	羊链球菌病灭活疫苗	皮下注射	6 个月
	山羊传染性胸膜肺炎灭活疫苗	皮下注射	1 年
	山羊痘灭活疫苗	尾根部皮内注射	1 年

1. 春季

妊娠羊产前1个月接种破伤风类毒素疫苗,可预防破伤风。于羊只后臀肌内注射，15天产生免疫力，免疫期为1年。

每年2月下旬至3月上旬，成年羊与羔羊接种羊梭菌病三联四防疫苗（或五联苗），预防羊快疫、羊肠毒血症、羊猝狙、羊黑疫（或羔羊痢疾）。成年羊或羔羊都按说明书注射或成年羊加0.2倍量，10～14天产生免疫力，免疫期为6个月。

妊娠羊产前20～30天接种羔羊痢疾疫苗，可预防羔羊痢疾，如已注射五联苗可省去这次免疫，若两种疫苗均未注射，羔羊1月龄可注射羔羊痢疾疫苗。按说明书方法接种，隔10～14天再免疫1次，10～14天产生抗体，羔羊可获得母羊抗体。

每年2—3月接种羊痘鸡胚化弱毒疫苗，可预防羊痘。不论羊只大小一律皮内注射0.5毫升，6～10天产生免疫力，免疫期为1年。

每年3—4月接种羊口疮弱毒细胞冻干疫苗，可预防羊口疮。大、小羊一律口腔黏膜内注射0.2毫升，免疫期为1年。

每年3—4月对未免疫的羔羊、成年羊接种小反刍兽疫弱毒疫苗，免疫期3年。

每年3—4月接种羊链球菌氢氧化铝疫苗，可预防羊链球菌病。按说明书方法接种，免疫期为6个月。

每年5—6月（配种前2～3周）接种O型口蹄疫灭活疫苗,可预防羊口蹄疫。按说明书方法接种，免疫期为6个月。

2. 秋季

免疫时间以配种时间而定，接种羊流产衣原体油佐剂卵黄灭活疫苗，可预防羊衣原体性流产。羊妊娠前或妊娠后1个月内，每只皮下注射3毫升，免疫期为1年。

每年9月下旬接种羊四联苗（或五联苗，若生产厂家的说明书上注明免疫期为1年，此次可略），可预防羊快疫、羊肠毒血症、羊猝狙、羊黑疫（或羔羊痢疾）。成年羊或羔羊都按说明书方法接种，或成年羊加0.2倍量，10～14天产生免疫力，免疫期为6个月。

每年9月接种羊口疮弱毒细胞冻干疫苗，预防羊口疮。大、小羊一律口腔黏膜内注射0.2毫升，免疫期为1年。

每年9月接种羊链球菌病疫苗，可预防羊链球菌病。按说明书方法接种，免疫期为6个月。

五、免疫接种的常用方法

（一）肌内注射法

适用于接种弱毒疫苗或灭活疫苗，注射部位在臀部及颈部两侧，一般使用12号针头。

（二）皮下注射法

适用于接种弱毒疫苗或灭活疫苗，注射部位在股内侧、肘后。用拇指及食指捏住皮肤，注射时确保针头插入皮下，进针后摆动针头，如感到针头摆动自如，此时推压注射器推管药液极易进入皮下，无阻力感。

（三）皮内注射法

一般适用于羊痘弱毒疫苗等少数疫苗，注射部位在颈外侧和尾部皮肤皱襞。左手拇指与食指顺皮肤的皱纹，从两边平行捏起一个皮褶，右手持注射器使针头与注射平面平行刺入。注射药液后在注射部位有一豌豆大小的泡，且小泡会随皮肤移动，则证明确实注入皮内。

（四）口服法

是将疫苗均匀地混于饲料或饮水中经口服后获得免疫。免疫前应停饮或停喂半天，以保证饮喂疫苗时每头羊都能饮一定量的水或吃入一定量的饲料。

六、疫苗接种的免疫反应、保护率与免疫期

（一）免疫反应

无论何种疫苗，对于动物机体来说，都是异物，经接种后总会产生反应，只不过反应的性质和强度有所不同，据此将反应分为两大类，即正常反应和不良反应，不良反应又可区分为严重反应和合并症。

1. 正常反应

指由于疫苗制品本身的特性所引起的反应，其性质与强度随疫苗制品的性质而异。如口蹄疫油佐剂疫苗、羊梭菌病四防氢氧化铝疫苗等强毒灭活制品有一定毒性，接种后可引起局部和全身的反应。羊痘鸡胚化弱毒疫苗、羔羊大肠杆疫苗等一些活制剂，接种实际是一种轻度感染，也会发生某种局部和全身的反应，如接种部位的红肿和疼痛，接种后 1 ～ 2 天内的精神不振、食欲稍差，有时还有轻度的体温升高等。一般不用特殊处理，加强饲养管理即可。

2. 严重反应

同正常反应没有本质的区别，仅仅是程度较重或发生反应的动物数超过正常比例。这种反应出现的原因主要有：疫苗质量较差、使用方法不当、接种剂量过大、接种技术有问题、接种途径错误、被接种动物有过敏性素质等。这类反应通过严格控制疫苗质量，遵照使用说明书操作一般可以降至最低限度，且只在个别严重敏感羊只才出现，需要特殊处理。

3. 合并症

指与正常反应不同的反应。主要包括 3 种形式：一是超敏感，引起血清病、过敏性休克、变态反应等，此种情况要进行及时处理，使用急性抗过敏药物静脉注射或肌内注射。如口蹄疫油佐剂灭活疫苗注射后 15 ～ 30 分钟内个别羊只出现以颤抖、战栗为主症的过敏性反应，只要及时注射地塞米松等皮质激素类药物，一般都能迅速控制，预后良好。二是扩散为全身感染，这种情况只有在机体防御功能不全或遭到破坏，且仅在接种活疫苗时才发生，要根据病情、病势轻重缓急等具体状况决定是否使用抗感染药物加以控制。三是诱发潜伏感染，发生该种情况后要及时进行有效治疗，以尽快控制感染。

（二）疫苗接种的保护率

羊群经过某一项免疫接种之后，由于个体差异及接种操作上的疏忽等原因，并不是所有的羊都能产生较强的免疫力。羊群接种后能抵抗强毒侵袭的羊的比率，称为保护率。若保护率在 90% 以上，说明免疫效果比较好，能避免羊群严重发病。

（三）疫苗接种的免疫期

不同的疫苗接种之后，产生抗体快慢不一样。一般经几天至10几天可达到抵抗强毒为止，称为免疫期。各种疫苗的免疫期，厂家均有说明。

七、免疫接种应注意的问题

羊的免疫接种要注意以下4个方面的问题。

（一）所用疫苗的有效性

首先观察疫苗的标签，看其批准文号、批号、生产日期、有效期，确定是国家批准的正规厂家生产的有效产品。其次观察疫苗的包装是否密封，瓶内疫苗性状是否正常，如常用的口蹄疫疫苗是O型油佐剂疫苗，室温下保存，静止时有一定的分层现象，分上、下两层，上层为清液，下层为沉淀，振摇后呈均匀浑浊液；油佐剂灭活苗在保存期内不应出现冷冻现象，否则不能使用。羊痘鸡胚化弱毒疫苗为真空冻干疫苗，必须低温保存，保持瓶内真空才可。在使用真空冻干疫苗时，应检测瓶内的真空度。常用的方法为流水检测法，用消毒注射器吸取稀释液后，将注射器针头插入疫苗瓶塞内，如果稀释液自动流入瓶内，说明瓶内为真空状态，疫苗可以使用。

（二）所要接种羊只的具体情况

接种时要考虑羊体的健康状况及生产状态。因为免疫应答是在动物机体中枢神经调节下免疫细胞对进入体内的抗原进行识别并产生一系列免疫反应和表现一定生物学效应的过程，这种反应和过程需要动物具有健康的体质和发育成熟的免疫器官。也只有此时，才能对羊只进行免疫接种，进而产生良好的免疫应答。对患有某种疾病、处于亚健康状态或免疫器官发育未完全的羊只（一般羔羊的免疫接种多在1—2个月断奶后进行），不宜免疫接种，对将要分娩的母羊应暂缓注射，以免引起免疫失败或导致妊娠羊流产。

（三）做好接种记录

进行预防接种时，要注意将疫苗充分摇匀，并做到每只羊用一支针头，以防某些疫病经针头传播；要做好接种记录，其内容包括接种日期、疫苗名称、生产厂家、批号、有效期、接种剂量、接种方法，并注明已接种和未接种的羊只，以便观察预防接种反应和预防效果，分析可能发生的问题及原因。

（四）注意观察接种后的不良反应

免疫接种后，要留意观察15 ~ 30分钟，出现不良反应及时通知兽医进行处理。为提高免疫接种效果，要加强饲养管理，适当增加蛋白质的添加量。

第四章　羊病毒性传染病的防控技术

一、小反刍兽疫

羊小反刍兽疫，俗称羊瘟，是由副黏病毒科、麻疹病毒属小反刍兽疫病毒引起的一种急性、病毒性传染病。临床症状以病羊发热、口炎、腹泻和肺炎为特征。

【流行特点】 本病主要感染山羊、绵羊、羚羊等小反刍动物，山羊发病较为严重。感染羊只发生病毒血症，病毒广泛分布于各种组织，并随各种分泌物或排泄物排出。本病的传染源主要为患病动物和隐性感染动物，处于亚临床型的患病动物尤为危险。

本病主要通过直接或间接接触传播，也可通过飞沫经呼吸道传播，还可通过人工授精或胚胎移植等传播。

本病于多雨季节和干燥寒冷季节多发，羊只发病率高达100%。在严重暴发时，病死率可达100%；在轻度发生时，病死率不超过50%。幼龄羊发病较为严重，发病率和死亡率都较高。

【临床症状】 本病潜伏期为4 ~ 5天，最长达21天，自然发病仅见于山羊和绵羊，山羊发病较严重，绵羊偶有严重病例。患病羊只烦躁不安，被毛无光泽，口、鼻干燥，眼结膜充血（图4-1），食欲减退，流脓性鼻液，出现咳嗽、呼吸异常，呼出恶臭气体。急性型病例体温可升高至41℃并持续3 ~ 5天，在发热的前4天，口腔黏膜充血，颊黏膜出现进行性广泛性损害，随后出现坏死性病灶（刚开始出现小而粗糙的红色浅表坏死病灶，之后变成粉红色），感染部位包括下唇、下齿龈等；严重病例可见坏死病灶波及腭、颊部、舌头等（图4-2）；患病羊只后期出现水样带血腹泻，严重者脱水、消瘦，随之体温下降。

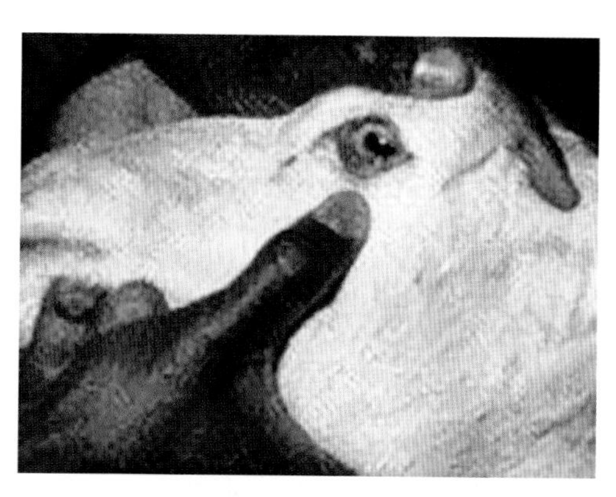

图4-1　病羊眼结膜充血

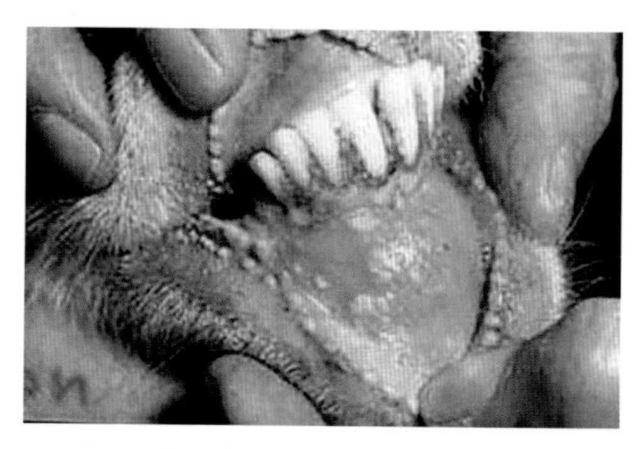

图4-2　病羊口腔黏膜出现小而粗糙的红色浅表坏死性病灶

【病理变化】 剖检可见淋巴结（特别是肠系膜淋巴结）水肿，口腔和鼻腔黏膜糜烂、坏死；咽喉部位有出血点或出血斑；出现不同程度的气管炎、支气管炎、肺水肿、小叶坏死，气管内充满泡沫状黏液（图 4-3）。肺脏中散在有斑块状实变，组织学观察可见肺部组织出现多核巨细胞、细胞内出现嗜酸性包涵体；脾脏肿大或梗死（图 4-4）；皱胃常出现规则且有轮廓的糜烂，创面出血（图 4-5），而瘤胃、网胃和瓣胃的病变较少见；真胃出血坏死（图 4-6），盲肠、结肠近端和直肠出现特征性条状充血、出血，呈斑马状条纹（图 4-7）；心肌出血（图 4-8）；肾脏瘀血、充血、出血。

图 4-3　病羊气管内充满泡沫状黏液

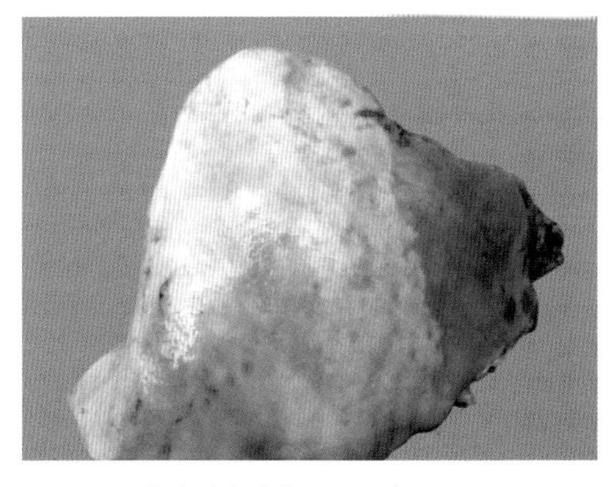

图 4-4　脾脏肿大或梗死

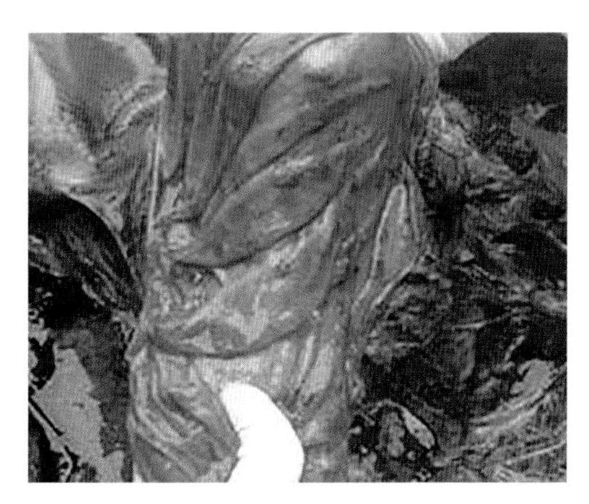

图 4-5　病羊皱胃黏膜有出血斑

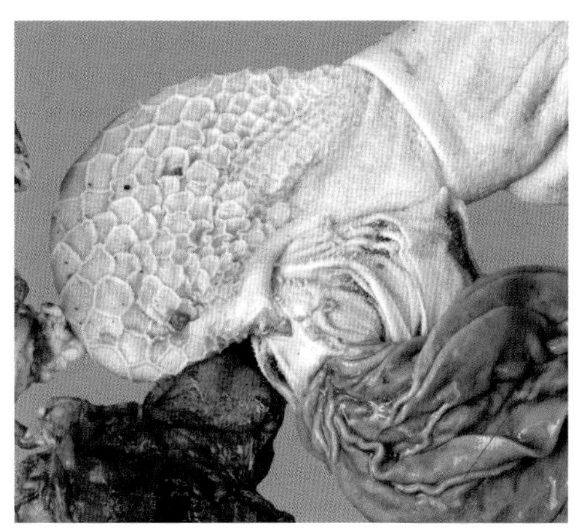

图 4-6　真胃充血、出血

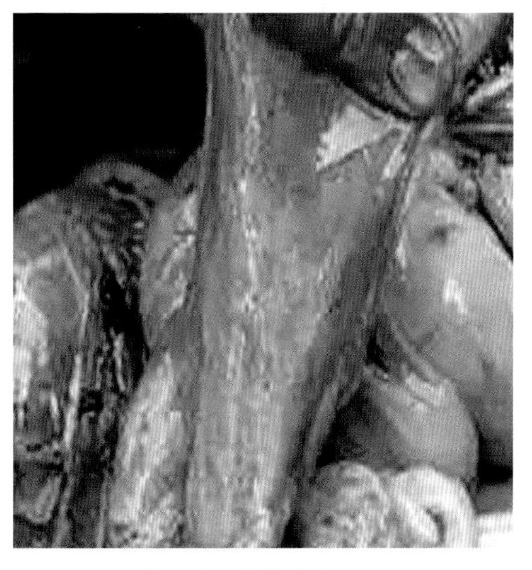

图 4-7　病羊肠系膜条状出血

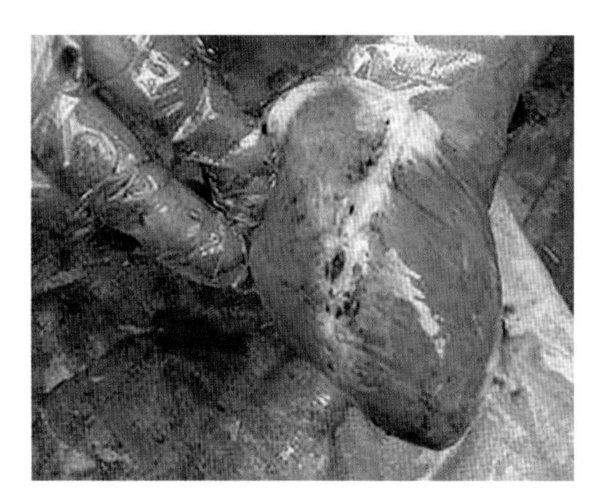

图 4-8　病羊心肌出血

【防控措施】

（1）做好宣传，增强防疫意识　小反刍兽疫为动物一类传染病，对山羊、绵羊养殖危害严重。各级兽医技术人员，尤其是基层乡镇村落防疫员、驻场兽医、养殖场主等，都应掌握基本的防控技术。日常重视本病的宣传工作，确保民众掌握全面的防控技术要点，能做到对疫情的准确判断，快速诊断可疑疫情，确保快而准确地处置疫情。

（2）强制免疫接种，规范消毒流程　根据相关的防疫政策，所有种羊应强制免疫接种。羔羊宜在 1—2 月龄接种小反刍兽疫弱毒疫苗，肌内注射 1 毫升，免疫期 3 年。发现疫情，疫点中所有羊只应紧急免疫，注意记录免疫档案，做好免疫效果评价。

接种防疫期间，搞好环境卫生，注意消毒灭源。养殖场、运载工具、生产设备等一律彻底消毒。收集所有尿液、粪便，集中堆积发酵。周边环境每周清扫 1 次，确保消毒质量。

（3）完善应急预案，防止疫情蔓延　对重大动物疫情，应完善应急防控预案，做好人员、物资、医疗等的应急储备，健全应急值守制度，努力做到责任明确，人员到位，联系畅通。一旦发现疫情，能及早、及时处置，确保疫情在最短时间内得到有效控制，遏制疫情的蔓延和扩散。

（4）落实责任，处理突发疫情　小反刍兽疫的防控，应提高足够的认识，具体责任层层落实，各部门各司其职，忙而不乱，确保本病防控的高效性。注意疫情报告与管理，有关人员坚守岗位，做好疫情报告。经确诊的疫情，按照规范要求果断处理，及时拔除疫点，扑灭感染疫情。病死羊无害化处理，严格封锁、隔离疫区。

二、口蹄疫

口蹄疫是由口蹄疫病毒感染所引起的一种偶蹄家畜的急性传染病，山羊、绵羊均可感染发病，有时还可以传染给人，属人兽共患传染病，以病畜口腔黏膜、蹄部和乳房部皮肤发生水疱、溃烂为特征。

本病广泛流行于世界各地，传染性极强，不仅直接引起巨大的经济损失，而且影响经济贸易活动，严重危害养殖业的发展。

【流行特点】本病的主要传染源为患病家畜，其次为带毒的野生动物（如黄羊），主要是通过消化道和呼吸道感染，也可以经眼结膜、鼻黏膜、乳头及皮肤伤口感染。如果人或健康羊接触了病畜的唾液、水疱液及乳汁，都可能受到传染而发病。犬、猫、鼠、吸血昆虫及人的衣服、鞋等也能传播本病。在新疫区呈流行性，发病率可达 100%，而在老疫区则发病率较低，常呈现一定的季节性，冬、春季节发病较多。

【临床症状】 本病的潜伏期为 1 ~ 7 天。病毒侵入机体进入血液时，病羊体温升至 40 ~ 41℃，精神不振，食量减少，继而在口腔黏膜、乳头皮肤及趾间发生大小不一的水疱，以后水疱汇合成大水疱或连成一片，并很快破溃，遗留边缘整齐的红色烂斑（图 4–9 至图 4–11）。病羊大量流涎，四肢因发生水疱后破烂而交叉负重，运动时跛行，严重者起立困难，如感染后化脓，则病情加重。蹄冠部发生水疱时，常因继发性坏疽而引起蹄冠脱落。绵羊患病，在蹄冠和蹄间发生水疱和烂斑，口腔则少见病变；羔羊患病可能突然恶化，呈现出血性胃肠炎、心肌炎和肺炎等症状，病情急促，死亡率可达 20% ~ 50%。

图 4–9　病羊唇周围破溃、出血

图 4–10　病羊口腔黏膜溃烂

【病理变化】 病死羊除见口腔、蹄部和乳房部等处出现水疱、烂斑外，严重病例如咽喉、气管、支气管和前胃黏膜有时也有烂斑和溃疡形成；前胃和肠道黏膜可见出血性炎症；心包膜有散在性出血点（图 4–12）；心肌松软，似煮熟状；心肌切面呈现灰白色或淡黄色的斑点或条纹（虎斑心）。

【防控措施】 加强羊群的饲养管理，严格执行检疫、消毒等预防措施，发生口蹄疫时应采取紧急措施。

按时接种口蹄疫疫苗，羔羊在 2.5 月龄和 7 月龄分别接种牛 O 型口蹄疫灭活疫苗，肌内注射，免疫期 6 个月；成年母羊在配种前 2 ~ 3 周和产后 1 个月分别接种牛 O 型口蹄疫灭活疫苗，肌内注射，免疫期 6 个月。

由于口蹄疫病毒血清型复杂，免疫效果不够理想。

羊群发生口蹄疫后，可适当采取以下措施：一是加强护理和饲养管理。二是口

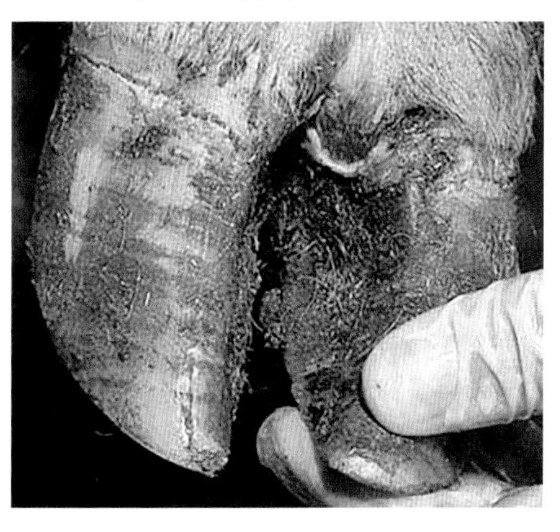

图 4–11　病羊蹄部溃烂

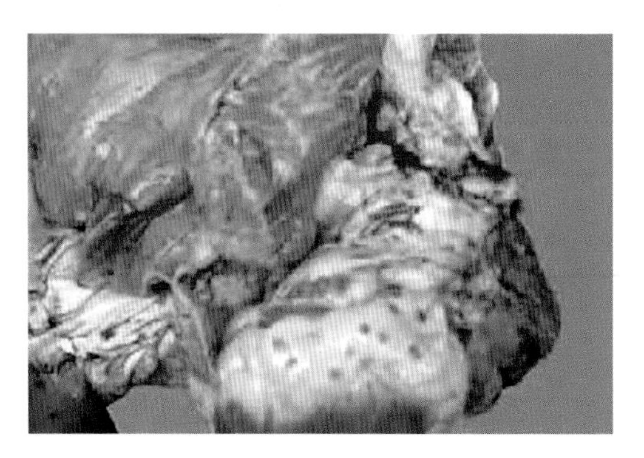

图 4-12　病羊心包有出血点

腔可用清水、食醋或 0.1% 高锰酸钾溶液冲洗，糜烂面上可涂以 1% ~ 2% 明矾溶液或碘甘油（碘 7 克、碘化钾 5 克、75% 酒精 100 毫升,溶解后加入甘油 100 毫升）。也可用冰硼散（冰片 15 克、硼砂 15 克、芒硝 18 克，研成细末）撒布。三是蹄部可用 3% 克辽林或来苏尔溶液洗涤，擦干后涂松馏油或鱼石脂软膏或氧化锌鱼肝油软膏，再用绷带包扎，也可取煅石膏与锅底灰各半，研成粉末，加少量食盐粉涂在蹄部的患部。四是乳房可用肥皂水或 2% ~ 3% 硼酸溶液清洗，然后涂以青霉素软膏或其他刺激性小的防腐软膏。定期将奶挤出以防止患乳房炎。此外，也可用中药治疗。

三、狂犬病

狂犬病又称“恐水病”，是由狂犬病病毒引起的一种人兽共患的急性接触性传染病。本病以神经调节障碍、反射兴奋性增高、发病动物表现狂躁不安和意识紊乱为特征，最终发生麻痹而死亡。死亡率非常高，几乎达 100%。

【流行特点】 本病以犬类易感性最高，羊和多种家畜及野生动物均可感染发病，人也可感染。传染源主要是患病动物以及潜伏期带毒动物，野生的犬科动物（如野犬、狼、狐等）常成为人、畜狂犬病的传染源和自然保毒宿主。患病动物主要经唾液腺排出病毒，以咬伤为主要传播途径，也可经损伤的皮肤、黏膜感染。经呼吸道和口腔途径感染业已得到证实。本病一般呈散发性流行，一年四季都有发生，但以春末夏初多见。

【临床症状】 本病潜伏期的长短与感染部位有关，最短 8 天，长的达 1 年以上。

本病在临床上分为狂暴型和沉郁型 2 种。

（1）狂暴型　病羊病初精神沉郁，反刍减少、食欲降低，不久表现起卧不安、嗥叫，羔羊口唇溃疡，出现兴奋性和攻击性动作，冲撞墙壁，磨牙流涎，性欲亢进，攻击人、畜等。患病动物常舔咬伤口，使之经久不愈，后期发生麻痹，卧地不起，衰竭而死。

（2）沉郁型　病羊多无兴奋期或兴奋期短，很快转入麻痹期，出现喉头、下颌、后躯麻痹，流涎、张口、吞咽困难，最终卧地不起而死亡。

【病理变化】 剖检尸体常无特异性变化。病尸消瘦，一般有咬伤、裂伤，口腔黏膜、咽喉黏膜充血、糜烂。组织学检查有非化脓性脑炎，可在神经细胞的胞质内检出嗜酸性包涵体。

【防控措施】 扑杀野犬，加强检疫，对家犬定期预防接种是控制本病的有效措施。

扑杀野犬、病犬及拒不免疫的犬类，加强犬类管理，养犬须登记注册，并进行免疫接种。

疫区和受威胁区的羊只以及其他动物用狂犬病弱毒疫苗进行免疫接种。

加强口岸检疫，检出阳性动物就地扑杀销毁。进口犬类必须有狂犬病的免疫证明。

羊被患有狂犬病或可疑的动物咬伤时，应及时用清水或肥皂水冲洗伤口，再用0.1%升汞、碘酊或硝酸银溶液等处理伤口，并立即接种狂犬病疫苗；有条件时也可用免疫血清进行治疗。对被狂犬咬伤的羊和家畜一般应予以扑杀，以免危害人。

四、伪狂犬病

伪狂犬病又名奥耶斯基氏病、传染性延髓麻痹或奇痒病，是伪狂犬病病毒感染所引起的一种损害神经系统的急性传染病，绵羊和山羊均可发生，临床上以病羊发热、奇痒及脑脊髓炎症状为特征。

【流行特点】 病畜和带毒家畜以及带毒鼠类为本病的主要传染源，感染猪和带毒鼠类是伪狂犬病病毒重要的天然宿主。羊或其他动物患病多与接触带毒猪、鼠有关，感染动物经鼻液、唾液、乳汁、尿液等各种分泌物、排泄物排出病毒，污染饲料、牧草、饮水、用具及环境。本病通过消化道、呼吸道途径感染，也可经损伤的皮肤、黏膜以及交配传染，或通过胎盘、哺乳直接传染。本病一年四季都可发生，以春、秋季较为常见，呈散发或地方性流行，因本病临床表现与狂犬病相似，但经证实是由不同病毒所引起，故被命名为伪狂犬病，以示区别。

【临床症状】 在自然条件下，潜伏期为2～15天。病羊主要表现中枢神经系统受损症状。体温升高至41.5℃，呼吸加快，精神沉郁。唇部、眼睑及整个头部迅速出现剧痒，病羊常摩擦发痒部位（图4-13）；运动失调，常做跳跃状或向前呆望；结膜有严重炎症，口腔排出泡沫状唾液，鼻腔流出浆液性黏性分泌物；身体各部肌肉出现痉挛性收缩，迅速发展至咽喉麻痹及全身性衰弱。病程2～3天，死亡率很高。

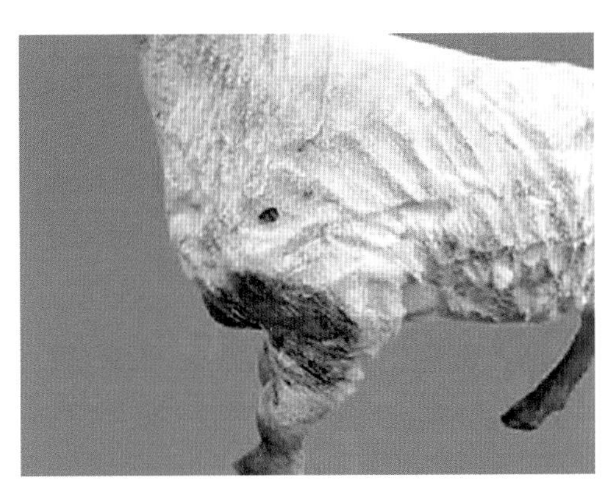

图4-13　病羊肩部奇痒、被啃咬而破烂

【病理变化】 病死羊除局部被毛脱落，皮肤水肿、充血、擦伤甚至撕裂外，还可见皮下毛细血管网充血。部分皮肤破损，多为病羊啃咬或摩擦所致。检查其内脏器官组织，可见肺脏肿大、瘀血；淋巴结肿大、瘀血；心包及心外膜瘀血、出血（图4-14）；肝脏和脾脏有粟粒大小坏死点。组织病理学检查，中枢神经系统呈弥漫性非化脓性脑膜、脑脊髓炎及神经炎变化。病变部位有明显的周围血管套以及弥漫的灶性胶质细胞增生，同时伴有广泛的神经节细胞及胶质细胞坏死。

【防控措施】 病愈羊血清中含有抗体，能获得长时期的免疫力。伪狂犬病与狂犬病无交叉免疫。在发病羊场，可使用伪狂犬病疫苗作2次肌内注射,间隔6～8天，注射部位为大腿内侧或颈部（第一次左侧,第二次改为右侧）。1—6月龄的羊只，第一次接种2毫升，第二次3毫升；6月

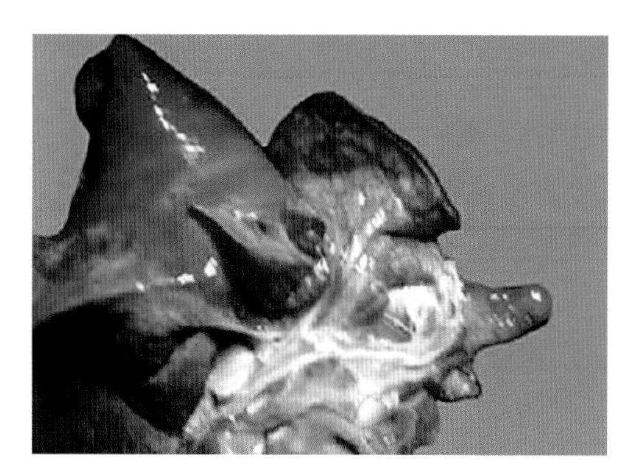

图 4-14 病羊心包及心外膜有出血点

龄以上的羊只，第一次和第二次均接种 5 毫升。

羊群中发现伪狂犬病后，应立即隔离病羊，停止放牧，严格进行圈舍消毒。与病羊同群或同圈的其他羊只应注射免疫血清。当出现新病例时，经 14 天后，再注射 1 次免疫血清。如果没有出现新病例，应对所有羊只进行疫苗接种。

进行灭鼠，避免羊只与猪接触，防止病毒散播。

病羊注射伪狂犬病免疫血清或病愈羊的血清可获得良好效果，但必须在潜伏期或前驱期使用。

五、蓝舌病

羊蓝舌病是由蓝舌病病毒引起，经媒介昆虫传播的一种非接触传染性疾病，以病羊高热，口腔黏膜水肿、糜烂、溃疡，舌体肿胀、发绀，发病初期一过性白细胞减少为特征。

【流行特点】 本病的主要传染源为患病动物，由伊蚊及库蠓传播，呈季节性流行。多发于湿热的夏季和早秋，特别是潮湿低洼地区易发本病。

在自然条件下，病羊和健康羊直接接触不会发生水平传播，但是胎儿在母羊子宫内可被直接感染。蓝舌病以绵羊最易感，1 岁左右的青年绵羊发病率和病死率最高，其他反刍动物多为隐性感染，即使有临床病例，也以一过性为主，典型病例较为罕见。

【临床症状】 本病潜伏期为 3 ~ 10 天。病羊体温升高至 40℃以上，稽留 5 ~ 6 天，精神委顿，厌食流涎。双唇发生水肿，常蔓延至面颊、耳部（图 4-15）。舌及口腔黏膜充血、发绀，出现瘀斑呈青紫色（图 4-16、图 4-17），严重者发生溃疡、糜烂，致使吞咽困难（继发感染时则出现口臭）。鼻分泌物初为浆液性后为黏脓性，常带血，结痂于鼻孔四周，引起呼吸困难，鼻黏膜和鼻镜糜烂出血，有时头部症状见好时，乳房及蹄部上皮脱落，蹄冠、蹄叶发炎（图 4-18），病羊因疼痛而跛行。病羊瘦弱，部分病例由于胃肠道炎症，发生便秘或腹泻，粪便中常带血，最后死亡。病程 6 ~ 14 天，发病率为 30% ~ 40%，病死率为 20% ~ 30%。某些病羊痊愈后出现被毛脱落现象。

图 4-15 病羊脸部肿胀

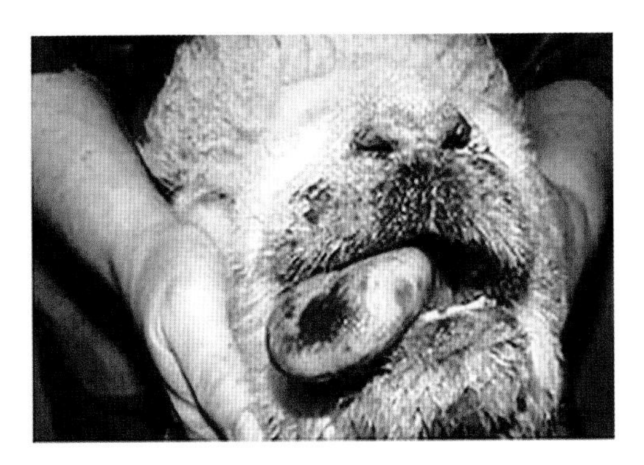

图 4-16　病羊舌头充血、糜烂

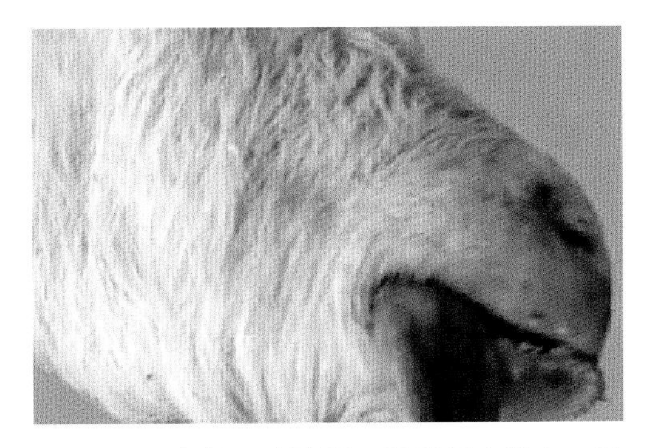

图 4-17　病羊口腔肿胀，黏膜呈青紫色，舌呈蓝色

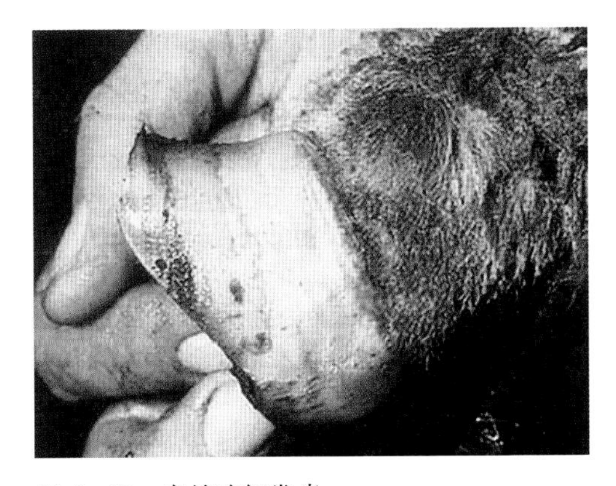

图 4-18　病羊蹄部发炎

【病理变化】剖检病死羊可见各脏器和淋巴结充血、水肿和出血；颌下、颈部皮下胶样浸润；口腔黏膜糜烂并有深红色区，口唇、舌、齿龈、硬腭和颊部黏膜水肿、出血；呼吸道、消化道、泌尿系统黏膜以及心肌、心内外膜可见有出血点。严重病例消化道黏膜常发生坏死和溃疡。蹄冠等部位上皮脱落，但不出现水疱，蹄叶发炎并形成溃疡。

【防控措施】加强海关检疫和运输检疫，严禁从有本病的国家或地区引进羊或冻精；非疫区一旦传入本病，应立即采取措施，扑杀发病羊群和与其接触过的所有羊群及其他易感动物，并彻底消毒；疫区应防止吸血昆虫叮咬羊只，提倡在高地放牧和驱赶羊群回圈舍过夜。据报道用鸡胚化弱毒疫苗控制疫情，可收到良好效果。

目前尚无有效的治疗方法，主要是加强营养，精心护理，对症治疗。

口腔用清水、食醋或 0.1% 高锰酸钾溶液冲洗，再用 1% ~ 3% 硫酸铜溶液或碘甘油涂抹糜烂面。蹄部患病时可先用 3% 克辽林或 3% 来苏尔溶液洗净，再用土霉素软膏涂抹。注射抗生素，预防继发感染。对比较严重的病例可补液强心，用 5% 糖盐水加 10% 安钠咖注射液 10 毫升静脉注射，每日注射 1 次。

六、羊口疮

羊口疮又称羊传染性脓疱病或羊传染性脓疱性皮炎，是一种由口疮病毒引起的急性接触性传染病，临诊特征为病羊口腔黏膜、唇部、面部、腿部和乳房部的皮肤形成丘疹、脓疱、溃疡和结成疣状厚痂。

【流行特点】本病的发生无明显季节性，因饲养环境、海拔、经纬度改变和引种长途运输产生应激反应而诱发，感染羊无性别和品种差异，以 3—6 个月龄的羔羊发病最多，传染很快，常为群发。成年羊常年散发，人和猫也可感染本病，其他动物不易感染。本病的主要的传染源是病羊，感染门户是损伤的皮肤和黏膜。病毒主要存在于病变部的渗出液和痂块中，健康羊可因与病羊直接接触而受感染，也可经污染的羊舍、草场、草料、饮水和饲管用具等受到感染。

本病在羊群中可连续危害多年，但发病率在羊群中逐年降低。

本病的潜伏期为 36 ~ 48 小时，死亡率可达 10% ~ 20%，耐过羊可获得坚强免疫力。

【临床症状和病理变化】 本病在临床上分为唇型、蹄型、外阴型和混合型。

（1）唇型　此型最为常见，病羊病初精神沉郁，不愿采食，体温无明显升高，口角、上下唇或鼻镜上出现散在的小红斑，逐渐变为丘疹和小结节，继而成为水疱、脓疱，破溃后结成黄色或棕色的疣状硬痂（图 4–19）。如为良性经过，则经 1 ~ 2 周，痂皮干燥、脱落而康复。严重病例，患部继续发生丘疹、水疱、脓疱痂垢，并互相融合，波及整个口唇周围及眼睑和耳廓等部位，形成大面积痂垢。痂垢不断增厚，痂垢下伴有肉芽组织增生。整个嘴唇肿大外翻呈桑葚状隆起，影响采食，病羊日趋衰弱而死。个别病例常伴有化脓菌和坏死杆菌等继发感染，引起深部组织化脓和坏死，致使病情恶化。有些病例危害到口腔黏膜，发生水疱、脓疱和糜烂（图 4–20 至 4–22）。病羊采食、咀嚼和吞咽困难，严重者继发肺炎而死亡。

（2）蹄型　在蹄叉、蹄冠或系部皮肤上形成水疱、脓疱，破裂后形成由脓液覆盖的溃疡。如继发感染则发生化脓性坏死，常波及基部、蹄骨，甚至肌腱和关节。病羊跛行，长期卧地，衰竭而死（图 4–23）。

图 4–19　病羊精神沉郁，口角、上下唇或鼻镜上有红斑和丘疹

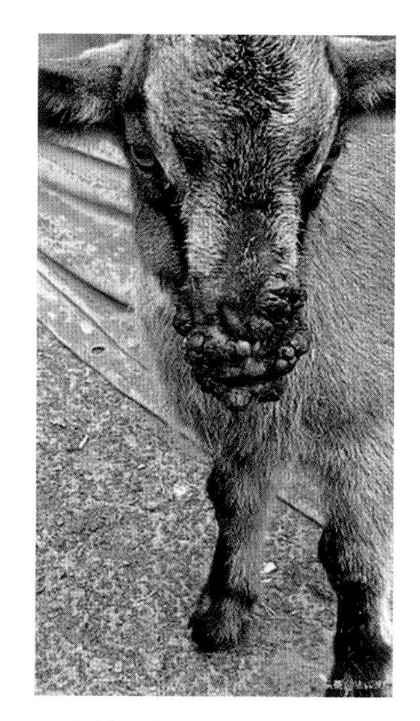

图 4–20　病羊口角、上下唇或鼻镜形成大面积痂垢、坏死

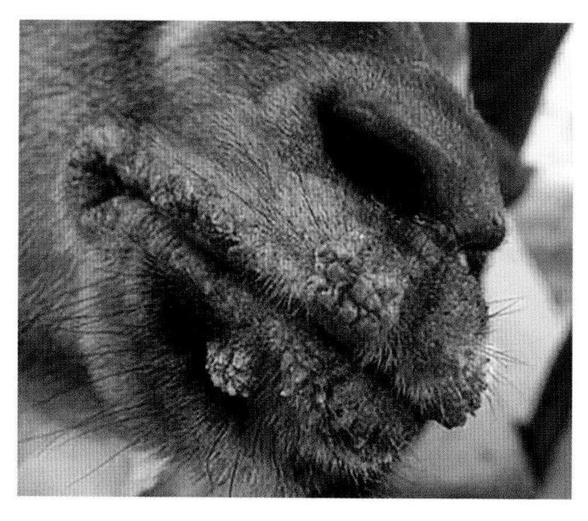

图 4–21　病羊唇或鼻镜部的水疱、脓疱

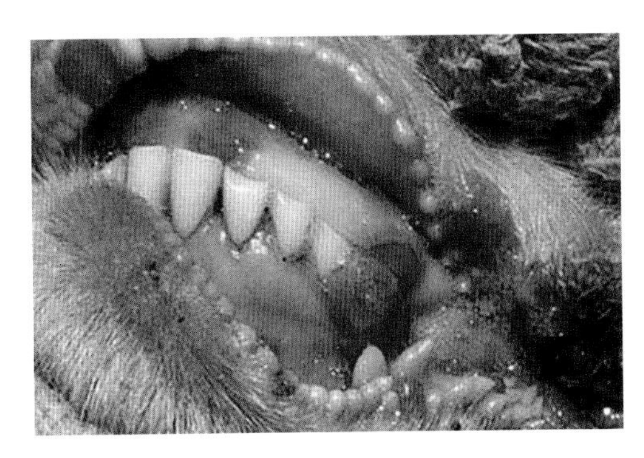

图 4-22　病羊口腔黏膜糜烂

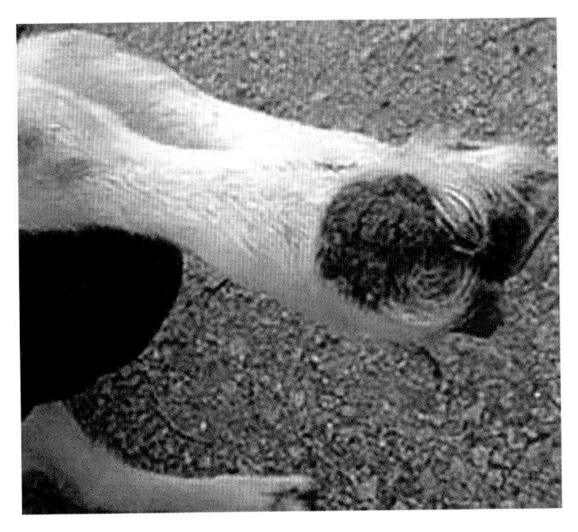

图 4-23　病羊蹄叉、蹄冠溃疡、坏死

（3）外阴型　母羊表现为阴门流出黏性和脓性阴道分泌物，在肿胀的阴唇及附近皮肤上发生溃疡，乳房和乳头的皮肤上发生脓疱、烂斑和痂垢；公羊表现为阴囊肿胀，并出现脓疱和溃疡（图 4-24）。

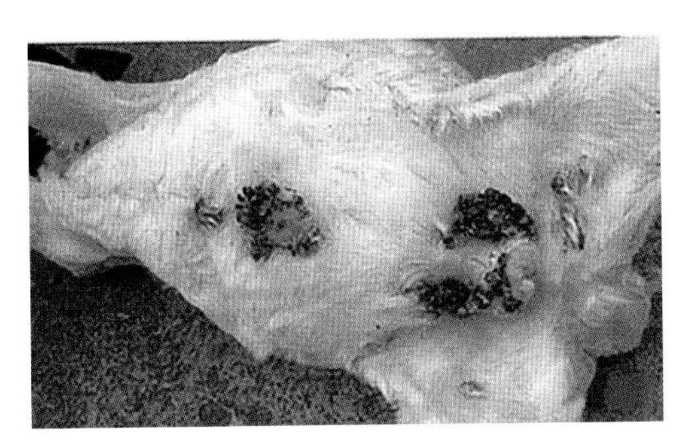

图 4-24　病羊阴唇及附近皮肤上发生溃疡

（4）混合型　同时出现唇型、蹄型、外阴型症状和病变。

【病理变化】 病死羊极度消瘦，口唇有黑色结痂，结痂延伸至面部，口腔内有水疱、溃疡和糜烂，面部皮下有出血斑。口角、唇、舌面等部位有结痂、溃疡；气管环状出血、充血；肺脏充血、肿胀，颜色变暗；心肌和心外膜有点状出血；小肠壁变薄，轻度出血。其他部位无特征性变化。

【预防措施】

（1）严格检疫　禁止从疫区引进羊只和购买畜产品。新购入的羊应全面检查，并对蹄部、体表进行彻底清洗与消毒，隔离观察 1 个月以后，确认健康后方可混入其他羊群。

（2）加强饲养管理　保持皮肤黏膜不发生损伤，特别是羔羊长牙阶段，口腔黏膜娇嫩，易引起外伤。因此，应尽量清除饲料或垫料中的芒刺和异物，避免在长有有刺植物的草地上放牧。适时加喂适量食盐，以减少羊只啃土、啃墙。

（3）免疫接种　7 日龄接种羊传染性脓疱皮炎灭活疫苗，口唇黏膜注射，免疫期 1 年。

【治疗方法】 凡新购的羊进场时，每只注射利巴韦林 50 毫克、青霉素 100 万单位防患于未然。

发现病羊及时隔离，对圈舍进行彻底消毒，饲槽、圈舍、运动场可用生石灰粉或 3% 氢氧化钠溶液消毒。患病羊吃剩的草和接触过的草都应做消毒或焚烧处理。同时，给予病羊柔软、富有营养、易消化的饲料，保证饮水清洁。患病羊接触过的乳房，用 1% 高锰酸钾或 0.2% 易克林溶液消毒 1 次，防止其他羔羊吮吸。

发生本病时，以清洗口腔、消炎、收

敛为治疗原则。先用 0.5% 高锰酸钾溶液、1% 热食盐水冲洗口腔，清除污物，再用阿昔洛韦软膏或碘甘油（3% 碘酊 1 份、甘油 9 份）或 2% 龙胆紫溶液涂搽疮面，每日 1 ~ 2 次，同时注射吗啉胍、抗生素、磺胺类药物。患病严重者，如出现脓疱、溃烂及细菌感染的羊，可肌内注射青霉素钠和利巴韦林，或用甲硝唑注射液按每千克体重 50 毫克与 5% 糖盐水 250 毫升，混合后静脉滴注，每千克体重口服维生素 B_2 0.5 毫克，连续治疗 3 天。

或用中药冰硼散（冰片 15 克、硼砂 150 克、芒硝 18 克，研末）抹于患部，每日 2 次，直至 2 ~ 4 天后溃疡面长出新的肉芽组织。

或用中药口炎清冲剂加口服补液盐治疗。方法为先用 0.1 高锰酸钾溶液冲洗口腔溃疡面，病情严重者先灌服口炎清冲剂，成年羊每只每次 25 ~ 30 克，羔羊每只每次 10 ~ 20 克，每日 2 次，并给病羊饮口服补液盐（ORS），配方为：氯化钾 1.8 克、氯化钠 3.5 克、碳酸氢钠 2.5 克、葡萄糖 20 克、温开水 100 毫升，溶解后供病羊自由饮用，每日 2 ~ 3 次，连用 2 ~ 3 天。

人感染时自身感觉稍有发热、灼痛、怠倦不适。感染部位一般在手、腹部、会阴、阴囊、足、口等处。感染部位经过微痒、红疹、水疱、结痂过程，12 天左右痊愈。感染在腹部、会阴、阴囊等处时疼痛加重，需到医院就诊，或按单纯疱疹医案治疗，但局部治疗与护理尤为重要。局部可选用 1% ~ 2% 硼酸溶液冲洗去污，用生理盐水湿敷止痛，并用阿昔洛韦软膏涂擦患部，同时注意护理和休息。

七、绵羊痒病

痒病又称慢性传染性脑炎、瘙痒病、震颤病等，是由痒病朊病毒感染所引起的成年绵羊（也可见于山羊）的一种缓慢发展的中枢神经系统变性疾病，以潜伏期长、剧痒、运动失调、肌肉震颤、衰弱和瘫痪为特征。

【流行特点】 不同性别、品种的羊均可发生，但品种间存在着明显的易感性差异，一般多发生于 2 ~ 5 岁的绵羊，5 岁以上的和 1 岁半以下的羊通常不发病。

患病羊或潜伏期感染羊为主要传染源。病羊不仅可以通过接触将病原传给绵羊或山羊，也可垂直传播给后代。健康羊群长期放牧于污染的牧地（被病羊胎膜污染），也可引起感染。发病通常呈散发性流行，感染羊群内只有少数羊发病，传播缓慢。小鼠、仓鼠、大鼠和水貂等实验动物均可人工感染痒病。

病羊群一旦感染痒病后，很难根除，几乎每年都有少数病羊死于本病。

【临床症状】 自然感染潜伏期为 1 ~ 3 年或更长。病初大多不被察觉，病羊表现敏感、易惊。某些病羊表现有攻击性或离群呆立，不愿采食；有些病羊则容易兴奋，头颈抬起，眼凝视或目光呆滞；大多数病例通常呈现行为异常、瘙痒、运动失调及痴呆等症状。头颈部以及腹肋部肌肉发生频繁震颤、瘙痒症状。有时很轻微以至于观察不到，用手抓搔病羊腰部常发生伸颈、摆头、咬唇或舔舌等反射性动作。严重时病羊皮肤脱毛（图 4-25）、破损甚至撕脱。病羊常啃咬腹肋部、股部或尾部，或在墙壁、栅栏、树干等物体上摩擦痒部皮肤，致使被毛大量脱落，皮肤红肿发炎，甚至破溃出血。病羊常以一种高举步态运步，呈现特殊的驴跑样姿态或雄鸡步样姿态，后肢软弱无力，肌肉颤抖，步态蹒跚。病羊体温一般不高，可照常采食，但日渐消瘦，体重明显下降，常不能跳跃，遇沟坡、土堆、门槛等障碍时反复跌倒或卧地不起。病程数周或数月甚至1年以上，少数病例也取急性经过，患病数日即突然死亡，病死率高，几乎达100%。

图4-25 病羊局部皮肤脱毛

【病理变化】剖检病死羊除可见尸体消瘦、被毛脱落以及皮肤损伤外，常无肉眼可见的病理变化。组织病理学检查出的变化是中枢神经系统的海绵样变性。自然感染的病羊以中枢神经系统神经元的空泡变性和星状胶质细胞肥大增生为特征。病变通常是非炎症性的，且两侧对称，大量的神经元发生空泡化，胞浆内出现1个或多个空泡，呈圆形或卵圆形，界限明显，胞核常被挤压于一侧甚至消失，神经元空泡化主要见于延脑、脑桥、中脑和脊髓。星状细胞肥大增生，呈弥漫性或局灶性，多见于脑干的灰质和小脑皮质内，大脑皮层常无明显的变化。

【防控措施】目前本病尚无有效的治疗方法，只能加强预防。

预防本病的主要措施是灭蜱，在蜱活动季节，定期对易感动物进行药浴或喷雾杀虫；对痒病病羊、隐性感染羊采取扑杀后焚化。在疫区可以用鸡胚化弱毒疫苗进行接种。

禁止从痒病疫区引进羊、羊肉、羊的精液和胚胎等。

禁止用病死羊加工蛋白质饲料，禁止用反刍动物蛋白饲喂牛、羊。

加强对市场和屠宰场肉类的检验，检出的病羊肉必须销毁，不得食用。受感染羊只及其后代坚决扑杀。

定期消毒，常用的消毒方法有：焚烧、5% ~ 10% 氢氧化钠溶液作用1小时、5%次氯酸钠溶液作用2小时、浸入3%十二烷基磺酸钠溶液煮沸10分钟。

八、梅迪－维斯纳病

羊梅迪－维斯纳病是由梅迪（呼吸困难）病毒和维斯纳（消耗性疾病）病毒引起的在临床和病理组织学上表现不同的慢性进行性传染病。其特征前者为呼吸困难和增生性间质性肺炎，后者为中枢神经麻痹（姿势异常，四肢部分或全部麻痹）和脑、脊髓弥散性细胞浸润、脱髓鞘。两者潜伏期和病程长达数月至数年，病羊虚弱消瘦，终归死亡。

【流行特点】本病主要感染绵羊，多发于2岁以上的绵羊。病羊或处于潜伏期的羊为主要传染源。主要经呼吸道和消化道传播，也可通过吮乳传给羔羊。羊群发生本病，主要是由于引进感染羊所致。本病多呈散发，在局部地区呈地方性流行，一年四季均可发生。

【临床症状】 本病潜伏期长达2～6年，临床上分为以下2种类型。

（1）梅迪病 病羊早期症状是缓慢发展的倦怠、消瘦、呼吸困难、食欲减退。病羊首先表现为放牧时掉群，并出现干咳，呼吸困难并日渐加重，特别是在运动时明显，呈现慢性间质性肺炎症状，并逐渐加重，最终死亡。

（2）维斯纳病 病羊早期表现步样异常，尤其后肢常见，头部异常姿势，如唇、颜面部肌肉震颤，病情缓慢进展并恶化，最后陷入对称性麻痹而死亡。

【病理变化】

（1）梅迪病 病变主要见于肺脏及周围淋巴结。病肺水肿，体积和重量均增大2～4倍，呈淡灰黄色或暗红色，触之有橡皮样感觉（图4-26）；肺脏组织致密，质地如肌肉，以隔叶的变化最为严重，心叶、尖叶次之；仔细观察，胸膜粘连，在胸膜下散在许多针尖大小、半透明、暗灰白色的小点；肺小叶间质明显增宽，呈暗灰色细网状花纹，在网眼中显出针尖大小的暗灰色小点；病肺切面干燥，如滴加50%～98%醋酸溶液，很快会出现针尖大小的小结节；支气管淋巴结肿大，平均重量可达40克（正常为10～15克），切面均质发白。

图4-26 病羊肺脏高度气肿，肺脏表面有白色坏死点

（2）维斯纳病 眼观病变不显著。病理组织学变化主要为弥漫性脑膜脑炎，脑膜及血管周围淋巴细胞和小胶质细胞增生、浸润，并出现血管套现象。大脑、小脑、脑桥、延髓和脊髓白质内出现弥漫性脱髓鞘现象，在脑膜附近形成脱髓鞘腔。

【防控措施】 本病无有效的治疗方法。预防本病的关键在于防止感染羊接触健康羊。加强进口检疫，引进的羊必须隔离观察，经检疫确认健康才能混群。

定期对羊群做血清学检查，从临床和血清学检查发现病羊时，最彻底的办法是将感染羊群全部扑杀。尸体要深埋处理，对污染物要彻底销毁。

圈舍、饲养用具用2%氢氧化钠或4%碳酸钠溶液消毒，污染牧地停止放牧1个月以上。

九、羊　痘

羊痘又称羊天花，包括绵羊痘和山羊痘，是由绵羊痘病毒和山羊痘病毒感染所引起的急性、热性、接触性传染病。绵羊痘的病原是绵羊痘病毒，山羊痘的病原是山羊痘病毒，两种病原不能交叉感染。

本病临诊特征为在无毛或少毛部位皮肤、黏膜发生痘疹。

【流行特点】 在自然条件下，绵羊痘只发生于绵羊，不传染给山羊和其他家畜。山羊痘也只发生于山羊。绵羊感染发病较多，山羊感染发病较少，且症状不明显。

病羊和带毒羊为主要传染源，主要通过呼吸道传播，也可经损伤的皮肤、黏膜感染。饲养人员、饲养管理用具、皮毛产品、饲草、垫料以及外寄生虫均可成为传播媒介。绵羊痘是各种家畜痘病中危害最严重的传染病，羔羊发病死亡率高，妊娠羊可发生流产，故产羔季节流行，可导致很大损失。

本病一般于冬末春初多发，气候寒冷、雨雪、霜冻、饲料缺乏、饲养管理不良、营养不足等因素均可促发本病。

【临床症状】 潜伏期为6～8天。流行初期只有个别羊只发病，以后逐渐蔓延至全群。病羊体温升高达41～42℃，精神不振，食欲减退，并伴有可视黏膜卡他性、化脓性炎症。经1～4天后，开始发痘。痘疹多发生于皮肤、黏膜无毛或少毛部位，如眼周围、唇、鼻、颊、四肢内侧、尾内面、阴唇、乳房、阴囊以及包皮上（图4-27至图4-29）。开始为红斑，1～2天后形成丘疹，突出于皮肤表面，坚实而苍白。随后，丘疹逐渐扩大，变为灰白色或淡红色半球状隆起的结节。结节在2～3天内变成水疱，水疱内容物逐渐增多，中央凹陷呈脐状。在此期间，体温稍有下降。由于白细胞的渗入，水疱变为脓性，不透明，成为脓疱。化脓期间体温再度升高。如无继发感染，则几天内脓疱干缩成为褐色痂块，脱落后遗留微红色或苍白色的瘢痕，经3～4周痊愈。

图4-27　病羊体表皮肤痘疹

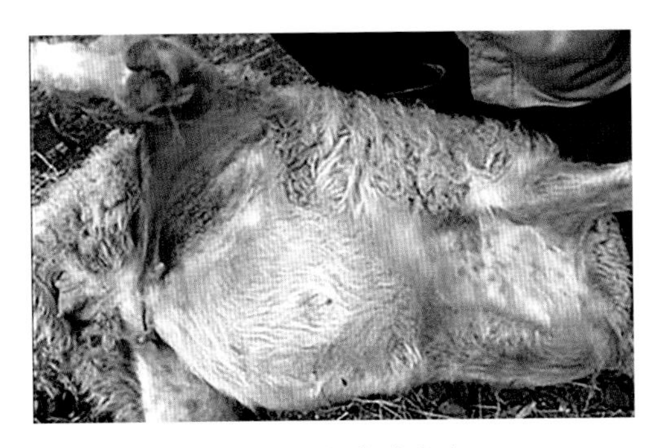

图4-28　病羊四肢内侧皮肤痘疹

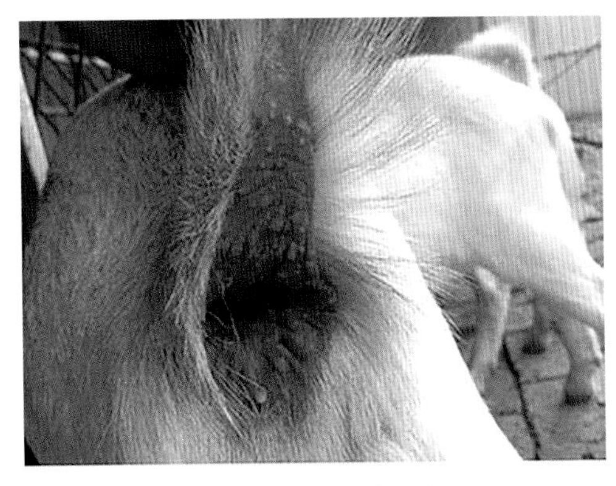

图4-29　病羊肛门周围皮肤痘疹

非典型病例不呈现上述典型症状或经过。有些病例，病程发展到丘疹期而终止，即所谓顿挫型经过。少数病例因发生继发感染，痘疹出现化脓和坏疽，形成较深的溃疡，发出恶臭味，常为恶性经过，易引起死亡，病死率可达40%～50%。

一般山羊痘发病较轻，痘疹常限于乳房，少数延及唇和齿龈。

【病理变化】 剖检可见口腔、咽黏膜肥厚、水肿，呈暗褐色，有红斑、丘疹和水疱，但不形成脓疱。前胃和皱胃黏膜往往有大小不等的圆形或半球形坚实结节，单个或融合存在，严重者形成糜烂或溃疡（图4-30）。肠黏膜有浅表性溃疡，有时有脓疱。咽喉部、支气管黏膜也常有痘疹，肺部可见干酪样结节以及卡他性肺炎区（图4-31），部分肝变，有时可见黄豆大灰白色或淡黄色干酪样坏死灶，有些小叶变成坏疽。胸膜下有圆形的梗塞或类似水疱内含干酪样物质的淡灰色结节。

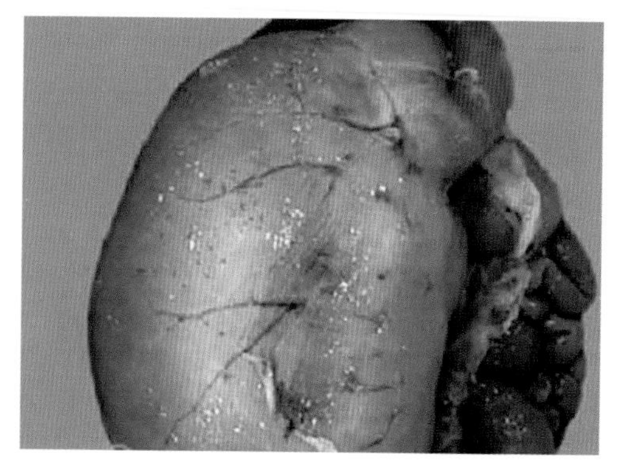

图4-30　病羊瘤胃外壁有结节病灶

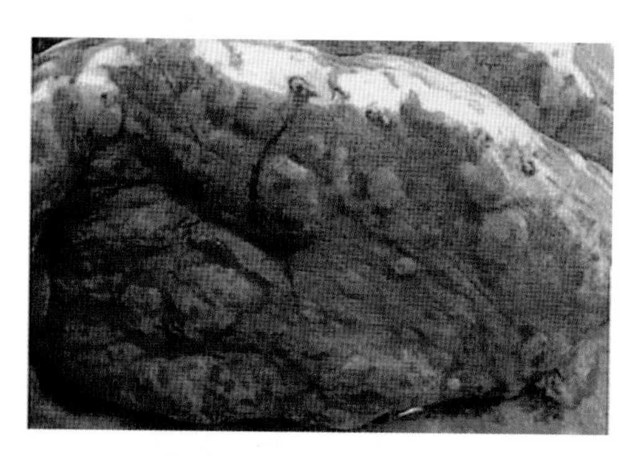

图4-31　病羊肺脏表面有结节病灶

【预防措施】 平时加强饲养管理，抓好秋膘，注意冬季保暖和环境的清洁卫生。

在绵羊发病地区，每年进行预防接种。如已发现病羊立即隔离，对未发病羊，用羊痘鸡胚化弱毒疫苗进行紧急接种（不论大、小羊均在尾根或股内侧皮下注射0.5毫升），4～6天产生可靠免疫力，免疫期可持续1年。对病羊住过的羊圈、用具均进行消毒。病死的羊尸应深埋。如需利用羊皮，注意消毒防疫措施，防止病毒扩散。

【治疗方法】 对病羊用治愈病羊的血清，大羊10～20毫升、小羊5～10毫升皮下注射。如已化脓，用量应加大。如有免疫血清效果更好。

为预防并发症，可合理应用抗生素。

对破裂的痘泡，用0.1%新洁尔灭溶液洗净后涂以碘甘油。

用麝香1克研碎加蒸馏水或60°白酒1 000毫升，稍加温后静置1周后过滤，每只羊皮下注射1毫升，必要时重复1～2次，注谢后第四天即结痂开始痊愈。

应用解热、发表、解毒、健胃为主的中药。如知母、黄芪、升麻、桔梗、栀子、大黄、天花粉、连翘、黄柏各30克，生石膏、金银花各60克，木通、柴胡、防风各24克，共研为末，大羊30克，小羊15克，开水冲服。

十、传染性胃肠炎

羊传染性胃肠炎是由冠状病毒感染所

为病羊急性、剧烈腹泻，排腥臭粪便，小肠病变严重。

【流行特点】 羊传染性胃肠炎主要通过病羊和带毒羊进行传播，患病羊的尿液和粪便都存在大量病毒，这些排泄物污染环境、饲料和水源之后，传播给其他羊。病毒主要经过消化道传播，任何品种的羊均可感染。

本病主要危害7日龄以内的羔羊，断奶羊、育成羊和成年羊发病症状较轻。

【临床症状】 患病羊在发病初期表现为呕吐、精神萎靡不振、食欲降低直至废绝。随后出现剧烈腹泻，粪便呈现灰白色或淡黄色水样稀便，腥臭难闻，在粪便中存在黏膜和凝乳块，并有大量细小泡沫；体温显著升高（40℃以上）；患病羔羊饮水量增加，病死羔羊在临死前极度消瘦和虚弱，最终脱水衰竭而死。

【病理变化】 剖检病变主要在小肠和胃部。在羔羊瘤胃内充满大量未消化的凝乳块，胃底部黏膜严重充血、水肿，并且胃黏膜容易剥离，在胃黏膜下存在出血斑点，胃壁松弛。羔羊小肠病变严重，肠黏膜充血、水肿，并且黏膜脱落，肠道内存在未消化吸收的凝乳块，肠内容物存在大量泡沫，肠壁扩张，弹性降低。肠系膜淋巴结充血、水肿，小肠绒毛萎缩。

【防控措施】 加强羊群的饲养管理，执行检疫、环境卫生消毒等预防措施。

发病期间减少羔羊吃乳量，做好补液工作。治疗时选择使用葡萄糖 43.2 克、氯化钠 9.2 克、甘氨酸 6.6 克、柠檬酸 0.52 克、柠檬酸钾 0.1 克、无水磷酸钾 4.35 克，溶于 2 升水中，静脉注射，同时肌内注射庆大霉素 2 万单位，每日 1 次，连用 5 天。

十一、肺腺瘤病

羊肺腺瘤病又称羊肺癌，是由羊肺腺瘤病病毒感染所引起的一种接触传染性慢性呼吸道疾病。本病以病羊肺泡和支气管上皮呈进行性腺瘤样增生、咳嗽、流鼻液、消瘦及呼吸困难为特征。其发病率不高，但病死率很高。

【流行特点】 本病多发于绵羊，病羊是本病的传染源。本病潜伏期长，临床发病多为 3 ~ 5 岁的绵羊，母羊发病较多。病羊通过咳嗽、喘气将病毒排出，经呼吸道使附近的易感羊感染。也有通过胎盘使羔羊发病的报道。不同品种、年龄、性别的绵羊均易感染，但以美利奴绵羊的易感性最高，山羊也能感染发病。羊群拥挤，尤其是密闭的羊舍利于本病传播。冬季寒冷可使病情加重，也容易引起羊继发细菌性肺炎致使病程缩短，死亡增多。

【临床症状】 潜伏期为 6—9 个月。早期，当病羊生理状况良好时，临床症状不明显，随着病程的延长，在不知不觉中或剧烈运动、长期驱赶后发生呼吸频率加快或呼吸困难。以后仍表现为呼吸快而浅表，不能平息。病羊为了吸进氧气，头伸直，鼻孔扩张，张口呼吸，并常伴有咳嗽。当病羊头下垂或居高临下时，一种稀薄的分泌物从鼻孔流出。听诊或叩诊可发现湿啰音和肺实变区，尤其在肺脏腹面更加明显。体温一般正常，末期体温升高，病羊衰竭、消瘦、贫血，但仍保持站立姿势，因为躺卧时呼吸更加困难。一般经数周或数月死亡。本病感染羊群的发病率为 2% ~ 4%，病死率高达 100%。

【病理变化】 剖检病变主要见于肺脏和心脏，有时也见于胸腔内淋巴结。整个肺脏的外观，常因气肿、上皮增生、液体含量增多而显著增大，其体积可达正常肺脏的 3 ~ 4 倍，剖检肺脏切面有水流出。病变初期，在肺脏的不同部位出现数量不等呈弥散性分布的如粟粒大或豌豆大小的灰白色结节，微高出于肺脏表面。随着病程的发展，出现较大的实变区，见于肺脏的任何部位，主要见于尖叶、心叶和隔叶前缘（图 4-32），其边缘不整，质地硬脆，触之有滑腻感；切面呈明显的颗粒状凸起，反光强。如有继发感染，则形成大小不一的脓肿。此外，患区胸膜增厚，常与胸壁或心包膜粘连。部分病例因肿瘤转移，致使局部淋巴结（支气管和纵膈淋巴结）增大，形成不规则肿块。左心室增生、扩张。肺泡壁细胞和支气管黏膜上皮细胞增殖形

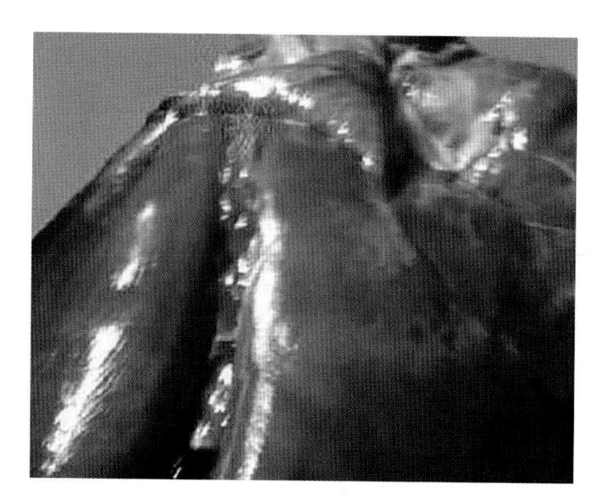

图 4-32　病羊肺脏表面上皮细胞增生

成瘤样化，肿瘤呈乳头状凸起；腺瘤样化的肺泡中隔有不同程度的细胞浸润及结缔组织增生，造成中隔显著肥厚。

【防控措施】 目前尚无有效疗法，也无特异性预防的免疫制剂。因此，平时预防极为重要。预防主要靠发现病羊及时淘汰（扑杀），不到疫区引进种羊，加强检疫和消毒工作，确保羊只健康，形成自繁自育羊群。进羊时严格检疫。羊群一经发现本病，很难清除，须全群淘汰，以清除病原。

十二、病毒性关节炎 - 脑炎

羊病毒性关节炎 - 脑炎是由山羊关节炎 - 脑炎病毒感染所引起的一种慢性病毒性传染病。本病的主要特征是成年山羊呈缓慢发展的关节炎，间或伴有间质性肺炎或间质性乳房炎；而 2 ~ 6 月龄的羔羊则表现为上行性麻痹的脑脊髓炎症状。

【流行特点】 本病多发于山羊，患病羊，包括潜伏期隐性病羊，是本病的主要传染源。病毒经乳汁感染羔羊，被污染的饲草、饲料、饮水等可成为传播媒介。

感染途径以消化道为主。在自然条件下，只在山羊间互相传染发病，绵羊不感染。无年龄、性别、品系间的差异，但以成年羊感染居多。水平传播至少同居放牧 12 个月以上；带毒公羊和健康母羊接触 1 ~ 5 天不引起感染。呼吸道感染和医疗器械传播本病的可能性不能排除。

感染本病的羊只，在良好的饲养管理条件下，常不出现症状或症状不明显。只有通过血清学检查才能发现。一旦受改变饲养管理条件、环境或长途运输等应激因素的刺激，则会出现临床症状。

【临床症状】 依据临床表现分为三型，即脑脊髓炎型、关节炎型和间质性肺炎型。多为独立发生，少数有交叉。但在剖检时，多数病例具有其中两型或三型的病理变化。

（1）脑脊髓炎型　潜伏期 55 ~ 130 天。主要发生于 2 ~ 4 月龄羔羊，有明显的季节性，80% 以上的病例发生于 3—8 月，显然与晚冬和早春产羔有关。病初病羊精神沉郁，后躯衰弱，跛行，进而抽搐，四肢强直或共济失调。一肢或数肢麻痹、横卧不起、四肢划动，有的病例眼球震颤、惊恐、角弓反张。头颈歪斜或作圆圈运动，有时面神经麻痹，吞咽困难或双目失明。病程半个月至 1 年。个别耐过病例留有后遗症，少数病例兼有肺炎或关节炎症状。

（2）关节炎型　多发于 1 岁以上的成年羊，病程 1 ~ 3 年。典型症状是腕关节肿大和跛行。膝关节和跗关节也有病患，病情逐渐加重。开始时关节周围软组织水肿、湿热、波动、疼痛，有轻重不一的跛行，进而关节肿大如拳（图 4-33），活动不便，常见前膝跪地前行。有时病羊肩前淋巴结肿大。透视检查可见轻型病例关节周围软

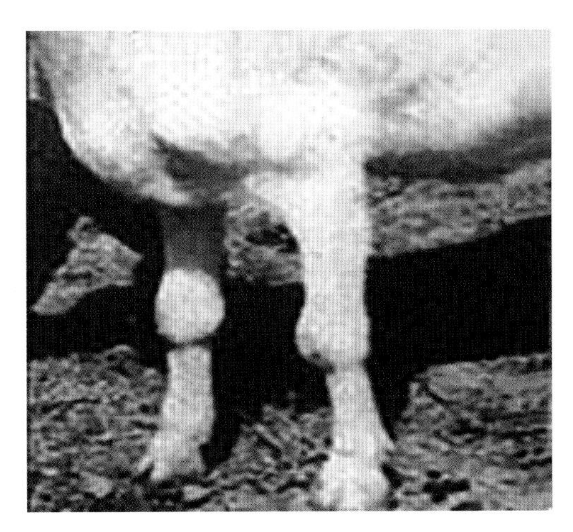

图 4-33　病羊膝关节肿大

组织水肿，重症病例软组织坏死，纤维化或钙化，关节液呈黄色或粉红色。

（3）肺炎型　较少见。无年龄限制，病程 3—6 个月。病羊进行性消瘦，咳嗽，呼吸困难，胸部叩诊有浊音，听诊有湿啰音。

除上述 3 种病型外，哺乳母羊有时发生间质性乳房炎。

【病理变化】 病变多见于神经系统、四肢关节、肺脏及乳房。

（1）脑脊髓炎型　小脑和脊髓白质有直径 5 毫米大小的棕红色病灶。组织病理学观察，呈现中枢神经系统的非化脓性脑炎以及颈部脊髓的脱髓鞘现象。

（2）关节炎型　发病关节肿胀、波动，皮下浆液渗出。关节滑膜增厚并有出血点。滑膜常与关节软骨粘连。关节腔扩张，充满黄色或粉红色液体，内有纤维素絮状物。病理组织学检查呈慢性滑膜炎，淋巴细胞和单核细胞浸润，严重者发生纤维素性坏死。

（3）肺炎型　肺脏轻度肿大，质地变硬，表面散在灰白色小点，切面呈斑块状实变区。支气管淋巴结和纵膈淋巴结肿大。病理组织学检查发现细支气管以及血管周围淋巴细胞、单核细胞浸润，肺泡上皮增生，小叶间结缔组织增生，邻近细胞萎缩或纤维化。

乳腺炎病例，病理组织学检查可见血管、乳导管周围以及腺叶间有大量淋巴细胞、单核细胞和巨细胞渗出，间质常发生灶状坏死。少数病例肾脏表面有直径 1 ~ 2 毫米的灰白色小点，组织学检查见广泛性肾小球肾炎。

【防控措施】 本病目前尚无疫苗和有效治疗方法，防治本病主要以加强饲养管理和采取综合性防疫卫生措施为主。

加强进口检疫，禁止从疫区（疫场）引进种羊；引进种羊前，应先作血清学检查，运回后隔离观察 1 年，其间再做 2 次血清学检查（间隔半年），均为阴性时方可混群。

十三、轮状病毒感染

羊轮状病毒感染是由轮状病毒引起的一种人兽共患的急性肠道传染病，羔羊的主要症状为厌食、呕吐、下痢，成年羊多为隐性感染，没有症状。

【流行特点】 本病的发生有一定的季节性，多发生于秋末至春初。各种年龄的羊均可感染，在流行地区由于大多数成年羊均已感染而获得免疫。因此，发病羊多是 8 周龄以下的羔羊。患病的人、畜及隐性感染的带毒羊是本病的传染源，病毒主要存在于病羊及带毒羊的消化道，随粪便排到外界环境后，污染饲料、饮水、垫料及土壤等，经消化道感染。排毒时间可持续数天，可严重污染环境，加之病毒对外界环境有顽强的抵抗力，使该病毒在成年羊、育成羊、羔羊之间反复循环感染。另外，人和其他动物也可散播传染。

【临床症状】 潜伏期一般12 ~ 24小时，常呈地方性流行。病羊病初精神沉郁，食欲不振，不愿走动，有些羔羊吮乳后发生呕吐，以后出现严重腹泻，粪便呈黄色、灰色或黑色，为水样或稠状。症状的轻重取决于发病羊的日龄、免疫状态和环境条件，缺乏母源抗体保护的初生羔羊症状最重，环境温度下降或继发大肠杆菌病时，常使症状加重，病死率增高。通常20日龄以后的羔羊症状较轻，腹泻数日即可康复，成年羊多为隐性感染。

【病理变化】 病变主要在消化道，胃弛缓，其内充满凝乳块和乳汁。肠管变薄，内容物为液状，呈灰黄色或灰黑色，小肠绒毛缩短，肠系膜淋巴结肿胀，胆囊肿大。

【防控措施】 加强饲养管理，认真执行一般的兽医防疫措施，增强母羊和羔羊的抵抗力。在流行地区，可用羊轮状病毒油佐剂疫苗于妊娠羊临产前30天，肌内注射2毫升；羔羊于7日龄和21日龄各注射1次。弱毒疫苗于临产前5周和2周分别肌内注射1次。同时，要使新生羔羊早吃初乳，接受母源抗体的保护以减少发病和减轻病症。

目前无特效的治疗药物。发现病羊立即隔离，停止喂乳，以5%糖盐水或复方葡萄糖溶液（葡萄糖43.2克、氯化钠9.2克、甘氨酸6.6克、柠檬酸0.52克、柠檬酸钾0.13克、无水磷酸钾4.35克、溶于2 000毫升水中即成）给病羊自由饮用。同时，进行对症治疗，投服收敛止泻剂，如药用炭、次硝酸铋、矽炭银等，使用抗菌药物如青霉素、链霉素、庆大霉素、环丙沙星或恩诺沙星等防止继发细菌性感染，脱水严重时可静脉注射5%葡萄糖注射液、生理盐水或复方氯化钠注射液等。必要时用5%碳酸氢钠注射液纠正酸中毒，一般都可获得较好的疗效。也可试用中草药进行治疗。

十四、传染性脑脊炎

羊传染性脑脊炎又称羊脑脊炎、羊跳跃病、苏格兰脑炎，是由苏格兰脑炎病毒经蜱传播主要引起绵羊发病的一种急性病毒性传染病。以病羊表现双相热、精神沉郁、共济失调、震颤、后肢麻痹、昏迷和死亡为特征。

【流行特点】 本病主要发生于绵羊，偶尔可引起山羊患病，也可感染牛、马、犬、鹿和野生动物。传染媒介为蜱，感染病毒的蜱通过叮咬传播本病。偶尔可以传染给人，表现为流感样症状、双相热脑炎、脊髓灰质炎样疾病或出血热，但不至于引起死亡。

本病仅发生于多蜱的山区。

【临床症状】

（1）绵羊　潜伏期为1 ~ 3周。病羊发病初期表现高热、体温达40 ~ 42℃，精神委顿，食欲消失，数日后温度下降，情况好转。但1周之后，体温再度升高，出现典型的神经症状，病羊出现震颤，因而又称为震颤病，以头、颈部震颤最为明显。共济失调，感觉过敏。随着疾病的发展，出现跳跃，时而像小跑的马，时而向前冲跳，并躺倒，终至痉挛和麻痹、角弓反张、昏迷，病程一般为7 ~ 12天。

（2）山羊　虽无临床病例报告，但对苏格兰野山羊的调查证明，很多羊都具有本病的抗体，说明山羊有可能发生过本病。

【病理变化】 剖检可见脑膜血管充血，其他器官无特异性肉眼可见病变。

【防控措施】 重在控制羊蜱的危害，进行有规律的药浴或喷雾，并对蜱活动严重的草场进行焚烧和彻底割除，预防作用明显。对流行地区的羊注射传染性脑脊炎疫苗，以控制本病传播。

本病无特效治疗方法。接触病毒后的48小时内，注射抗血清可望得到保护，一旦出现体温升高，使用抗血清无效。如果未发生后肢麻痹，给予大量镇静剂可望治愈，但有可能成为带毒者。

十五、绵羊溃疡性皮炎

绵羊溃疡性皮炎又称为唇和小腿溃疡或龟头包皮炎、外阴炎，为绵羊的一种病毒性传染病。其特征是表皮发生溃疡，侵害部位包括唇和鼻、小腿和外生器官（包皮、阴茎及阴户）。

【流行特点】 单独接触不能传播本病，但人工感染于划破的皮肤时，容易成功。在自然感染情况下，病毒是经过伤口而进入皮肤。生殖器官（包皮、阴茎及阴户）的发病乃是通过交配传播的。

【临床症状】 症状根据发病部位而定。发病在唇及小腿者，最初症状为跛行，这是由于局部病灶所引起。病灶表现为溃疡，其大小与深浅不一，初期阶段即形成痂皮，将溃疡面遮盖起来。除去痂皮时，可见一无皮而出血的浅伤口，一般只有数毫米深。在痂皮与溃疡底部之间存在乳酪样而无臭味的脓液。与口疮病灶的主要区别是，此种溃疡是由组织受到破坏所形成，而口疮病灶则是组织增生的结果。

面部病灶最常见于上唇缘与鼻孔之间的区域，以及眼内角下方，但也可能发生于颊部。除了最严重的病例可使唇部穿孔以外，其余的均不涉及颊黏膜。

足部病灶可发生在蹄冠与腕部（跗部）之间的任何部分。

生殖器官病变部分或完全位于包皮口，严重者形成包茎；少数情况下，溃疡蔓延至阴茎导致公羊不能自然配种。母羊表现外阴唇的水肿、溃疡和结痂，但很少带来严重后果。

初期没有明显的全身反应，发病率一般为15% ~ 20%，高时可达60%。

【防控措施】 目前尚无疫苗和特效疗法。在发现本病的地区，配种季节开始以前，必须对公羊进行严格检查，发现有任何包皮炎症状时，立即淘汰。

第五章　羊细菌性传染病的防控技术

一、羊快疫

羊快疫是由腐败梭菌感染所引起的一种急性、致死性传染病。其特征是病羊发病突然，病程极短，很快死亡，胃和肠道发生出血性炎症，并在消化道内产生大量气体。

【流行特点】 绵羊对本病易感，山羊和鹿也可感染。主要经消化道感染。腐败梭菌通常以芽孢体形式散布于自然界，特别是潮湿、低洼或沼泽地带更多。羊只采食污染的饲草或饮水，芽孢随之进入消化道，但并不一定引起发病。当存在诱发因素时，特别是秋冬或早春季节气候骤变、阴雨连绵之际，羊因寒冷饥饿或采食了冰冻带霜的草料时，机体抵抗力下降，腐败梭菌即大量繁殖，产生外毒素，使消化道黏膜发炎、坏死并引起中毒性休克，使病羊迅速死亡。本病以散发性流行为主，发病率低而病死率高。

【临床症状】 病羊往往来不及表现临床症状即突然死亡，常见在放牧时死于牧场或早晨发现死于圈舍内。病程稍缓者，表现为不愿行走、运动失调、腹痛、腹泻、磨牙抽搐，最后衰弱昏迷，口流带血泡沫，多于数分钟或几小时内死亡，病程极为短促。

【病理变化】 病死羊尸体迅速腐败臌胀。剖检可见可视黏膜充血呈暗紫色，体腔、心包多有积液。特征性表现为皱胃出血性炎症，胃底部及幽门部黏膜可见大小不等的出血斑点及坏死区，黏膜下发生水肿（图 5–1、图 5–2）。肠道内充满气体，常有充血、出血、坏死或溃疡（图 5–3）。心内、外膜可见点状出血（图 5–4），胆囊内积存大量胆汁，肾脏瘀血（图 5–5、图 5–6）。

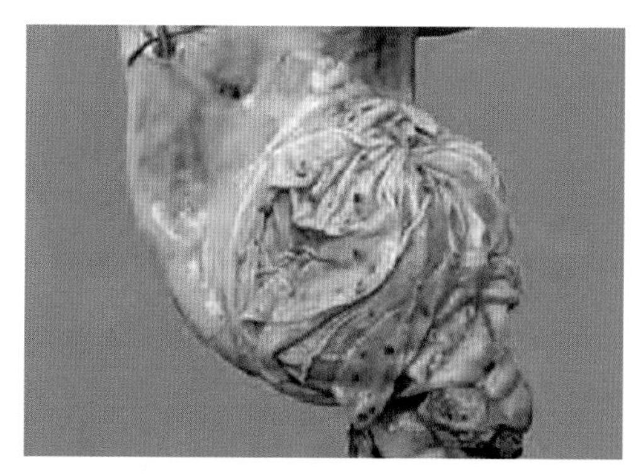

图 5–1　病羊皱胃有出血点

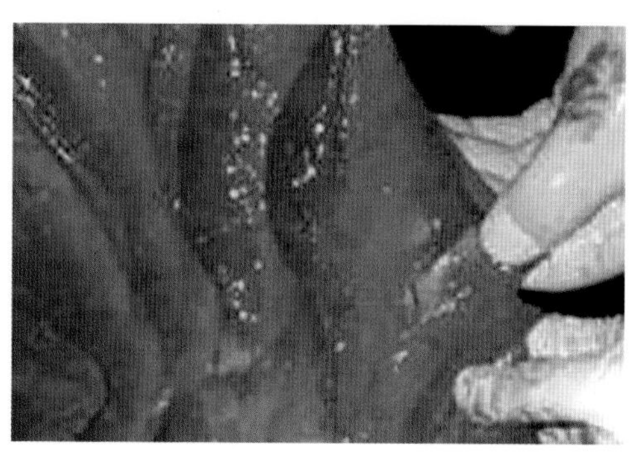

图 5–2　病羊皱胃黏膜水肿、出血

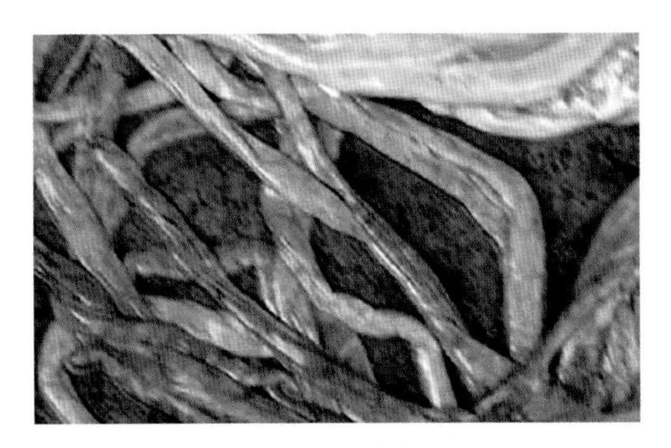
图 5-3　病羊小肠充血、出血

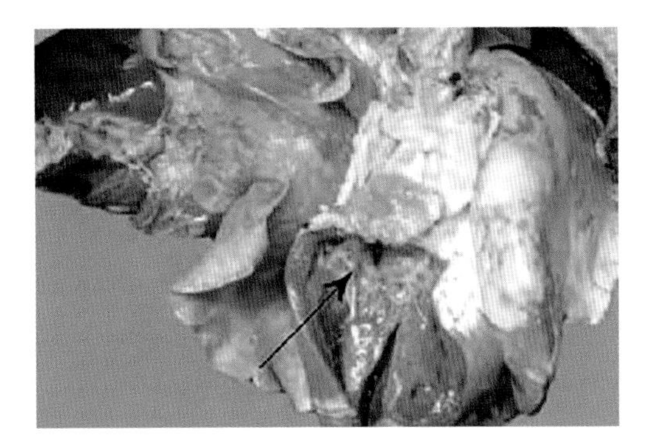
图 5-4　病羊心内膜出血

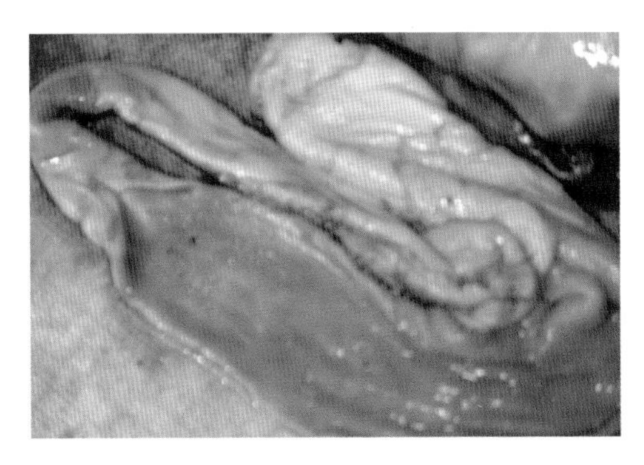
图 5-5　病羊心肌出血

图 5-6　病羊肾脏肿胀、瘀血

【预防措施】

（1）加强平时的防疫　在本病常发地区，每年春季用羊肠毒血症、羊快疫、羊猝狙三联疫苗进行免疫注射。

（2）加强饲养管理　避免羊只采食冰冻饲草，早晨出牧不要太早，防止羊只受寒感冒。

（3）隔离消毒　对病死羊只进行焚烧或深埋；严格消毒污染的场地和用具，迁移圈舍，更换牧场。

【治疗方法】

（1）强心补液　可用 5% 葡萄糖生理盐水 500 ~ 1 000 毫升与 10% 安钠咖注射液 5 ~ 10 毫升静脉注射。

（2）消除肠道炎症　按每千克体重 5 万单位肌内注射硫酸卡那霉素，或用痢菌净拌料投喂。

二、羊黑疫

羊黑疫又被称为传染性坏死性肝炎，是由 B 型诺维氏梭菌感染所引起的一种急性高度致死性毒血症，特征为羊体内肝脏坏死，病死羊皮下血管充血，从而导致表皮发黑，故而称为黑疫。

【流行特点】 本病主要发生于低洼潮湿地区，春、夏季多发。以 2 ~ 4 岁、营养好的绵羊多发，山羊也可发生。诺维氏梭菌广泛存在于土壤之中，羊采食被芽孢污染的饲料后，芽孢通过胃肠壁经门脉进入肝脏，当羊感染肝片吸虫时，易诱发致病，故本病的发生与肝片吸虫的感染程度密切相关。

【临床症状】 发病后病羊表现精神委顿，废食，离群，步态不稳，后期四肢无力卧地。有的表现腹痛，呼吸困难，体温升高达 41.5℃左右，呈昏睡俯卧状，不挣扎即死亡。有的晚上无任何症状，第二天早晨死于圈中。有的卧地毫无痛苦地突然死去。发病羊只与年龄无关，但多为营养良好的肥胖羊只。

【病理变化】 剖检可见病羊尸体皮下静脉显著充血，皮肤呈暗黑色外观，急宰剖检时，流出少量暗红色血液，放血不全，剥皮时可见血液积留在血管内。胸腔有少量积液，心内膜有出血斑，心耳出血、坏死，心包积液，积液暴露在空气中易凝固。体液常呈黄色，腹腔积液略带血色。脾脏轻度肿胀，表面有出血点。肝脏充血、肿胀，表面可见灰黄色树枝状坏死灶（图 5-7），界限分明，并可摸到多个凝固性坏死灶；切面呈半圆形，肝脏内有肝片吸虫存在。胆囊肿胀，胆汁稀薄，胆囊中也可见到肝片吸虫。胃有出血性炎症，大网膜出血（图 5-8）。小肠有出血性炎症，肠系膜淋巴结肿胀（图 5-9）。

【预防措施】 本病病程短促，发病急、死亡快，常常来不及治疗，因此只能以预防为主。流行本病的地区应做好控制肝片吸虫感染的工作。在发病季节，将羊群及时转移到高燥地区或直接将羊圈建在干燥处。常发病地区每年定期注射羊快疫、羊

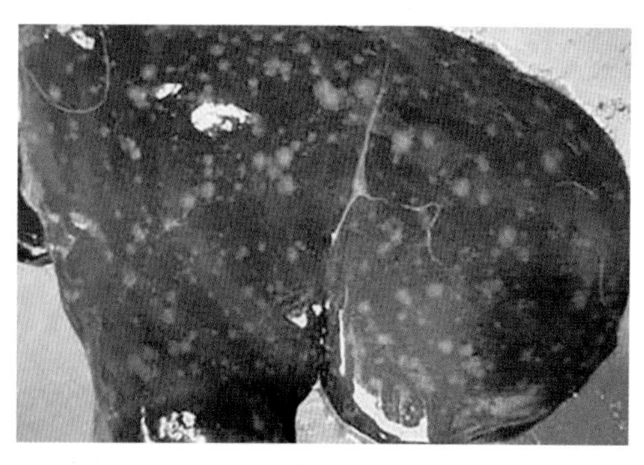

图 5-7 病羊肝脏表面和实质有大小不等的灰黄色坏死灶

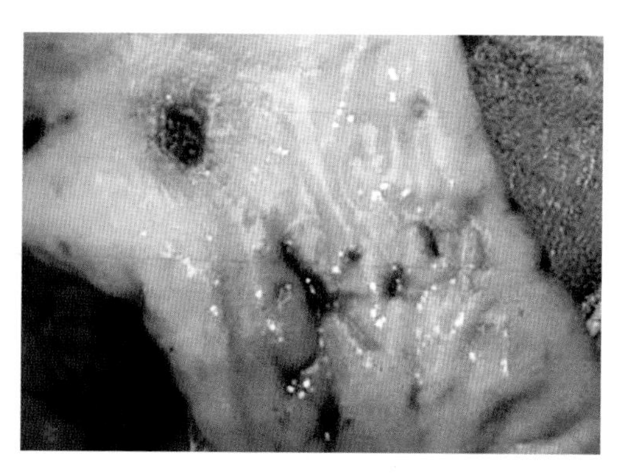

图 5-8 病羊皱胃充血、出血

图 5-9 病羊小肠充血、出血

肠毒血症、羊猝狙、羔羊痢疾、羊黑疫五联疫苗（厌气菌五联疫苗），每只羊皮下或肌内注射 5 毫升，注苗 2 周后产生免疫力，保护期可达半年；也可用抗诺维氏梭菌血清进行早期预防，每只羊皮下或肌内注射 10 ~ 15 毫升，必要时可重复 1 次。

药物预防可用溴酚磷，按每千克体重 16 毫克，一次口服；或用丙硫苯咪唑，按每千克体重 15 ~ 20 毫克，一次口服。

【治疗方法】 对已经患病的羊只，病程较长者，在发病早期，对病羊和羊群静脉或肌内注射抗诺维氏梭菌血清（含 7 500 单位/毫升）50 ~ 80 毫升，注射 1 ~ 2 次；对病程稍缓的病例可肌内注射青霉素 80 万 ~ 160 万单位，每日 2 次，连用 3 天。

病死羊一律烧毁或深埋，污染场地和羊舍用 20% 漂白粉溶液彻底消毒。

三、羊猝狙

羊猝狙是由 C 型产气荚膜梭菌感染所引起的一种细菌性传染病，1 ～ 2 岁的绵羊多发。以急性死亡、腹膜炎和溃疡性肠炎为特征。

【流行特点】 本病发生于成年羊，以 1 ～ 2 岁绵羊发病较多，特别是当饲料丰富时易感染，常见于低洼、沼泽地区，多发生于冬季，常呈地方性流行。

本病经消化道感染，主要侵害绵羊，有时也可感染山羊。被 C 型荚膜梭菌污染的牧草、饲料和饮水都是传染源，病菌随动物采食和饮水经口进入消化道，在肠道中生长繁殖并产生毒素，致使动物形成毒血症而死亡。不同年龄、品种、性别均可感染，但 6 月龄至 2 岁的羊比其他年龄的羊发病率高。

【临床症状】 感染发病的羊病程很短，一般为 3 ～ 6 小时，往往不见早期症状而死亡，有时可见突然无神、剧烈痉挛、侧身卧地、咬牙、眼球突出、惊厥而死。以腹膜炎、溃疡性肠炎和急性死亡为特征。

【病理变化】 剖检可见十二指肠和空肠黏膜严重充血、糜烂，个别区段可见大小不等的溃疡灶（图 5-10）；体腔、心包多有积液，暴露于空气中易形成纤维素絮块；浆膜上有小点出血。死后 5 小时，骨骼肌肌间积聚有血样液体，肌肉出血。

【预防措施】

（1）加强平时的防疫　在本病常发地区，每年春季用羊肠毒血症、羊快疫、羊猝疽三联疫苗进行免疫注射。

（2）加强饲养管理　避免羊只采食冰冻饲草，早晨出牧不要太早，防止羊只受寒感冒。

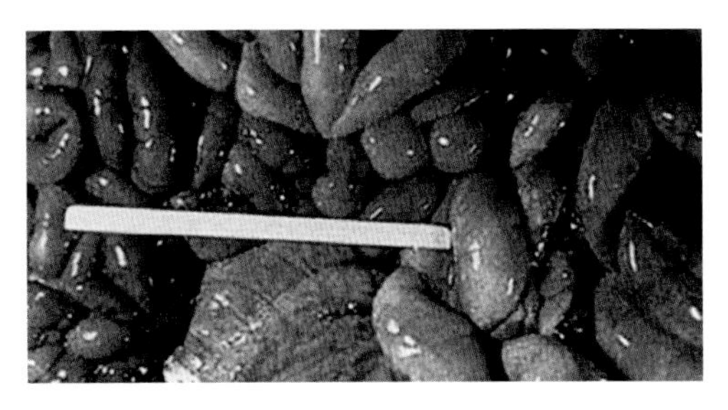

图 5-10　病羊肠黏膜严重出血，肠道外观呈黑紫色

（3）隔离消毒　对病死羊只进行焚烧或深埋；严格消毒污染的场地和用具，迁移圈舍，更换牧场。

【治疗方法】

（1）强心补液　可用 10% 葡萄糖生理盐水 500 ～ 1 000 毫升与 10% 安钠咖注射液 5 ～ 10 毫升静脉注射。

（2）消除肠道炎症　按每千克体重 5 万单位肌内注射硫酸卡那霉素，或用痢菌剂拌料投喂。

四、羊炭疽

炭疽是由炭疽杆菌感染引起的一种急性、热性、败血性人兽共患传染病。其特征是病羊突然发病死亡，可视黏膜发绀和天然孔流血。

【流行特点】 本病常呈散发性或地方性流行。病死羊是炭疽的主要传染源。绵羊最易感染，病羊体内以及排泄物、分泌物中含有大量的炭疽杆菌，如果病羊尸体及被污染的环境处理不当，可造成疫病的传播。本菌的繁殖体抵抗力不强，但芽孢抵抗力极强，在土壤、污水及羊皮上可以多年不死，造成环境的长期污染。健康羊采食了被污染的饲料、饮水或通过皮肤损伤感染了炭疽杆菌，或吸入带有炭疽芽孢的灰尘，均可导致发病。

【临床症状】

（1）最急性型　病羊常不显症状即突然死亡，病程稍久者，突然昏迷，步态不稳，磨牙，几分钟后即倒毙。全身打战，天然孔出血。

（2）急性型　病羊表现不安，呼吸困难，走路摇摆，大叫，体温达40℃以上，间或身体各部肿胀，鼻黏膜发紫，唾液及排泄物呈红色，肛门出血，最后全身痉挛而死。

（3）亚急性型　病羊症状与急性型病羊相同，但表现较缓和，病程为2～5天。

【病理变化】死于炭疽病的动物不宜解剖，以免体内炭疽杆菌暴露在空气中形成芽孢扩散为害。病死羊尸僵不全，鼻、口、肛门流出暗红血液，尸体膨胀，迅速腐败。剖检可见脾脏肿大2～5倍，柔软如糊状，切面呈砖红色；肾脏肿大，瘀血、出血（图5-11）；全身多发性出血，皮下、肌间、浆膜下水肿；血液凝固不良。

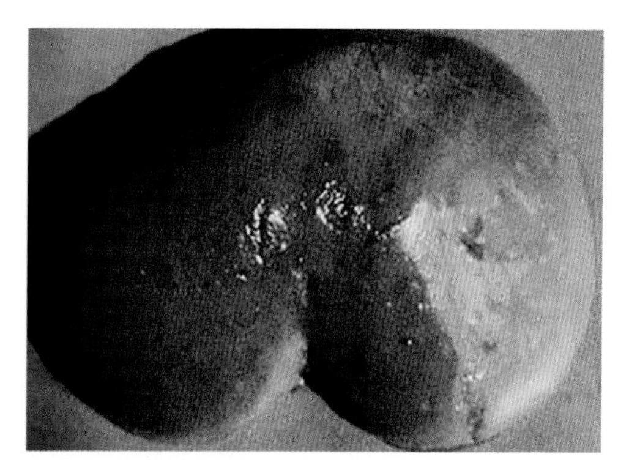

图5-11　病羊肾脏肿大，瘀血、出血

【预防措施】曾发生本病的地区，每年应用炭疽芽孢苗（对山羊不宜使用）及炭疽第二号芽孢苗进行预防接种，接种14天后产生免疫力，免疫期1年。

【治疗方法】发现疫情，及时封锁发病场所，并进行消毒，羊舍用20%漂白粉溶液，或10%氢氧化钠溶液喷洒3次，每次间隔1小时。将垫料及污染的饲料、饲草焚烧，对病羊隔离治疗。

可用青霉素（80万～160万单位）、磺胺嘧啶钠（每千克体重0.07～0.1克）或土霉素（每千克体重5～10毫克）肌内注射，每隔12小时使用1次，连用2～3天。

或用樟脑磺酸钠注射液2～5毫升（或10%安钠咖注射液2～5毫升）、复合维生素B注射液2～4毫升，皮下注射，每隔12小时使用1次。

五、巴氏杆菌病

羊巴氏杆菌病是由多杀性巴氏杆菌感染所引起的一种细菌性传染病，主要表现为败血症和肺炎。

【流行特点】本病多发生于幼龄羊和羔羊；山羊不易感染。病羊和健康带菌羊是传染源，病原随分泌物和排泄物排出体外，经呼吸道、消化道及损伤的皮肤感染。带菌羊在受寒、长途运输、饲养管理不当等不良因素刺激下，使机体抵抗力降低时，可发生自体内源性感染。

【临床症状】按病程长短可分为最急性型、急性型和慢性型3种。

（1）最急性型　多见于哺乳羔羊，表现突然发病，出现寒战、虚弱、呼吸困难等症状，于数分钟至数小时内死亡。

（2）急性型　精神沉郁，体温升高至41～42℃。咳嗽，鼻孔常有出血，有时混杂于黏性分泌物中。初期便秘，后期腹泻，有时粪便全部变为血水。病羊常在严重腹泻后虚脱而死，病程为2～5天。

（3）慢性型　病程可达3周。病羊消瘦，不思饮食，流黏液性、脓性鼻液，咳嗽，呼吸困难，有时颈部和胸下部发生水肿，有角膜炎，腹泻；死前极度衰弱，体温下降。

【病理变化】 皮下有液体浸润和点状出血；胸腔内有黄色渗出物；肺脏瘀血，有点状出血（图5-12至图5-14）；胃肠道有出血性炎症；肝脏有坏死灶（图5-15）；其他脏器呈水肿和瘀血，或有点状出血（图5-16）。病程较长者尸体消瘦，皮下胶样浸润，常见纤维素性胸膜肺炎和心包炎。

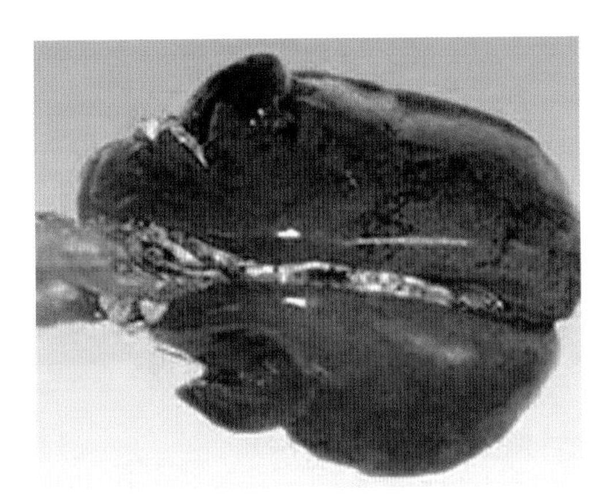

图5-12　病羊肺脏呈紫红色，瘀血，并有出血斑点

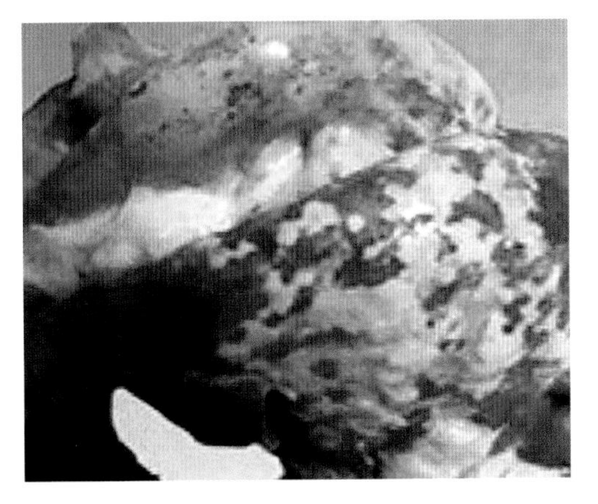

图5-13　病羊有纤维素性肺炎

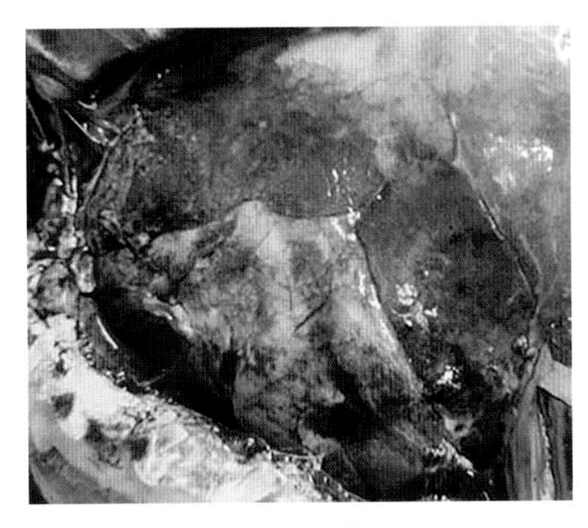

图5-14　病羊肺脏与胸壁粘连

图5-15　病羊肝脏表面有颗粒状坏死灶

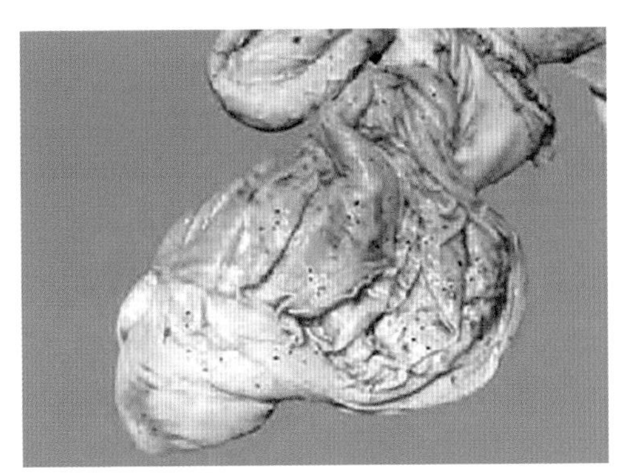

图5-16　病羊皱胃黏膜有出血点

【预防措施】 每年定期进行预防接种。平时应注意饲养管理，增强机体抵抗力，消除可能降低机体抗病力的因素。做好环境的消毒工作，羊舍用5%漂白粉溶液或10%石灰乳进行定期消毒。

【治疗方法】 发现病羊和可疑羊立即隔离治疗。庆大霉素、四环素以及磺胺类药物均有良好的治疗效果。

（1）庆大霉素　每千克体重 1 000 ~ 1 500 单位，肌内注射，每日 2 次，直到体温下降、食欲恢复为止。

（2）磺胺嘧啶钠　每千克体重 5 ~ 10 毫升，肌内注射，每日 2 次，连用 3 ~ 5 天。

另外发病初期可用高免血清治疗。

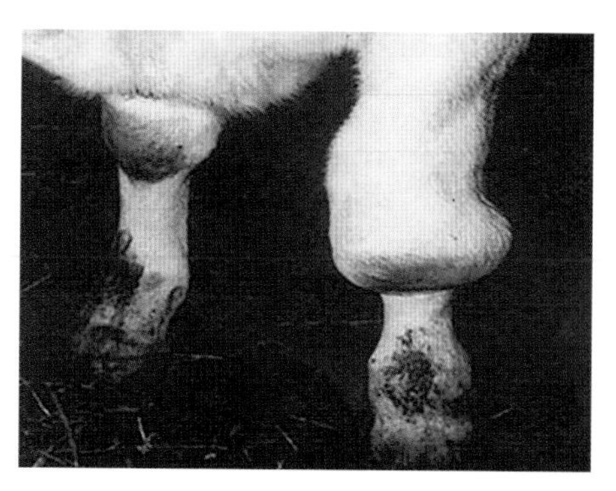

图 5–17　病羊发生关节炎和滑液囊炎

六、布鲁氏菌病

羊布鲁氏菌病是由布鲁氏菌感染所引起的一种人兽共患慢性传染病。其临诊特征为病羊生殖器官、胎膜及多种器官组织发炎、坏死和形成肉芽肿，引起流产、不孕、睾丸炎及关节炎等症状。

本病病原分布很广，不仅感染各种家畜，而且易传染人。

图 5–18　患病公羊睾丸炎

【流行特点】 病畜及带菌者（包括野生动物）是本病的主要传染源。受感染的妊娠母畜在流产或分娩时可将大量的布鲁氏菌排出，主要经生殖道、消化道感染，通过破损的皮肤、结膜、交配及吸血昆虫也可感染。动物的易感性随性成熟年龄接近而增高。

【临床症状】 多数病例为隐性感染，主要表现是流产。流产多发生在妊娠后的 6—8 个月。母羊流产前可发生阴道炎，排出污浊的红色黏液；有时病羊发生关节炎和滑液囊炎而致跛行（图 5–17）；公羊发生睾丸炎（图 5–18）。

【病理变化】 流产死胎或木乃伊胎，胎衣水肿、增厚，呈胶冻样浸润，表面覆有纤维素性渗出物和脓液，有的有出血点；胎儿胎盘出血、坏死，表面有灰色或黄绿色纤维素性渗出物或脓液（图 5–19）；胎儿皮下及脐带水肿，胶样浸润；淋巴结、脾脏和肝脏肿大；胃内有淡黄色或白色絮状黏液，以皱胃最为明显；肠道、胃和膀胱浆膜可见出血点。公羊可发生睾丸炎和附睾炎，睾丸肿大，后期萎缩（图 5–20、图 5–21）。

图 5–19　患病母羊胎盘水肿、出血

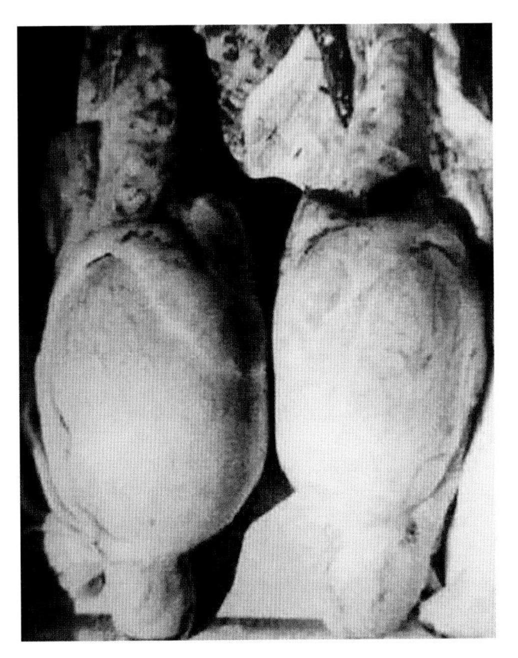

图 5-20　患病公羊急性睾丸炎和附睾炎

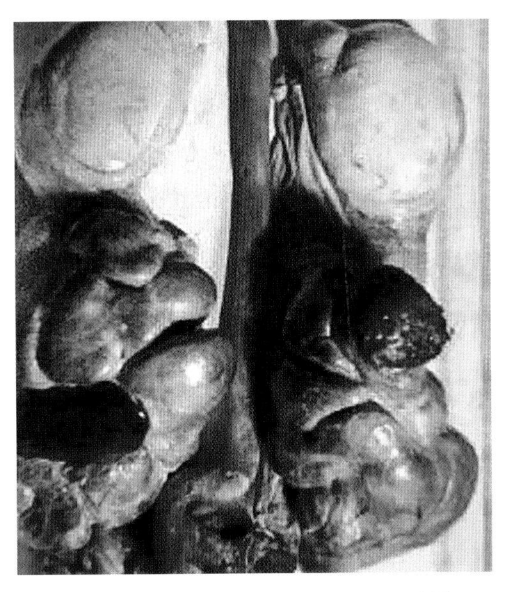

图 5-21　患病公羊精索呈结节状或串珠样

【预防措施】 目前，对于本病的治疗尚无理想的方法，一般采用检疫、淘汰病畜来防止本病的流行和扩散。

控制布鲁氏菌病传入的最好办法是自繁自养。从外地引进的羊要严格检疫，最好要先了解引进地区羊传染病的发生情况，有无发生过布鲁氏菌病，不要从疫区引进羊。

发现有羊感染了布鲁氏菌病，要立即隔离病羊，流产胎儿要深埋，污染的羊圈和场地要彻底消毒。

对没有严格隔离条件的羊群和健康羊要进行免疫接种。可将布鲁氏菌猪型 2 号疫苗放在水槽内让羊饮入，也可用布鲁氏菌羊型 5 号疫苗进行气雾免疫，或者皮下注射冻干布鲁氏菌羊型 5 号疫苗 1 毫升，免疫期 1 年。

【治疗方法】 本病无治疗价值，一般不予治疗。但对于价格昂贵的种羊，可在隔离条件下，用 0.1% 高锰酸钾溶液冲洗阴道和子宫，必要时用磺胺类药物和抗生素治疗。

七、羊肠毒血症

羊肠毒血症是由 D 型产气荚膜梭菌感染所引起的一种急性接触性传染病。本病的主要临诊特征是病羊发病急，病程短，死后肾组织软化，因而又称“软肾病”“类快疫”。

【流行特点】 本病以 2—12 月龄、膘情较好的绵羊最易感，其他品种、年龄的羊也可感染。

本病的发生有明显的季节性，多发于春末夏初和秋季收割季节，多呈散发性。

本病的病原菌在自然界中分布广泛，病羊与带菌羊都可以作为传染源，病原菌以芽孢的形式在环境中长期存在，羊群采食被污染的饲料、饮水而感染。健康羊的消化道内也有本菌存在，正常情况下，大多数病原菌被皱胃内的酸液所杀死，仅有少量存活，产生毒素，但可随消化道的蠕动而被消除，不引发疾病。但当饲料突然改变，特别是从干草改吃大量谷类或青嫩多汁和富有蛋白质的草料之后，导致胃内菌群失调，D 型产气荚膜梭菌大量繁殖，产生毒素，毒素在肠道内积聚，进入血液后，即可引发毒血症。

【临床症状】 本病的症状可见 2 种类型：一类以抽搐为特征，羊在倒地前，四肢强烈划动，肌肉颤抖，眼球转动，磨牙，2 ~ 4 小时内死亡。另一类以昏迷和安静死亡为特征，较前者病程稍缓，可见病羊步态不稳，以后卧地，感觉过敏，流涎，上、下颌"咯咯"作响，继而昏迷，角膜反射消失，有的可见腹泻，3 ~ 4 小时内安静地死去。

【病理变化】 病变常见于消化道、呼吸道、心血管系统。皱胃含有未消化的饲料，肠道某些区段急性发炎（图 5-22）；肺脏出血水肿；心包扩大、积液，常见有 50 ~ 60 毫升的灰黄色液体和纤维素絮块（图 5-23）；肾脏软化，似脑髓样（图 5-24）。

图 5-22　病羊肠道发炎、出血

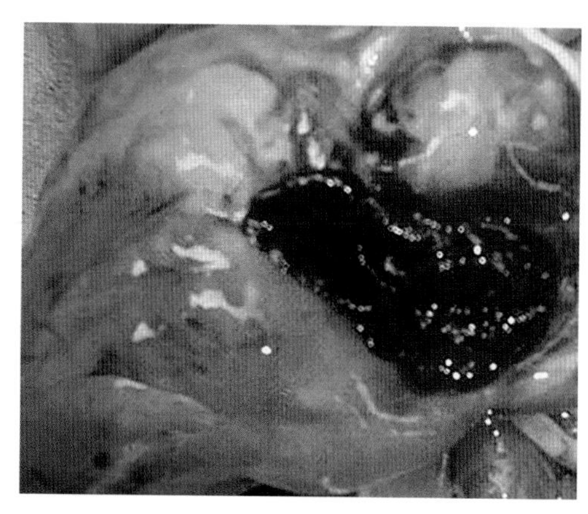
图 5-23　病羊心外膜有出血点

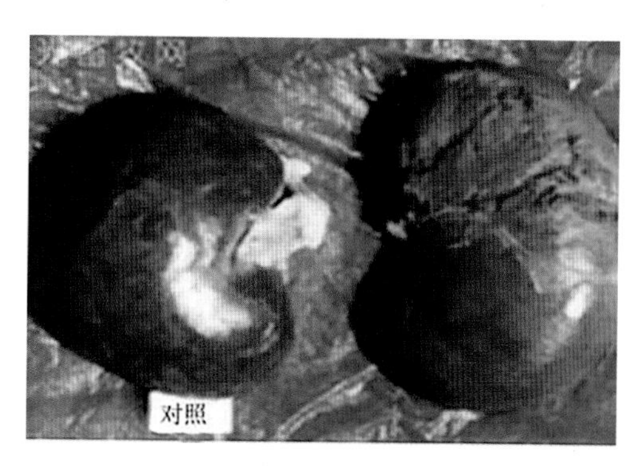

图 5-24　病羊肾软化如泥样

【预防措施】 在经常发病地区，应定期进行疫苗接种，可使用羊快疫、羊猝疽、羊肠毒血症三联疫苗、五联疫苗或厌氧菌七联干粉疫苗，接种后 2 周即可产生免疫力，可持续 6 个月。羔羊可通过初乳而获得抵抗力，因而可在 5 周龄时再进行接种。

在本病常发季节，在饲料中加入金霉素可预防本病。

当羊群发病时，可立即搬圈，更换牧场，改变饲养方式，加强运动，增强肠道的蠕动，能有效地控制疾病蔓延。

【治疗方法】 本病发病急，一般来不及治疗，病程稍长的病例可用抗生素或磺胺类药物结合强心、镇静等对症治疗。

青霉素 80 万 ~ 160 万单位、链霉素

50万~100万单位，肌内注射，每隔8~12小时注射1次。

病程在6小时以上的，可用磺胺脒8~12克（第一天1次口服，第二天分2次口服）、矽炭银10~20克，口服，每日2次。

如母羊已妊娠2个月以上，可用黄体酮20~30毫克皮下注射，每日1次，连用2~3次，防止流产。

用樟脑磺酸钠注射液2~4毫升、维生素C注射液2~4毫升、复合维生素B注射液2~4毫升，皮下注射，每隔12小时注射1次。

八、破伤风

羊破伤风是由破伤风梭菌感染所引起的一种急性中毒性传染病，多发生于新生羔羊，绵羊比山羊多见。其临诊特征为病羊全身或部分肌肉发生痉挛性收缩，表现出强硬状态。本病为散发，没有季节性，必须经创伤才能感染，特别是创面损伤复杂、创道深的创伤更易感染发病。

【流行特点】本病的发生主要是细菌经伤口侵入身体的结果，如脐带伤、去势伤、断尾伤、去角伤及其他外伤等，均可引起发病。母羊多发生于产死胎和胎衣不下的情况下，有时是由于难产助产中消毒不严格，以致在阴唇结有厚痂的情况下发生本病。也可经胃肠黏膜的损伤感染。病菌侵入伤口以后，在局部大量繁殖，并产生毒素，危害神经系统。由于本菌为专性厌氧菌，因此被土壤、粪便或腐败组织所封闭的伤口，最容易感染和发病。

【临床症状】本病的潜伏期为5~20天，但在特殊情况下有可能延长。病羊四肢僵硬，头向后仰。初发病时，仅步行稍不自然，不易引起饲养员的特别注意。病势发展时，则双耳直硬，牙关紧闭，不能采食，口腔内黏液增多。颈部及背部强硬，头偏于一侧或向后弯曲。四肢伸直，腹部蜷缩，好像木制的假羊（图5-25），如果扶起行走，严重者无法迈步，一经放手，即突然摔倒。突然的声响可引起骨骼肌发生痉挛而使病羊倒地。症状轻微时，脉搏和体温无大变化。严重时，体温增高，脉搏细而快，心脏跳动剧烈。病的后期，常因急性胃肠炎而发生腹泻，死亡率很高。

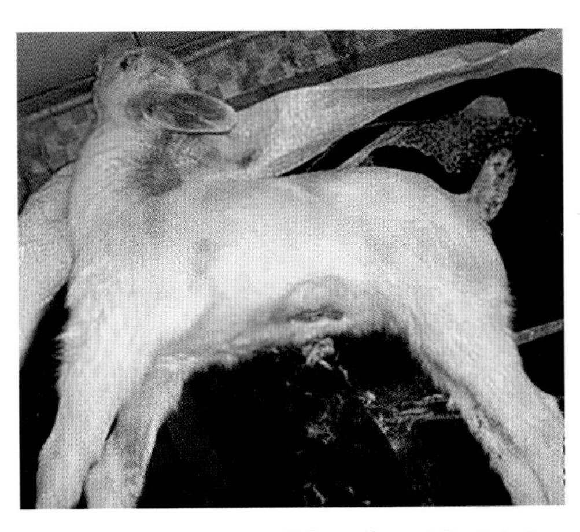

图5-25　病羊颈部及背部强直，头向后弯曲

【病理变化】尸体无特殊变化。

【预防措施】

（1）预防注射　破伤风类毒素是预防本病的有效生物制剂。羔羊的预防，以母羊妊娠后期注射破伤风类毒素较为适宜。

（2）创伤处理　羊身上任何部位发生创伤时，均应用5%碘酊或2%红汞溶液严格消毒，并应避免泥土及粪便侵入伤口。对一切手术伤口，包括剪毛伤、断尾伤及去角伤等，均应特别注意消毒。对感染创伤进行有效的防腐消毒处理，彻底排出脓液、异物、坏死组织及痂皮等，并用消毒药物（3% 过氧化氢溶液、2% 高锰酸钾溶液或 5% ～ 10% 碘酊）消毒创面，并使用青、链霉素在创伤周围注射，以清除破伤风毒素来源。

（3）注射抗破伤风血清　早期应用抗破伤风血清（破伤风抗毒素）。可一次用足量（20 万～ 80 万单位），也可将总用量分 2 ～ 3 次注射，皮下、肌内或静脉注射均可；也可一半静脉注射，一半肌内注射。抗破伤风血清在体内可保留 2 周。

【治疗方法】 加强护理，将病羊安置于黑暗安静的地方，避免能够引起肌肉痉挛的一切刺激。给予柔软易消化且容易咽下的饲料（如稀粥），经常在旁边放上清水。多铺垫料，每天翻身 5 ～ 6 次，以防发生褥疮。

为了消灭细菌，防止破伤风毒素继续进入体内，必须彻底清除伤口的脓液及坏死组织，并用 1% 高锰酸钾溶液、1% 硝酸银溶液、3% 过氧化氢溶液或 5% ～ 10% 碘酊进行严格消毒处理。病的早期同时应用青霉素与磺胺类药物。

为了中和毒素，可先注射 40% 乌洛托品注射液 5 ～ 10 毫升，再肌内或静脉注射大量破伤风抗毒素，每次 5 万～ 10 万单位，每日 1 次，连用 2 ～ 4 天。亦可将抗毒素混于 5% 葡萄糖注射液中静脉注射。

为了缓解痉挛，可分点皮下注射 25% 硫酸镁注射液，或肌内注射 40% 硫酸镁注射液，每日 1 次，每次 5 ～ 10 毫升。或按每千克体重 2 毫克肌内注射氯丙嗪。

对于牙关紧闭的羊，可将 3% 普鲁可因注射液 5 毫升和 0.1% 肾上腺素注射液 0.2 ～ 0.5 毫升混合后，注入咬肌。

九、大肠杆菌病

大肠杆菌病又称新生羔羊腹泻，俗称羔羊白痢，是由埃希氏大肠杆菌感染所引起的一种肠道传染病。其临诊特征为病羊高热、腹泻、排灰白色粪便。

【流行特点】 本病主要发生于数日龄至 6 周龄的羔羊，有些地方 3—8 月龄的羊也有发生，呈地方性流行，也有散发的。本病的发生与气候不良、营养不足、场地潮湿污秽等有关，放牧季节很少发生，冬春舍饲期间常发，经消化道感染。

【临床症状】 本病潜伏期为 1 ～ 2 天，其病症可分为以下 2 种类型。

（1）败血型　主要见于 2 ～ 6 周龄的羔羊。病羔体温升高至 41 ～ 42℃，精神沉郁、迅速虚脱轻度腹泻，有的带有神经症状，如运动失调、磨牙、视力障碍。有的出现关节炎，有的发生胸膜炎，有的在濒死期从肛门流出稀便，呈急性经过，多在 4 ～ 12 小时死亡，死亡率高达 80% 以上。

（2）肠炎型（下痢型）　多发于 2 ～ 8 日龄的羔羊，主要症状是下痢。羔羊病初体温升高至 40 ～ 41℃，粪便稀薄，呈半液状，带有气泡，气味恶臭，起初呈黄色，继而变为淡白色，含有乳凝块，严重时混有血液，粪便污染后躯及腿部。病羔腹痛、拱背、虚弱、严重脱水、衰竭、卧地不起，有时出现痉挛。如治疗不及时，可在 24 ～ 36 小时死亡，死亡率为 15% ～ 17%。

【病理变化】 死于败血型的病羊表现胸腹腔和心包大量积液，内有纤维素（图 5-26）；关节肿大，内含浑浊液体或脓性絮片；肝脏表面有坏死病灶（图 5-27）；脑膜充血，有很多小出血点。死于下痢型的病羊主要表现急性胃肠炎变化，胃内乳凝块发酵，肠黏膜充血、水肿和出血（图5-28、图5-29），肠内混有血液和气泡，肠系膜淋巴结肿胀，切面多汁或充血。

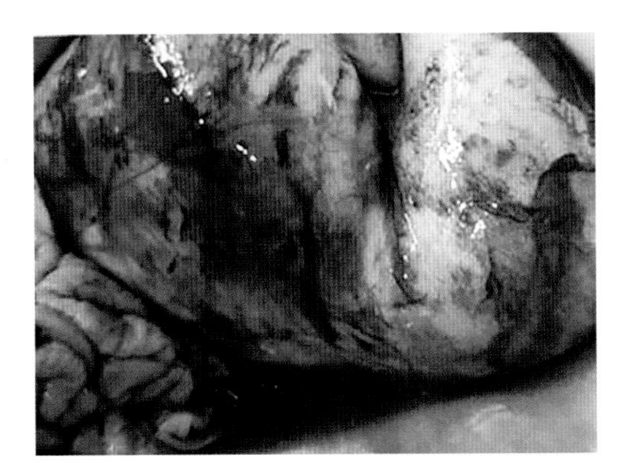

图 5-26　病羊腹腔大量积液

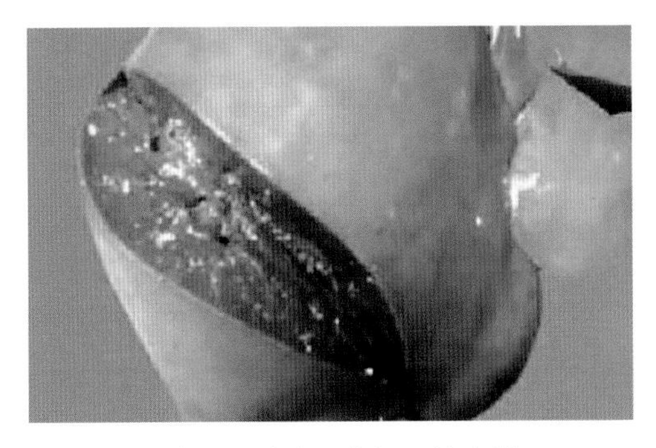

图 5-27　病羊肝脏表面有坏死性病灶

图 5-28　肠黏膜充血、水肿

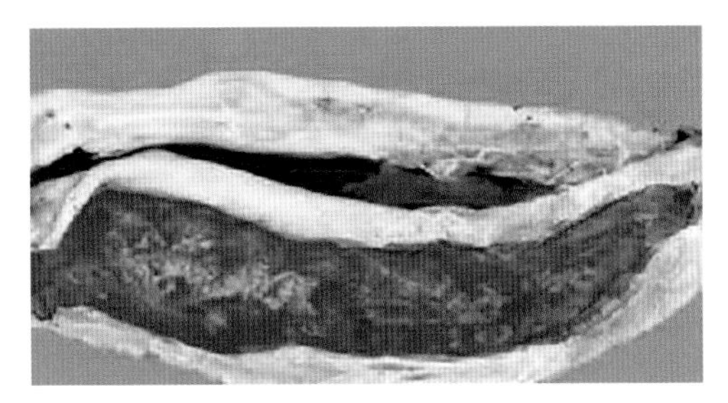

图 5-29　病羊小肠黏膜充血、出血

【预防措施】

（1）加强妊娠羊的饲养管理　做好抓膘保膘工作，保证新产羔羊健壮、抗病力强。保证饲料中蛋白质、维生素、矿物质的含量。定期运动，以利于胎儿的发育，提高初乳的生物学价值。

（2）做好接产的准备工作　严格遵守临产母羊及新生羔羊的卫生制度。对产房进行消毒，可用3% ~ 5%来苏尔溶液喷洒消毒。

（3）加强新生羔羊的饲养管理　搞好新生羔羊的环境卫生，哺乳前用0.1%高锰酸钾溶液擦拭母羊的乳房、乳头和腹下，让羔羊吃到足够的初乳，做好羔羊的保暖工作。对于缺奶羔羊，不要一次饲喂过量。对有病的羔羊，及时进行隔离。对病羔接触过的房舍、地面、墙壁、排水沟等，要进行严格消毒，可用3% ~ 5%来苏尔溶液喷洒消毒。

（4）做好免疫注射　可根据病原的血清型，选用同型疫苗给妊娠羊和羔羊进行预防注射。

【治疗方法】大肠杆菌对土霉素、磺胺类药物敏感，但必须配合护理和其他对症疗法。

（1）土霉素　每日每千克体重20 ~ 50毫克，分2 ~ 3次口服；或每日每千克体重10 ~ 20毫克，分2次肌内注射。

（2）磺胺嘧啶钠　每千克体重0.07 ~ 0.1克，肌内注射，每隔12小时注射1次，连用2 ~ 3天。新生羔羊再加胃蛋白酶0.2 ~ 0.3克。

对心脏衰弱的，皮下注射25%安钠咖注射液0.5 ~ 1毫升；对脱水严重的，静脉注射5%糖盐水20 ~ 100毫升；对于有兴奋症状的病羔，用水合氯醛0.1 ~ 0.2克加水灌服。如病情好转时，可用微生物制剂，如促菌生、调痢生、乳康生等，加速胃肠功能的恢复，但不能与抗生素同用。

十、羔羊梭菌性痢疾

羔羊梭菌性痢疾简称羔羊痢疾，是由B型魏氏梭菌感染所引起的一种初生羔羊急性传染病。临诊特征为病羊剧烈腹泻、小肠溃疡。本病主要是由于B型魏氏梭菌在羔羊小肠（特别是回肠）内大量繁殖，产生毒素而引起。

【流行特点】本病呈季节性流行，主要侵害产后2 ~ 8天的羔羊，尤以新生3天内的羔羊最易发病，杂交改良品种更为敏感，特别是高代杂交品种羔羊死亡率甚高。一般产羔初期患病少，产羔盛期传播快，发病率明显增高。本病的传染来源是病羔，其粪便内含有大量病原菌，污染羊舍和周围环境，成为传播因素，经消化道、脐带和外伤等途径感染。诱因很重要，特别是弱羔受到寒冷或饥饱不均等因素作用，常促使发病。

【临床症状】羔羊感染痢疾，首先表现食欲减退，精神委顿，常卧地不起；粪便起初是黄色稀便，后来为血样紫黑色稀便。有的羔羊发病很快，未见明显症状即突然死亡。潜伏期数小时至1天。病初羔羊精神沉郁，食欲减退或停止吮乳，随后1 ~ 2天病羔排黄褐色稀糊状或水样粪便，气味恶臭。萎靡呆立，低头拱背，腹部上凹，后期粪便内带血，排便失禁。由于持续性腹泻导致体温偏低，经1 ~ 2天死亡。个别病例出现神经症状，流涎，牙关紧闭，角弓反张，四肢抽搐或神志昏迷，以死亡告终。

【病理变化】剖检可见尸体消瘦，被毛粗乱，黏膜苍白，口腔及鼻腔发绀，尾部及肛门四周被粪便沾污。严重脱水，眼窝下陷。胃肠道有卡他性炎症，黏膜上有出血点。肠黏膜上有大量黏液，皱胃内容物呈白色或乳白色稀糊状，并混有凝乳块。肠壁稀薄，充血、出血（图5-30，图5-31），肠淋巴滤泡明显。肝脏充血、水肿，质地变软，有萎缩现象。心包内积有黄色液体，心内膜有点状及条纹状出血。

图5-30　病羊肠壁稀薄，肠黏膜发炎

图5-31　病羊小肠间出现间断性臌胀和暗红色变化

【防控措施】加强饲养管理，特别是母羊产前和产后的管理，搞好卫生消毒工作，对预防本病具有积极意义。

每年秋季可给羊接种厌氧菌五联疫苗，一般在产前 2 ~ 3 周接种母羊。也可用羊六联疫苗（羊厌氧菌五联疫苗加大肠杆菌病疫苗）进行预防接种。

药物预防可收到一定的效果。羔羊出生后 12 小时内，可口服土霉素 0.15 ~ 0.2 克，每日 1 次，连服 3 天。

对病羔羊要及早发现，仔细护理，积极治疗。治疗可选用土霉素 0.2 ~ 0.3 克，加等量胃蛋白酶溶水灌服，每日 2 次。或用磺胺脒 0.5 克，鞣酸蛋白、次硝酸秘、碳酸氢钠各 0.2 克，水调灌服，每日 3 次。病初用较大剂量青霉素、链霉素各 20 万单位，肌内注射。

必要时采用对症疗法，如强心补液、收敛止痛等。有条件的可用高免血清治疗。

十一、沙门氏菌病

羊沙门氏菌病也称羊副伤寒，是由鼠伤寒沙门氏菌、羊流产沙门氏菌、都柏林沙门氏菌感染所引起羊的一种传染病。临诊特征为妊娠羊流产，羔羊发生下痢。

【流行特点】沙门氏菌对外界的抵抗力较强，在水、土壤和粪便中能存活几个月，但不耐热，一般消毒药均能迅速将其杀死。本病一年四季均可发生，各种年龄的畜、禽均可感染。以消化道感染为主，交配和其他途径也能感染，各种不良因素均可促使本病的发生。

【临床症状】本病潜伏期长短不一，依动物年龄、应激因素和侵入途径等而不同。

（1）下痢型羔羊副伤寒 多见于 15 ~ 20 日龄的羔羊，病初精神沉郁，体温升高至 40 ~ 41℃，低头拱背，食欲减退或拒食。身体虚弱，憔悴，趴地不起，在 1 ~ 5 天内死亡，病死率约 25%。大多数病羔羊出现腹痛、腹泻，排出大量灰黄色糊状粪便，迅速出现脱水症状，眼球下陷，体力减弱。有的病羔羊出现呼吸促迫、流出黏性鼻液、咳嗽等症状。

（2）流产型副伤寒 流产多见于妊娠的最后 2 个月。多在母羊妊娠后期发生流产或产死胎，流产率可达 80%（图 5-32 至图 5-34）。病羊在流产前体温升高至 40 ~ 41℃，厌食，精神沉郁，部分羊有腹泻症状，阴道有分泌物流出。病羊产下的活羔羊比较衰弱，不吃奶，并可有腹泻，一般于 1 ~ 7 天内死亡。病羊伴发肠炎、胃肠炎和败血症。部分发病母羊可在流产后或无流产的情况下死亡。

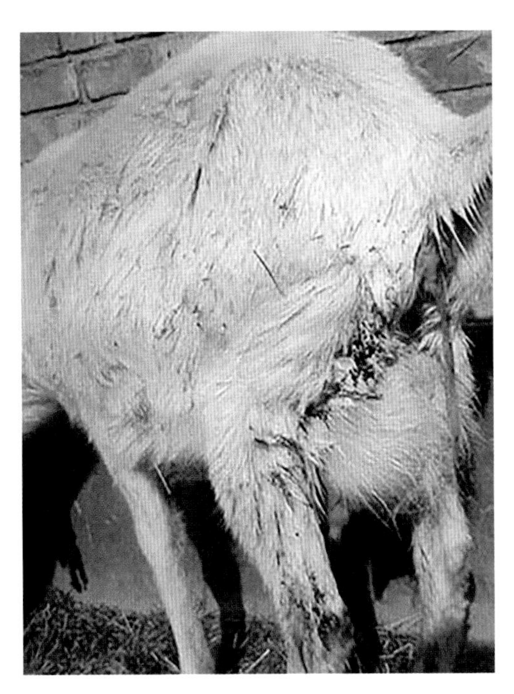

图 5-32 病羊流出带血黏液

图 5-33 流产的母羊胎衣滞留

图 5-34 病羊胎盘水肿

【病理变化】下痢型可见病羊消瘦，皱胃和肠道空虚，黏膜充血，内容物稀薄。肠系膜淋巴结肿大、充血，脾脏充血，肾脏皮质部与心内、外膜有小出血点（图5-35至图5-37）。流产型病羊出现死产或初产羔羊在几天内死亡，呈现败血症病变。组织水肿、充血，肝脏脾脏肿大，有灰色坏死灶。胎盘水肿、出血，母羊有急性子宫炎、流产或产死胎及子宫肿胀，可见坏死组织、渗出物和滞留的胎盘。

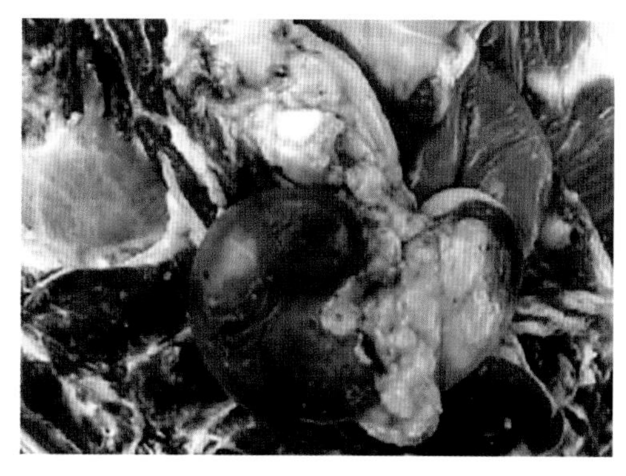

图 5-35 病羊心脏、肾脏有出血点

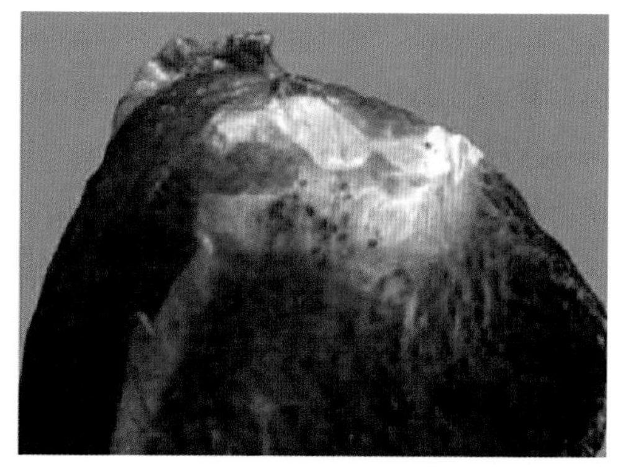

图 5-36 病羊脾脏有出血点

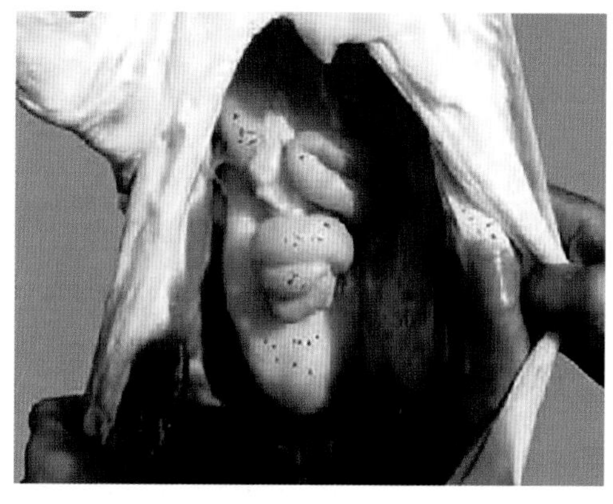

图 5-37 病羊内脏有出血点

【预防措施】

（1）加强饲养管理　羔羊在出生后应尽早吃到初乳，注意羔羊的保暖。发现病羊应及时隔离并立即治疗，被污染的圈栏要彻底消毒。

（2）药物预防　用土霉素或新霉素，羔羊每日每千克体重 30 ~ 50 毫克，分 3 次口服；成年羊每日每千克体重 10 ~ 30 毫克，分 2 次肌内或静脉注射。

（3）免疫接种　可用鼠伤寒沙门菌和都柏林沙门菌制成的灭活疫苗接种 2 次，每次间隔 2 ~ 3 周，皮下注射，每次 2 毫升。一般于注射后 14 天产生免疫力。

【治疗方法】　病羊可隔离治疗或淘汰处理。对本病有治疗作用的药物很多，但必须配合护理及对症治疗。

（1）土霉素、卡那霉素　每日每千克体重用 30 ~ 50 毫克，分 2 次口服。

（2）盐酸环丙沙星　成年羊每日用 250 毫克，分 2 次口服。

（3）磺胺嘧啶　每千克体重用 20 ~ 40 毫克，每日分 2 次口服。

对症治疗可用肠道收敛剂如鞣酸蛋白 2 ~ 3 克，药用炭 5 克，口服；补充体液可用 5% 糖生理盐水 50 ~ 100 毫升，静脉注射。

十二、链球菌病

羊链球菌病俗称嗓喉病，是由 C 群链球菌感染所引起的一种急性热性败血性传染病。其主要临诊特征为病羊咽喉部及下颌淋巴结肿胀，大叶性肺炎，呼吸困难，胆囊肿大。

【流行特点】　病羊和带菌羊是本病的主要传染源，以呼吸道为主要传播途径，也可经皮肤创伤、羊虱蝇叮咬等途径传播；病死羊的肉、骨、皮、毛等亦可散播病原。新发地区常呈流行性发生，老疫区则呈地方性流行或散发。以冬、春季节气候寒冷、草质不良时多发。

【临床症状】　病羊体温升高至 41℃以上，呼吸困难，精神委顿，食欲不振，反刍停止，流涎；鼻孔流浆液性或脓性分泌物；结膜充血，常见流出脓性分泌物；粪便松软，带有黏液或血液；有时可见眼睑、嘴唇、面颊及乳房部位肿胀，腹下毛稀处有出血点（图 5-38）；咽喉部及下颌淋巴结肿大；死前常有磨牙、呻吟及抽搐现象。

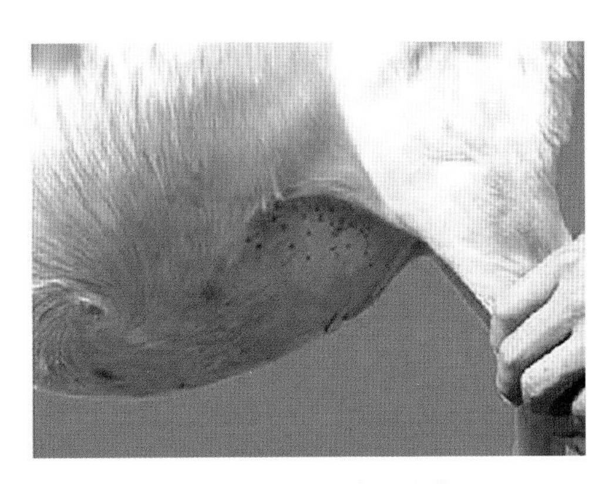

图 5-38　病羊腹下毛稀处有出血点

【病理变化】　主要以败血性变化为主。尸僵不显著或不明显，各脏器广泛出血，尤以膜性组织（大网膜、肠系膜等）最为明显。鼻、咽喉、气管黏膜出血；肺脏水肿、气肿，肺实质出血（图 5-39），有时肺脏尖叶有坏死灶，常与胸壁粘连，呈大叶性肺炎（图 5-40）；肝脏、胆囊肿大（图 5-41、图 5-42）；肾脏质地变脆、变软、肿胀、坏死，被膜不易剥离；脾脏、皱胃及一些肠段出血，各脏器浆膜常覆有黏稠、丝状的纤维素样物质。

图 5-39 病羊肺脏水肿、心包膜有出血点

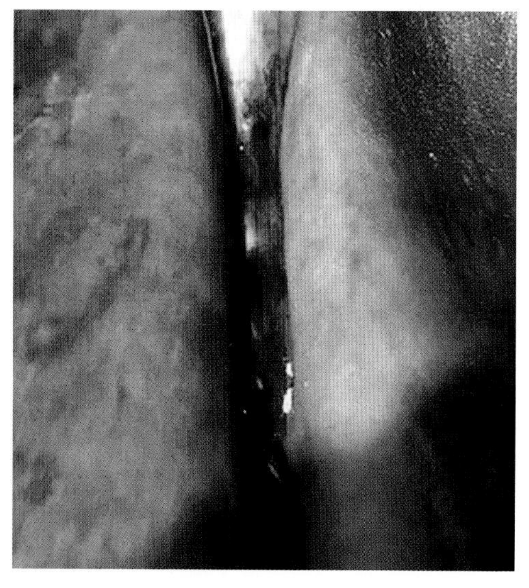

图 5-40 病羊可见浆液性纤维素性肺炎

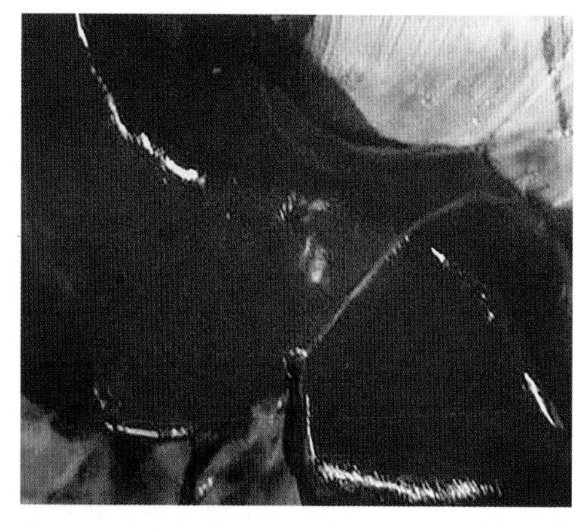

图 5-41 病羊肝脏肿大

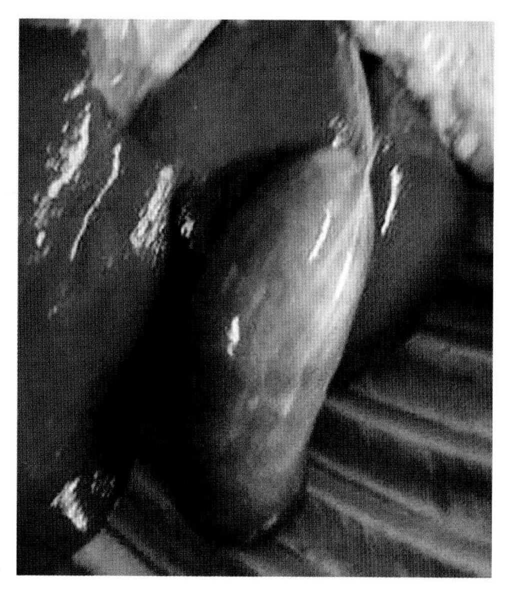

图 5-42 病羊胆囊肿大

【防控措施】 加强饲养管理，做好抓膘、保膘、防寒、保温工作。不从疫区购进活羊和羊肉、皮毛产品。

常发地区在每年发病季节到来之前，用羊链球菌氢氧化铝甲醛疫苗进行预防接种，大、小羊只一律皮下注射 3 毫升。3 月龄以内羔羊，2 ~ 3 周后加强免疫 1 次，于 14 ~ 21 天产生免疫力，免疫期可维持半年以上。

治疗时可应用青霉素或磺胺类药物。青霉素，每次 80 万 ~ 160 万单位，每日肌内注射 2 次，连用 2 ~ 3 天。磺胺嘧啶，每次用 5 ~ 6 克，小羊减半，口服，每日 1 次，连用 2 ~ 3 天。

十三、结核病

羊结核病是由结核分枝杆菌感染所引起的一种慢性传染病，其主要临诊特征是在病羊各种器官形成无血管的干酪样变性的结节，这种结节俗称为结核。

【流行特点】 结核分枝杆菌主要有牛型、人型和禽型3个类型,可侵害多种动物,牛最容易发生,羊、猪和禽类较少。

患病人类和动物,尤其是开放性患者是本病的主要传染源。患者常常从痰液、粪便、尿液、乳汁和生殖道分泌物中排出病原菌,污染周围环境而构成传染。羊主要通过消化道感染本病,也可通过空气和生殖道感染。

本病一年四季均可发生,羊舍拥挤、阴暗、潮湿、污秽不洁、挤奶操作不规范和饲养管理不良等,均可促进本病的发生和传播。

【临床症状】 病羊体温多正常,有时稍升高。消瘦,被毛干燥,精神不振,多呈慢性经过。当患肺结核时,病羊咳嗽,流脓性鼻液;当乳房被感染时,乳房硬化,乳房淋巴结肿大;当患肠结核时,病羊有持续性消化功能障碍,便秘,腹泻或轻度胀气。羊结核病急性病例比较少见。

【病理变化】 病羊尸体消瘦,黏膜苍白,在肺脏、肝脏和其他器官以及浆膜上形成特异性结核结节和干酪样坏死灶(图5-43、图5-44)。干酪样物质趋向软化和液化,并具明显的组织膜是山羊结核结节的特征。原发性结核病灶常见于肺脏和纵膈淋巴结,可见白色或黄色结节,有时发展成小叶性肺炎。在胸膜上可见灰白色半透明珍珠状结节,肠系膜淋巴结有结节病灶。

【预防措施】 定期对羊群进行临床检查,发现阳性者,及时采取隔离消毒措施,利用价值不大者应扑杀,以免传染健康羊。

病羊所产乳汁,要单独存放、煮沸消毒;所产羔羊用1%来苏尔溶液洗涤消毒后,隔离饲养,3个月后进行结核菌素试验,阴性者方可与健康羊混养。

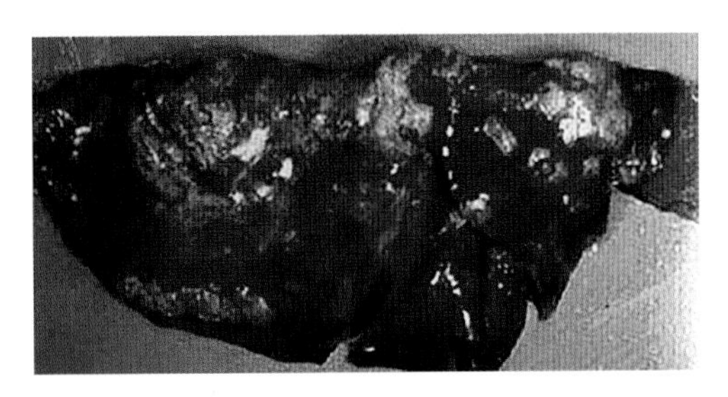

图5-43　病羊肺脏表面有病变结节

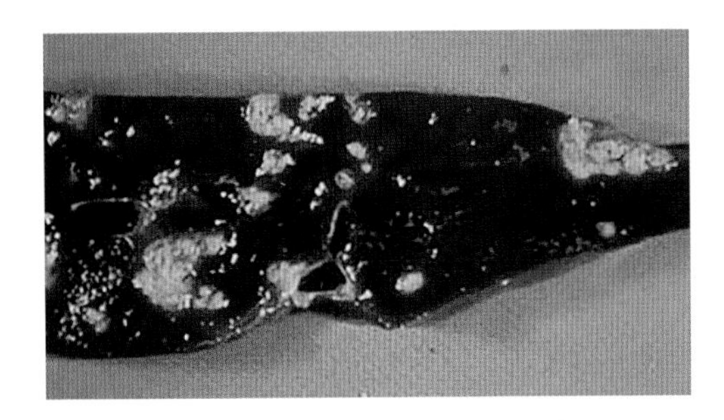

图5-44　病羊肝脏横截面有病变结节

【治疗方法】

(1)链霉素　每千克体重10毫克,肌内注射,每日2次,连用数天。

(2)异烟肼　每千克体重4～8毫克,分3次灌服,连用1个月。

十四、副结核病

羊副结核病又称羊副结核性肠炎,是由副结核分枝杆菌感染所引起的一种慢性接触性传染病。其临诊特征为病羊间歇性腹泻和进行性消瘦。

【流行特点】 副结核分枝杆菌主要存在于病畜的肠道黏膜和肠系膜淋巴结,通过粪便排出,污染饲料、饮水等,经消化道感染健康家畜。幼龄羊的易感性较大,大多在幼龄时感染,经过很长的潜伏期,到成年时才出现临床症状,特别由于机体的抵抗力减弱,饲料中缺乏无机盐和维生素,容易发病。呈散发或地方性流行。

【临床症状】 病羊体重逐渐减轻，间断性或持续性腹泻，粪便呈稀粥状，体温正常或略有升高。发病数月后，病羊消瘦、颌下水肿、衰弱、脱毛、卧地。患病末期可发生肺炎，多数归于死亡。

【病理变化】 尸体常极度消瘦。肠系膜淋巴结肿大呈索状（图 5-45），色苍白，有钙化结节。肠壁增厚，结肠后段黏膜表面凹凸不平（图 5-46），有麸皮样病变。肝脏表面有大小不等的钙化点（图 5-47）。

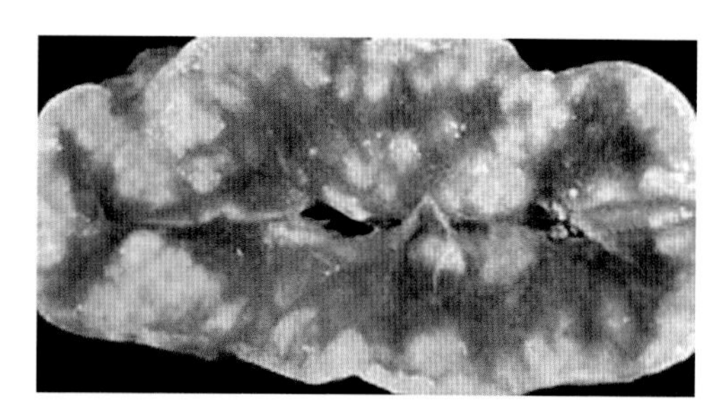

图 5-45　病羊肠系膜淋巴结肿大

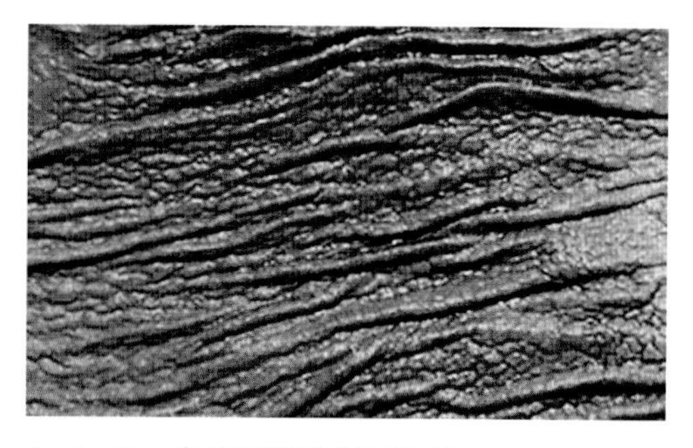

图 5-46　病羊肠黏膜凸凹不平

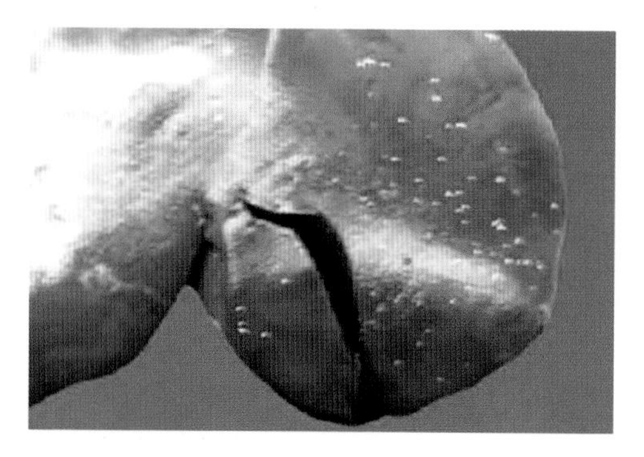

图 5-47　病羊肝脏表面有坏死点、钙化点

【防控措施】 平时加强饲养管理，给予足够的营养，以增强抗病能力。如引进羊应进行隔离观察，并经副结核分枝杆菌诊断探针或酶联免疫吸附试验确认无病后归群。因本病潜伏期长，在感染后期才显症状，因此药物治疗常无效。发现病羊及早扑杀，并将羊舍、饲槽、用具等用生石灰、来苏尔、氢氧化钠、漂白粉、石炭酸等消毒。

十五、伪结核病

羊伪结核病又称干酪样淋巴结炎，是由伪结核棒状杆菌感染所引起的一种慢性传染病。其临诊特征为病羊淋巴结、肝脏、脾脏、肺脏、肾脏等器官发生大小不等的结节，内含淡黄色干酪样物。

【流行特点】 伪结核棒状杆菌不形成芽孢，对干燥有抵抗力。山羊、绵羊均可发病，以群养奶山羊多见，偶见于羔羊，病羊排泄物中含有大量细菌，可经消化道、呼吸道、外伤感染。

【临床症状】 本病在羔羊中少见。随年龄增长，发病增多。感染初期，局部发生炎症，后波及邻近淋巴结，慢慢增大和化脓。脓液初稀，渐变为牙膏样、干酪样（图 5-48、图 5-49）。病羊一般没有明显症状，屠宰时才被发现。如体内淋巴结和内脏受波及时，则病羊逐渐消瘦、衰弱，呼吸加快，时有咳嗽，最后陷于恶病质而死亡。

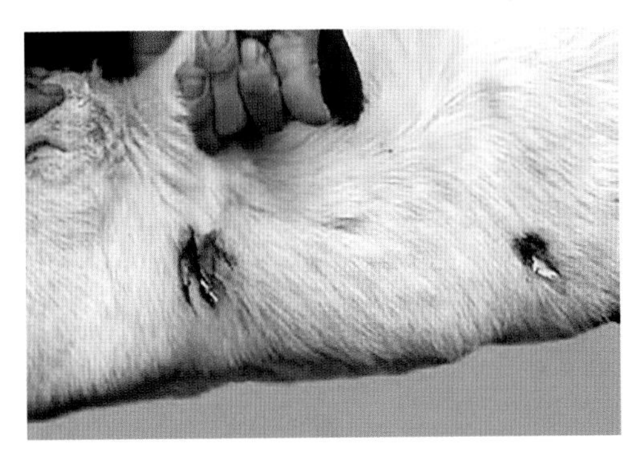

图 5-48 病羊肩前、肋下淋巴结发炎、肿胀化脓

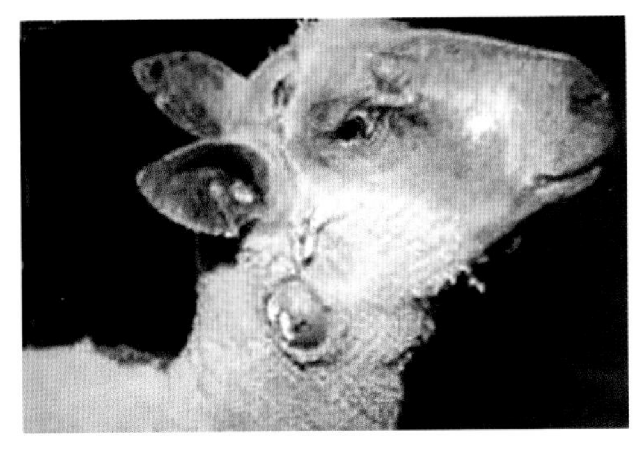

图 5-49 病羊颈部脓肿

本病在头部和颈部淋巴结发生较多，肩前、股前和乳房等淋巴结次之。

【病理变化】尸体消瘦，被毛粗乱、干燥；体表淋巴结肿大，内含干酪样坏死物；在肺脏、肝脏、脾脏、肾脏和子宫角等处有大小不一、数量不等的脓肿（图 5-50）。

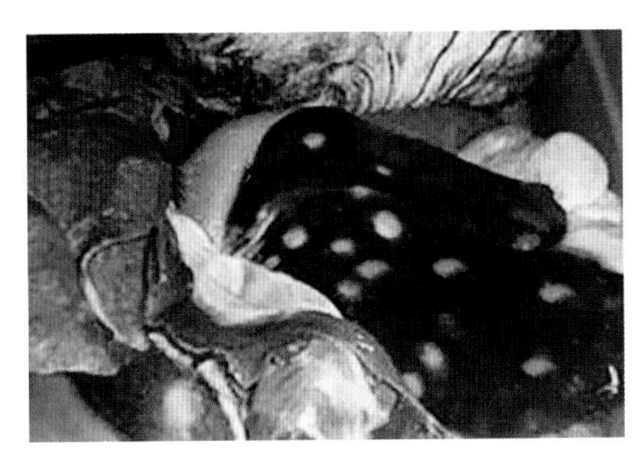

图 5-50 病羊肝脏、肺脏脓肿

【预防措施】平时须做好皮肤和环境的清洁卫生工作，皮肤破伤应注意及时处理。发现病羊应及时隔离治疗。

【治疗方法】伪结核棒状杆菌对青霉素高度敏感，但因脓肿有厚包囊，疗效不好。对有临床症状的山羊可进行手术治疗，切开脓疱，挤出脓液，用 3% 过氧化氢溶液灌洗创口后，撒上高效广谱抗生素粉，或用碘酊棉条填塞数日后取出，撒上高效广谱抗生素粉，同时肌内注射高效广谱抗生素 1 ~ 3 天，1 周后可痊愈。对脓肿按一般外科常规处理法将脓肿连同包膜一并摘除。

十六、李氏杆菌病

李氏杆菌病又称转圈病，是由李氏杆菌感染所引起的一种畜、禽、啮齿动物和人共患的传染病。其临诊特征为病羊神经系统紊乱，表现转圈运动，面部麻痹，妊娠羊可发生流产。

【流行特点】绵羊和山羊均可感染，以羔羊和妊娠羊的敏感性最高。

本病流行具有明显的季节性，即冬、春季多发。发病率低，但病死率很高。患病动物和带菌动物是传染源，主要通过消化道、呼吸道、眼结膜和皮肤损伤感染。冬季缺乏青绿饲料、天气变化、有寄生虫或沙门氏菌感染均可为本病发生的诱因。

【临床症状】病羊短期发热，精神抑郁，食欲减退，多数病例表现脑炎症状，如转圈、倒地、四肢作游泳状姿势、颈部强直、角弓反张、颜面部神经麻痹、咀嚼肌麻痹、咽麻痹、昏迷等。妊娠羊可出现流产，羔羊多以急性败血症而迅速死亡，病死率很高。

【病理变化】 剖检一般没有特殊的肉眼病变。有神经症状的病羊，脑及脑膜充血、水肿（图 5-51），脑脊液增多、稍浑浊。流产母羊均有胎盘炎，表现胎盘子叶水肿、坏死，血液和组织中单核细胞增多（图 5-52）。

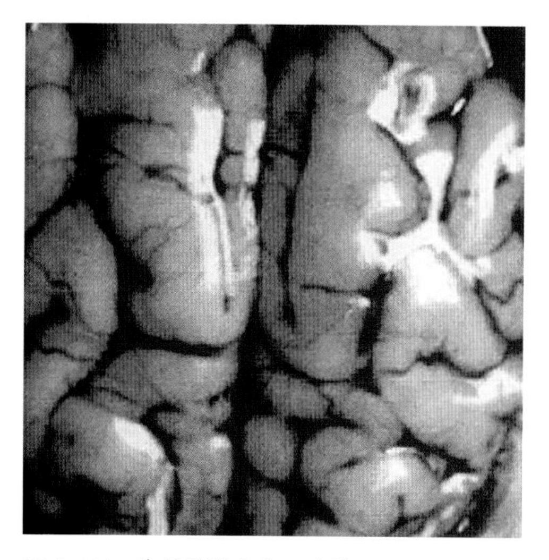

图 5-51　病羊脑膜充血、水肿

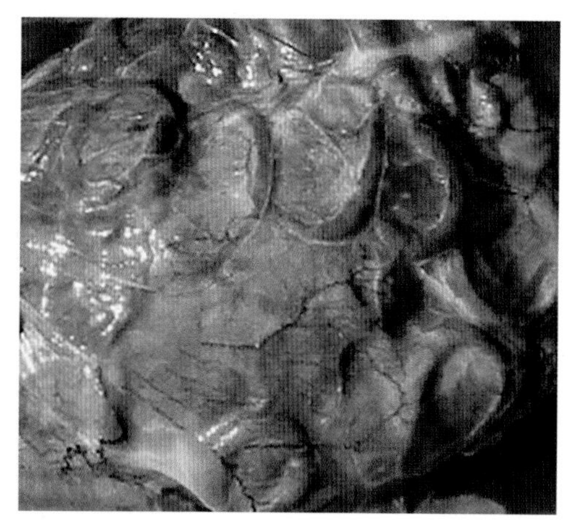

图 5-52　患病母羊胎盘发炎，子叶水肿

【预防措施】 由于本病目前无有效疫苗，防治本病必须采取综合性措施，紧抓“养、防、检、治”等基本环节。

加强饲养管理，贯彻自繁自养的原则。羊有发达的瘤胃，是典型的草食动物，在饲养中一定要注意粗、精饲料的配比，必须坚持以粗饲料为主、精饲料适当补充的饲养方法，严禁大量饲喂精饲料。另外，注意矿物质、维生素的补充，多胎羊（如小尾寒羊）一定要注意钙的补充，防止缺钙。必须从外地引进羊只时，要调查其来源，引进后先隔离观察 1 周以上，确认无病后方可混群饲养，从而减少病原体的侵入。

由于本病目前无有效疫苗用于预防，平时的药物预防及加强检疫是防止本病发生的重要措施。定期使用抗生素如磺胺类药物拌入饲料中，不从疫区引进羊只。

定期对羊舍、饲养用具、场地等用百毒杀、5% 漂白粉等溶液进行消毒，驱除和扑杀羊圈附近的鼠类，消灭羊的体外寄生虫。粪便用发酵法处理 1 ~ 3 周，可杀灭病原体及寄生虫虫卵。

认真观察羊只动态，对患病羊只做到早发现，尽快隔离治疗，及时消灭病原体，防止疫情扩散。

【治疗方法】 对本病的治疗主要是早期大剂量使用抗生素，疗效显著。早期大剂量应用磺胺类药物，或与抗生素并用，有良好的治疗效果。用 20% 磺胺嘧啶钠 5 ~ 10 毫升，氨苄青霉素 1 万 ~ 1.5 万单位 / 千克体重，庆大霉素 1 000 ~ 1 500 单位 / 千克体重，肌内注射，每日 2 次。

当病羊有神经症状时，可对症治疗，如肌内注射盐酸氯丙嗪，每千克体重 1 ~ 3 毫克。隔离治疗的同时，对羊舍、用具用 2% 氢氧化钠溶液、3% 来苏尔溶液彻底消毒。

十七、坏死杆菌病

羊坏死杆菌病是由坏死梭杆菌感染所引起的一种畜、禽共患慢性传染病。其临诊特征为病羊皮肤、皮下组织和消化道黏膜坏死，有时在其他脏器上形成转移性坏死灶。

【流行特点】 坏死梭杆菌在自然界分布很广，在动物的粪便、死水坑、沼泽和土壤中均有存在。通过损伤的皮肤和黏膜感染，多见于低洼潮湿地区和多雨季节，呈散发性或地方性流行。

【临床症状】 绵羊患坏死杆菌病多于山羊，常侵害蹄部，引起腐蹄病。初呈跛行，多为一肢患病，蹄间隙、蹄踵和蹄冠开始红肿、热痛，而后溃烂，挤压肿烂部有发臭的脓样液体流出，随病变发展，可波及腿、韧带和关节，有时蹄匣脱落。如该菌转移到耳尖、尾尖及肩关节后方会出现干性坏死，呈黑革样痂皮状。绵羊羔可发生唇疮，在鼻、唇、眼部甚至口腔发生结节和水疱，随后出现棕色痂块。坏死部位也可发生在乳房、脐部、阴门等。轻症病例能很快恢复，重症病例若治疗不及时，往往由内脏形成转移性坏死灶而死亡。

【病理变化】 脐环坏死部分表现纤维素性腹膜炎，发生坏死性肝炎时肝脏肿大、呈黄疸色，散在许多黄白色坚实的坏死灶。如延至肺脏，也可见灰黄色圆形坏死灶（图 5–53，图 5–54）。

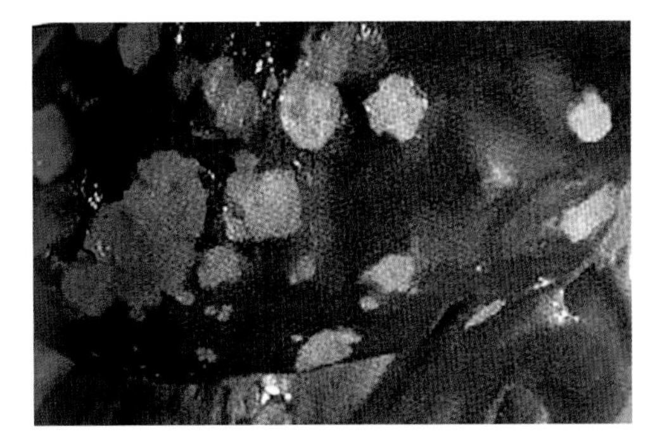

图 5–53　病羊肝脏局灶性坏死病变

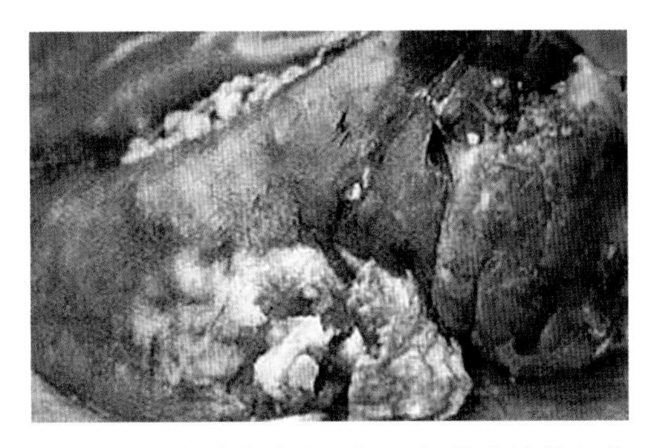

图 5–54　病羊肺脏出现坏死杆菌和放线杆菌脓肿

【防控措施】 加强管理，保持羊圈的干燥，避免外伤发生。如发现外伤，应及时涂擦碘酊。

对蹄部病变，首先要清除坏死组织。用食醋、3% 来苏尔或 1% 高锰酸钾溶液冲洗，或用 6% 福尔马林或 5% ~ 10% 硫酸钠溶液脚浴，然后用抗生素软膏涂抹。为防止硬物刺激，可将患部用绷带包扎。当发生转移性病灶时，应进行全身治疗，以注射磺胺嘧啶或土霉素效果最好。连用 5 天，并配合应用强心和解毒药，可促进康复，提高治愈率。

十八、土拉杆菌病

土拉杆菌病又称野兔热，是由土拉弗朗西斯菌感染所引起的一种人兽共患急性败血性传染病，其临诊特征为病羊发热、肌肉僵硬和淋巴结肿大。

【流行特点】 本病的易感动物种类很多，人也可感染，尤以牧场绵羊（特别是羔羊）发病较多。野兔和野生啮齿动物是主要传染源，通过蜱、蚊和虻等吸血昆虫传播。污染的牧场、饲料和饮水等也是传播媒介。

【临床症状】病羊发病后体温升高达40.5 ~ 41℃，精神委顿，步态不稳，后肢软弱或瘫痪，体表淋巴结肿大，2 ~ 3天后体温恢复正常，但之后体温又常升高，一般8 ~ 15天痊愈。妊娠羊流产和产死胎。羔羊发病较重，除上述症状外，还可见腹泻、兴奋不安，有的呈昏睡状态，不久后死亡。本病病死率很高。

山羊较少患本病，症状与绵羊相似。

【病理变化】病羊体表淋巴结肿大，有时化脓。肝脏、脾脏肿大，有坏死结节，心内、外膜有出血点。山羊脾脏肿大（图5-55），肝脏有坏死灶（图5-56），心外膜和肾上腺有出血点（图5-57）。

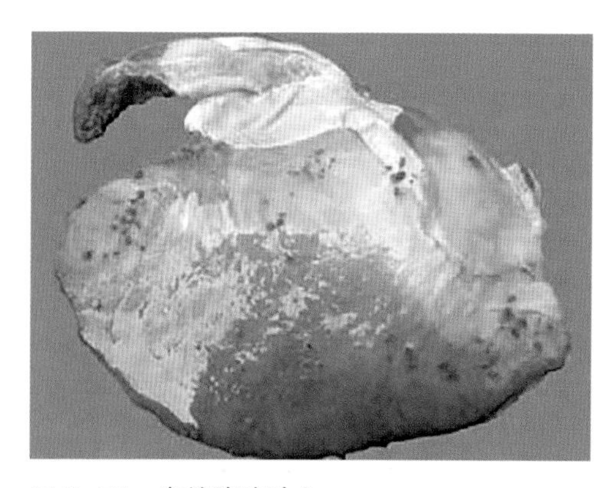

图5-55　病羊脾脏肿大

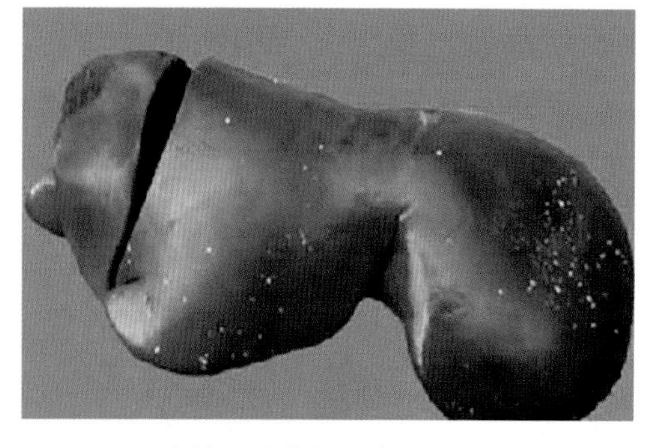

图5-56　病羊肝脏有坏死点

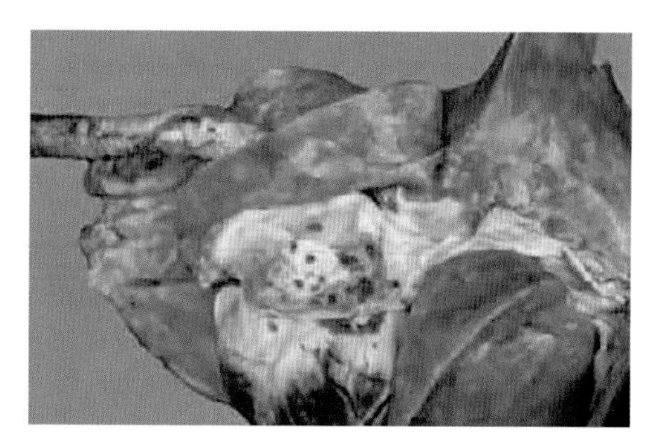

图5-57　病羊心包膜有坏死点

【防控措施】为了防止蜱对羊群的侵袭，可用灭蜱药物进行全群药浴。病死羊的尸体以及各种啮齿动物的尸体要深埋，以免污染环境。

本病治疗以链霉素最为有效，其次是土霉素和金霉素。肌内注射，每天2次，连用5 ~ 7天。用量是：链霉素，每千克体重10毫克；土霉素和金霉素，每千克体重5 ~ 10毫克。

十九、弯杆菌病

羊弯杆菌病又称羊弧菌病，是由胎儿弯杆菌感染所引起的一种细菌性传染病。其主要临诊特征为病羊暂时性不育和流产。

【流行特点】胎儿弯杆菌对人和动物均有感染性，绵羊感染可引起流产，病菌主要存在于流产绵羊的胎盘、胎儿胃内容物以及血液和粪便中。正常动物的肠道中也有空肠弯杆菌存在。空肠弯杆菌可引起人和动物的腹泻，也可引起绵羊的流产，患病羊和带菌动物是传染源，主要经消化道感染。绵羊流产常呈地方性流行，在一个地区或一个羊场流行1 ~ 2年或更长一段时间后，可停息1 ~ 2年，然后又重新发生流行。

【临床症状】 妊娠羊多于后期（第四、第五个月）发生流产，娩出死胎、死羔或弱羔。流产母羊一般只有轻度先兆——流出少量阴道分泌物，易被忽视。流产后阴道排出黏脓性分泌物。大多数流产母羊很快痊愈，少数母羊由于死胎滞留而发生子宫炎、腹膜炎或子宫脓毒症，最后死亡。病死率在5%左右。

【病理变化】 流产胎儿皮下水肿，肝脏有坏死灶。病死羊可见子宫炎、腹膜炎和子宫蓄脓（图5-58）。

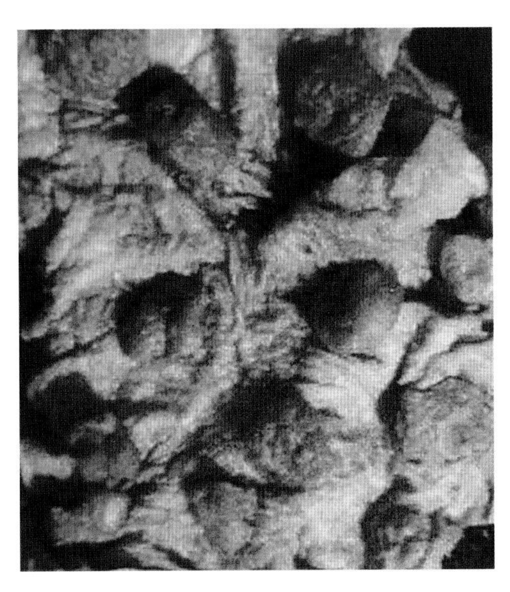

图5-58　患病母羊发生子宫内膜炎

【防控措施】 严格执行兽医卫生防疫措施。产羔季节流产母羊应严格隔离并进行治疗。流产胎儿、胎衣以及污染物要彻底销毁，粪便、垫料等要及时清除并进行无害化处理，流产地点及时消毒除害。染疫羊群中的羊不得出售，以免扩大传染。

本病流行区可用当地分离的菌株制备弯杆菌多价灭活疫苗，对绵羊进行免疫接种，可有效预防流产。

对尚未流产的母羊，最好采用抗生素予以治疗，如四环素类药物（每千克体重5～10毫克，分2次使用）、链霉素（每千克体重10～20毫克）、庆大霉素（每千克体重1 000～1 500单位）、2.5%恩诺沙星注射液（每10千克体重用1毫升），每隔12小时使用1次。

流产后子宫发炎，可用0.5%来苏尔溶液冲洗子宫，每日1～2次，直至炎性产物完全消失为止。外阴用2%来苏尔溶液或0.2%高锰酸钾溶液洗涤。

二十、肉毒梭菌中毒

羊肉毒梭菌中毒症是由于食入肉毒梭菌毒素而引起的急性致死性疾病，其临诊特征为胆囊肿大、运动神经麻痹和延脑麻痹。

【流行特点】 肉毒梭菌的芽孢广泛分布于自然界，土壤为其自然居留地，在腐败尸体和腐烂饲料中含有大量的肉毒梭菌毒素，所以本病在各个地区都可发生。各种畜、禽都有易感性，因缺乏磷等矿物质元素而引起病羊异嗜而乱啃杂物可引起本病，食入霉烂饲料、腐败尸体和已被毒素污染的饲料、饮水为主要发病原因。

【临床症状】 羊患病以后，表现为3种类型。

（1）最急性型　病羊无任何症状而突然死亡。

（2）急性型　患病初期呈现兴奋症状，行走时头弯于一侧或作点头运动，尾向一侧摆动，一般不被发现，随着病情发展，表现为共济失调、步态僵硬、放牧掉群、拒食、咀嚼和吞咽困难、流涎、有浆液性鼻液等，呼吸浅表，呈腹式呼吸。严重时病羊卧地不起，终因呼吸麻痹而死亡。

慢性型　除有急性型的症状外，常并发肺炎，大多数病例死亡，但也有少数病例可自愈。

【病理变化】病尸剖检一般无特异性变化，有时在胃内发现骨片、木屑、石块等，说明生前有异嗜癖。咽、喉和会厌有灰黄色被覆物，严重病例胃肠黏膜可能有卡他性炎症和点状出血；心内、外膜也可能有点状出血；脑膜可能充血；肝脏肿大，胆汁充满并外渗，染黄周围组织；肺脏充血和水肿。

【防控措施】注意环境卫生，在牧场或羊舍内，如发现有动物尸体和残骸，应及时清除，特别注意不用腐败饲料、饲草喂羊。平时在饲料中添加适量的食盐、钙和磷等矿物质，以防止动物发生异嗜癖，乱舔食尸体和残骸等。发现本病应及时查明毒素的来源，予以清除。患病动物的粪便可能含有大量的肉毒梭菌，也应及时清除，在本病流行地区，可用同型类毒素或明矾疫苗进行预防接种。

发病早期可使用肉毒梭菌多价血清，同时使用盐类泻剂和洗胃、灌肠，以促进消化道内的毒素排出。据报道，使用盐酸胍，以每千克体重1毫克的剂量治疗，可解除毒素引起的某些麻痹症状。遇有体温升高时，可注射抗生素或磺胺类药物，以防止继发肺炎。

二十一、衣原体病

羊衣原体病是由鹦鹉热衣原体感染所引起的一种传染病。其主要临诊特征为妊娠羊明显发热，且流产、产死胎和产弱羔。在本病的流行过程中，还会有些病羊出现结膜炎、多发性关节炎等症状。

【流行特点】衣原体具有较广的宿主范围，羊、牛、猪是家畜中最容易感染的动物，但年龄不同患病动物所表现出的临床症状也有所不同。1—8月龄的羔羊患病后通常多见结膜炎、关节炎，成年母羊患病后大部分流产。

本病的主要传染源是病羊和带菌羊。羊只排出的尿液、粪便和分泌的乳汁及羊水、胎衣和流产的胎儿等，都含有病原体，从而对环境、饲料以及水源等造成污染，并经消化道使健康羊只感染，也可对空气中的尘埃和液滴造成污染，从而通过眼结膜和呼吸道引起感染。如果健康母羊与患病公羊进行交配或者人工授精使用的精液来自患病种公羊也能够引起感染。另外，本病还可能经由吸血昆虫叮咬而造成传播。

本病通常呈地方性流行或者散发性。当羊只受到应激因素的刺激，如饲养密度过大，缺乏营养，经过长途迁徙或者运输，以及感染寄生虫等，都能诱使本病的发生与流行。

【临床症状及病理变化】本病在临床上可分为3种类型。

（1）关节炎型　通常是羔羊容易发生。发病初期，病羊体温明显升高，可达41～42℃，食欲不振，行动迟缓，肢关节特别是跗关节和腕关节发生肿胀，伴有疼痛，出现跛行。随着病情的加重，病羊肌肉逐渐僵硬，或者频繁弓背，往往处于俯卧状，体重下降，体质消瘦，生长发育停滞。部分病羊还会伴发结膜炎。病程一般持续2～4周。

剖检可见在关节内及其周围、眼睛和肺脏发生病变。寰枕关节囊和肢关节发生扩张，里面含有琥珀色液体，有纤维素性的疏松絮片附着在滑膜上，长久会导致滑膜增生且粗糙，腱鞘也会出现类似病变。眼睛可见滤泡性结膜炎。肺脏病变后可分成粉红色的萎缩区和实变区。

（2）结膜炎型　主要是绵羊容易发生，特别是肥育羔和哺乳羔更容易发生。病羊眼结膜发生水肿、充血，持续性流泪，经过2～3天角膜变得混浊，生翳糜烂，并形成溃疡穿孔。再经过数天,会有1～10毫米的淋巴滤泡出现在眼结膜和瞬膜上，因此又称滤泡性结膜炎。部分病羊会伴有关节炎的症状，出现跛行。该类型发病率较高，病程能够持续6～10天。

（3）流产型　一般有50～90天的潜伏期。患病的妊娠羊通常在妊娠中后期流产。主要表现流产以及产死胎或者弱羔。流产后容易发生胎衣不下，且连续数日有分泌物从阴道排出。若出现继发感染会引发细菌性的子宫内膜炎，并可能死亡。第一次流产的母羊流产率在20%～30%，之后会逐渐降低，而有过流产史的母羊则不会再发生流产。患病母羊胎膜水肿，明显增厚，胎盘子叶呈黄色或黑红色。流产胎儿水肿，皮下组织、淋巴结及胸腺有出血点。肝脏肿胀、充血，且表面有灰白色大小不同的病灶。

【预防措施】

（1）免疫接种　羊群适时免疫接种羊流产衣原体灭活疫苗，定期严格按照疫苗使用说明书进行注射，从而能够有效预防本病的流行。一般每只羊可接种3毫升，免疫期可持续约3年。另外，羊只接种疫苗的同时可注射适量的盐酸左旋咪唑，同时将适量的电解多维溶液添加在饮水中任其饮用，从而增强机体抵抗力。

（2）适时驱虫　羊群每年春、秋季节定期驱虫，按每10千克体重皮下或肌内注射0.5毫升复方长效伊丙硫二醇注射液或0.2毫升伊维菌素，有效防止体内外寄生虫感染，驱虫后的粪便要采取堆积生物发酵的方式处理。

【治疗方法】　羊场发生本病时，要立即对流产母羊及其生产的羔羊进行隔离，销毁流产的胎盘及其他排出物。同时，使用2%来苏尔溶液、2%氢氧化钠溶液等对污染的场地、圈舍等环境进行严格消毒。

四环素族抗生素对控制母羊流产是有效的。流产后用四环素可防止子宫继发感染。同时，用0.1%雷佛奴尔溶液冲洗子宫并注入青霉素、普鲁卡因，隔日1次。如胎衣滞留，可用缩宫素10～20单位皮下注射。

二十二、支原体性肺炎

羊支原体性肺炎又称羊传染性胸膜肺炎，是由支原体感染所引起的一种高度接触性传染病。其主要临诊特征为病羊发热、咳嗽、有浆液性和纤维蛋白性肺炎及胸膜炎。

【流行特点】　在自然条件下，丝状支原体山羊亚种只感染山羊，以3岁以下的山羊发病为多；而绵羊肺炎支原体则可感染山羊和绵羊。病羊为主要传染源，病肺组织以及胸腔渗出液中含有大量病原体，主要经呼吸道分泌物排菌。耐过羊在相当长的时间内也可成为传染源。

本病常呈地方性流行，主要通过空气－飞沫传播，经呼吸道感染，接触传染性强。阴雨连绵、寒冷潮湿、营养缺乏、羊群密集和拥挤等不良因素易诱发本病。

【临床症状】　本病潜伏期为18～20

天。病羊病初体温升高，精神沉郁，随即咳嗽，流浆液性鼻液。4 ~ 5天后咳嗽加重，浆液性鼻液变为黏脓性，常黏附于鼻孔、上唇，呈铁锈色。病羊多在一侧出现胸膜肺炎变化，肺部叩诊有浊音区，听诊肺部有支气管呼吸音和摩擦音，触压胸壁，病羊表现敏感、疼痛。病羊呼吸困难，高热稽留，眼睑肿胀，流泪或有黏液性－脓性分泌物，腰背弓起做痛苦状。妊娠羊可发生流产，部分羊腹泻，有些病例口腔溃烂，唇部、乳房等部位皮肤发疹。病羊在濒死前体温降至常温以下，病程多为7 ~ 15天。如果病程延长，可影响羊的生长发育。

【病理变化】 病变多局限于胸部。胸腔常有淡黄色积液（图5-59），暴露在空气中后纤维蛋白易于凝固。病理损害常多发生于一侧，常呈纤维素性肺炎，间或为两侧性肺炎。肺实质肝变，切面呈大理石样变化（图5-60）；肺小叶间质变宽，界限明显；血管内常有血栓形成；胸膜增厚而粗糙，常与肋膜、心包膜发生粘连。支气管淋巴结、纵膈淋巴结肿大，切面多汁并有出血点。心包积液，心肌松弛、变软。肝脏、脾脏肿大，胆囊肿胀。肾脏肿大，被膜下可见有小点出血。病程久者，肺脏肝变区突出于表面，结缔组织增生，甚至有包囊化的坏死灶。

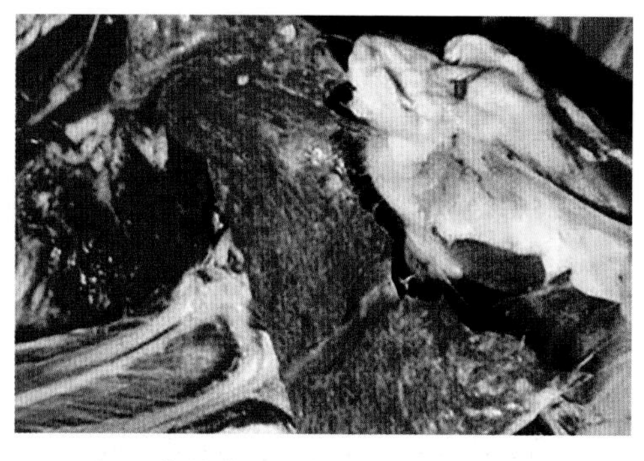

图5-59　病羊胸腔内存在纤维素性渗出物

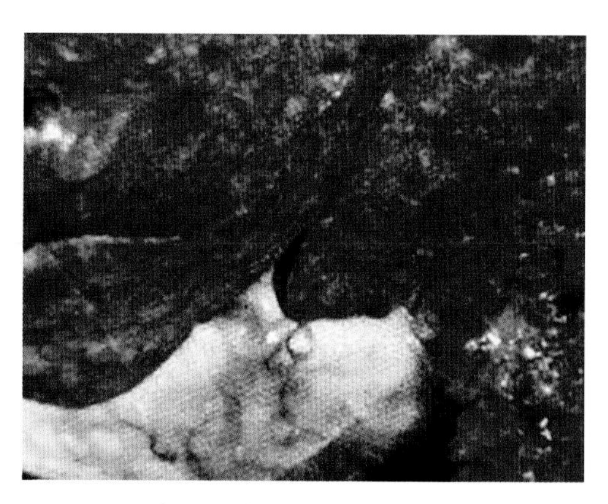

图5-60　病羊肺实质切面呈大理石样

【防控措施】 坚持自繁自养，勿从疫区引进羊只；加强饲养管理，增强羊的体质；对从外地引进的羊只，严格隔离，检疫无病后方可混群饲养。

在本病流行区，坚持免疫接种。山羊传染性胸膜肺炎氢氧化铝灭活疫苗，半岁以下羊只皮下或肌内接种3毫升，半岁以上羊接种5毫升。

羊群发病后，及时进行封锁、隔离和治疗。污染的场地、羊舍、饲管用具以及粪便、病死羊的尸体等进行彻底消毒或无害化处理。

治疗可选用土霉素，每日每千克体重20 ~ 50毫克，分2 ~ 3次服完。四环素，每日每千克体重20 ~ 50毫克，分2 ~ 3次服完。也可使用磺胺类药物，如复方新诺明等进行治疗。

二十三、真菌性肺炎

羊真菌性肺炎又称羊肺曲霉菌病，是由曲霉菌属的一些真菌引起的肺炎，主要病变特征是在肺脏中形成肉芽肿结节。

【流行特点】 本病多发于家禽，羊、牛、马也能被感染，在我国各地均有发生。

曲霉菌广泛分布于自然环境中，羊常因接触发霉的饲料、垫料而感染。阴湿地区发病率较高。

【临床症状】 病羊病初精神沉郁，食欲减退，常卧地不起，连声咳嗽，呼吸促迫，鼻孔易出血，神经迟钝，耳垂头低，严重时鼻流黑色黏性鼻液，颌下淋巴结肿大，咽喉肿胀，吞咽困难，严重时肩峰处皮下气肿，继发性腹泻，排黄绿色稀便，后期脱水而死。不喜活动。病程稍长时可见呼吸困难，以后逐渐加重。部分病例可发生死亡。

【病理变化】 病变主要位于肺脏，呈弥漫性和结节性肺炎。前者常为支气管肺炎或纤维素性肺炎，眼观肺脏有大小不一的实变区。镜检时，在支气管内及肺泡腔中积聚大量的黏液、纤维素、炎症细胞及菌丝；病灶周围的肺组织常发生坏死和渗出性变化。后者可分为急性和慢性两种。患急性结节性肺炎时，肺部可见针头大、粟粒大至豌豆大的黄白色结节，质地坚实，切面呈层状，中心为干酪样坏死，其中含有大量菌丝体。患慢性结节性肺炎时，肺部可见较多的肉芽肿结节，结节中央呈干酪样坏死，周围有上皮细胞和多核巨细胞分布，外层为结缔组织包裹，其中有淋巴细胞、巨噬细胞和中性粒细胞。真菌染色时，在结节内可见菌丝。鼻腔黏膜和其他器官偶尔可见肉芽肿结节。

【防控措施】 保持羊舍干燥、清洁、通风，并注意卫生消毒，不使用发霉的饲料和垫料。

在阴雨潮湿季节要防止真菌滋生。发现疫情时，要迅速采取环境消毒等措施，可使用抗真菌药物治疗。

二十四、腐蹄病

羊腐蹄病是由结节梭形杆菌感染所引起的一种接触性传染病。其临诊特征为病羊趾间皮肤和邻近软组织发生坏死性炎症。单纯的结节梭形杆菌感染，一般只引起不太明显的局部损伤。继发坏死梭菌等感染时，可引起恶性腐蹄病，影响羊只运动、采食、体重及羊毛产量和母羊受精等。

【流行特点】 结节梭形杆菌是羊体的自然栖息菌，甚至在干燥条件下，也可于感染羊蹄部存活 2 ~ 3 年。湿暖季节在低湿草场放牧的羊群常暴发本病。蹄部皮肤过湿、角质软化、创伤、擦伤等常易诱发感染。坏死梭菌等几种土壤细菌可参与本病的发生。

【临床症状和病理变化】

（1）恶性型　由强毒株引起或继发感染所致。多个蹄壳的上皮组织发生严重的坏死性损害，以致与蹄角质大面积分离（图 5-61）。病羊厌食、跛行、体重减轻、羊毛质量下降和减产，最后瘦弱致死或成为带菌羊。

图 5-61　病羊蹄壳组织坏死

（2）良性型　趾间皮炎，轻度跛行，倾向于自愈。

（3）中间型　介于以上两型之间。

疾病暴发的早期，难以区别以上各型。

【防控措施】

（1）免疫接种　国外用不同血清型的细菌灭活培养物，加入佐剂制成疫苗，免疫接种2次以上（间隔6周至12个月），能保护羊群免受感染。

（2）足浴　用10%～20%硫酸锌溶液或5%甲醛溶液足浴6～12秒钟，蹄底腐烂部涂外用油膏。同时，注意清除诱因，不在低湿牧地放牧。

（3）全身疗法　壮观霉素（100毫克/毫升）和林可霉素（50毫克/毫升）等量混合，每10千克体重用1毫升，肌内注射1次，对恶性型病例的疗效可达95%。

二十五、传染性结膜角膜炎

羊传染性结膜角膜炎又称红眼病，主要是由摩拉菌属的病原菌感染所引起的危害羊、牛等反刍动物的一种急性传染病。以眼结膜和角膜发生明显的炎症变化，并伴有大量流泪为特征。疾病后期感染角膜呈乳白色，往往发生角膜浑浊、溃疡甚至失明。

【流行特点】本病主要危害绵羊、山羊，牛、骆驼、鹿等动物也具易感性。不分性别和年龄，以幼龄动物发病较多，特别是2岁以下者最为易感。患病动物和带菌动物是主要的传染源。摩拉菌在感染动物的眼、鼻分泌物和呼吸道黏膜中可存在数月。引进患病动物或带菌动物是导致本病暴发的常见原因。同种动物可通过直接接触，如头部摩擦、打喷嚏、咳嗽等方式传染。据观察，不同种的动物之间，一般不能相互传递病原。病牛和羊同草场放牧，羊一般不感染。被病畜的泪液和鼻分泌物污染的饲料可传播本病。蝇类和某些飞蛾可机械传递病原。

本病多发于天气炎热和湿度较高的夏、秋季节，一旦发病则传播迅速，多呈地方性流行或流行性。阳光暴晒、风沙、扬尘、蝇类频繁活动等可促进本病的发生和流行。

【临床症状】本病潜伏期为3～7天。一般无全身症状。病初患眼畏光、流泪，眼睑肿胀、疼痛，稍后角膜凸起，血管充血，结膜和瞬膜红肿，或在角膜上出现白色或灰色小点。严重者角膜增厚，形成角膜瘢痕及角膜翳，甚至发生溃疡。有时发生眼前房蓄脓或角膜破裂，晶体可能脱落（图5-62）。多数病例病初一侧眼患病，后为双眼感染，病程一般为20～30天。当眼球化脓时，体温可能升高，病羊食欲减退，精神沉郁，产奶量下降。多数病例可痊愈，但往往招致角膜薄翳、角膜白斑甚至失明。在放牧羊群，病羊由于双目失明而觅食困难，行动不便，并有滚坡摔伤、摔死者。合并感染衣原体等的病羊，有时可见关节炎、跛行等症状，瞬膜和结膜上形成直径1～10毫米的淋巴样滤泡。

【病理变化】可见结膜水肿、充血、出血。角膜增厚，或凹陷或隆起，呈白斑状或白色浑浊状。有时可见角膜瘢痕、角

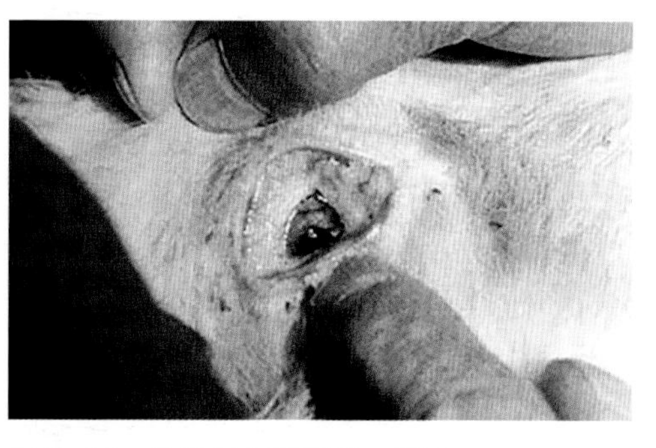

图5-62　病羊眼角膜浑浊、溃疡

膜翳或溃疡。有时全眼球组织受到侵害，眼前房蓄脓或角膜破裂，晶体可能脱落，造成永久性失明。结膜固有层纤维组织明显充血、水肿，并有炎性细胞浸润。纤维组织疏松，呈海绵状；上皮变性、坏死或程度不等地脱落。角膜的变化基本相同，有明显的炎症细胞和组织变性过程，但无血管反应。结膜组织含多量淋巴细胞及浆细胞。上皮样细胞之间有中性粒细胞。角膜的组织变化表现为上皮增生，固有层弥漫性玻璃样变性，有些病例固有层胶原纤维增生和纤维化。

【预防措施】 不从疫区引进种羊及其产品，引进羊只要严格检疫，隔离观察，证明无病后方可利用。

加强饲养管理，严格执行兽医卫生制度。放牧羊群应避免强烈阳光刺激，防止强风、扬尘的侵袭，夏、秋季节注意灭蝇。

成年羊发病较少，患过本病的羊对重复感染有一定的抵抗力。摩拉菌有许多免疫性不同的菌株，用本地分离的具有菌毛和血凝性的菌株制成多价疫苗进行免疫接种，对本病有一定的预防作用。

对病羊应立即隔离，早期治疗。彻底清除羊粪，全面消毒场舍。牧区流行时，应划定并封锁疫区，禁止易感动物出入流动。

【治疗方法】 一般采取对症治疗。可用2% ~ 4% 硼酸溶液洗眼，拭干后再用3% ~ 5% 弱蛋白银溶液滴入结膜囊内，每日 2 ~ 3 次。或滴入 5 000 单位 / 毫升的青霉素溶液，也可涂抹四环素软膏。角膜浑浊、角膜翳时，涂抹 1% ~ 2% 黄降汞软膏。

肌内注射 0.05% 酒石酸泰乐霉素或 6-甲泼尼松、青霉素和双氢链霉素混合液，可取得较好效果。

中药治疗可用炉甘石 30 克、冰片 10 克、熊胆 3 克、硼砂 15 克、卤砂 3 克、碱式碳酸铜 15 克、银朱 6 克、琥珀 1.5 克，共研为细末，敷于病眼内。

二十六、放线菌病

放线菌病是由放线菌感染所引起的一种牛、羊和其他家畜及人共患的非接触性慢性传染病，以局部组织增生与化脓，形成放线菌肿为特征。

【流行特点】 放线菌病的病原不仅存在于污染的土壤、饲料和饮水中，而且还寄生于动物的口腔、咽部黏膜、扁桃体和皮肤等部位。因此，黏膜或皮肤上只要有破损，便可以感染。羊常在头部、面部和口腔的创伤处发生放线菌感染。

【临床症状】 常在舌、唇、下颌骨、乳房出现损害。病羊上、下颌骨肿大（图 5-63），肿胀发展缓慢，最初的症状是下唇和面部的其他部位增厚（图 5-64），经过几个月才在增厚的皮下组织中形成直径达 5 厘米左右、单个或多个存在的坚硬结节，有时皮肤化脓破溃，形成瘘管，从瘘管中排出脓液。病羊不能采食，消瘦，衰弱。舌和咽部感染时，组织肿胀变硬，流涎，咀嚼困难。乳房患病时，呈弥漫性肿大或有局灶性硬结。

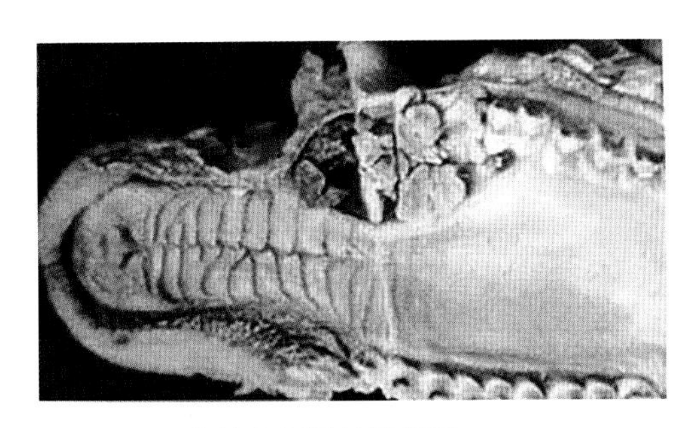

图 5-63 病羊上颌骨放线菌肿

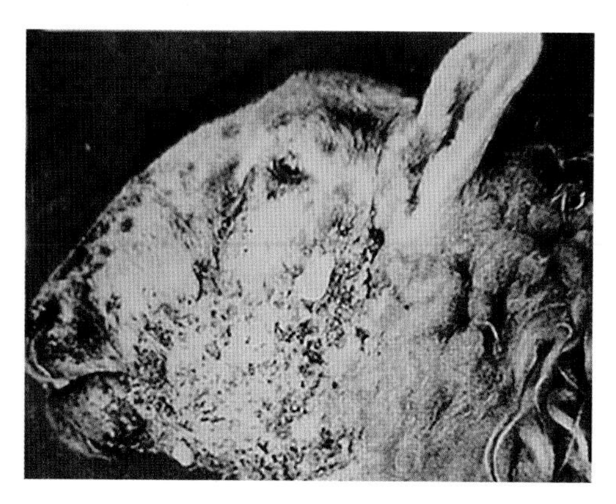

图 5-64　病羊面部皮肤增厚，形成坚硬结节

【病理变化】 在受害器官的个别部分，有扁豆粒至豌豆粒大小的结节样生成物，这些小结节聚集而形成大结节，最后变为脓肿。脓肿中含有乳黄色脓液，其中有大量放线菌。这种肿胀是由化脓性微生物增殖的结果。当细菌侵入骨骼（颌骨、鼻甲骨、腭骨等）后，骨骼逐渐增大，形似蜂窝，这是由于骨质稀疏和再生性增生的结果。切面常呈白色，光滑，其中镶有细小脓肿，也可发现有瘘管通过皮肤或引流至口腔。在口腔黏膜上有时可见溃烂，或可见蘑菇状生成物，质地柔软，呈褐黄色。病期长久的病例，肿块可能会钙化。当舌体患病时，舌体增粗变硬。

【预防措施】 避免在低洼、潮湿地区放牧。舍饲的羊，最好将干草、谷糠等浸软后再喂，避免口腔黏膜刺伤。严格执行饲养管理及兽医卫生制度，特别是防止皮肤、黏膜发生损伤。有伤口应及时处理。

【治疗方法】 硬结可用外科手术方法切除，若有瘘管形成，要连同瘘管彻底切除。切除后的新创腔，要用碘酊纱布填塞，每 1 ~ 2 日更换 1 次；伤口周围注射 10% 碘仿醚或 2% 鲁戈氏液。口服碘化钾，每日 1 ~ 3 克，可连用 2 ~ 4 周；在用药过程中如出现碘中毒现象（脱毛、消瘦和食欲缺乏等），应暂停用药 5 ~ 6 天或减少剂量。抗生素治疗也有效，可同时用青霉素和链霉素注射于患病部周围，青霉素每千克体重 1 万 ~ 1.5 万单位，链霉素每千克体重 10 毫克，连用 5 天为 1 个疗程。

二十七、钩端螺旋体病

钩端螺旋体病是由钩端螺旋体感染所引起的一种人兽共患传染病。其临诊特征为病羊短期发热、黄疸、血色尿、皮肤和黏膜坏死以及病羊迅速衰竭等。羊感染后一般呈隐性经过。

【流行特点】 易感动物范围广，包括各种家畜和野生动物，其中鼠类最易感。病畜和带菌动物是传染源，特别是带菌鼠在钩端螺旋体病的传播上起着重要作用。病原从尿液中排出后，污染周围的水源和土壤，经皮肤、黏膜和消化道而感染。也可通过吸血昆虫传播。该病多发生于夏、秋季节，气候温暖、潮湿和多雨地区尤为多发。饲养管理与本病的发生和流行有密切关系，饥饿、饲养不合理或因其他疾病使机体衰弱时，原为隐性感染的羊表现出临床症状，甚至死亡。管理不善，饲料中维生素缺乏或不足，羊舍、运动场的粪尿、污水不及时清理，常是导致本病暴发的重要因素。

【临床症状】 本病潜伏期为 2 ~ 20 天，传染率高，发病率低，症状轻得多，重的少。

（1）急性型　病羊突然高热，黏膜发黄，尿色很暗，其中有大量白蛋白、血红蛋白和胆色素。血液中尿素浓度于病的末期达最高峰，并常见皮肤干裂、坏死和溃疡，四肢僵硬、关节肿大，常于发病后 3 ~ 7

天内死亡，病死率很高。

（2）亚急性型　病羊体温有不同程度的升高，食欲减退，黏膜黄染，产奶量显著下降或停产。乳色变黄如初乳状并伴有血凝块，很少死亡。

（3）流产型　流产是羊钩端螺旋体病的重要症状之一。一些羊群暴发本病的唯一症状就是流产，但也可与急性症状同时出现。

【病理变化】尸体消瘦，皮肤有干裂性坏死性病灶，口腔黏膜有不同程度的黄染，且有溃疡，皮下发生胶样浸润及出血，肠黏膜及浆膜有大量出血，胸、腹腔有黄色渗出液。肺脏、心脏、肾脏和脾脏等实质器官有出血斑点。肝脏松软、肿大，质地脆弱，呈黄色或色调不均匀。肾脏肿大，皮质有散在的灰白色病灶。肠系膜淋巴结肿大、出血。

【预防措施】消灭传染源，开展灭鼠工作，防止草料及水源被鼠类尿液污染。

避免引进带菌羊，不要从疫区购买羊只。对新购入的羊只，必须隔离检疫30天，无病方可混群。

发现病羊应立即隔离，消除和清理被污染的水源、污水、淤泥、牧地、饲料、场舍、用具等，以防止疾病传染和散播。

加强饲养管理，实行预防接种，提高羊只的特异性和非特异性免疫力。遇有疑似感染羊，可在饲料中混以0.05%～0.1%的四环素，连喂14天。

【治疗方法】

（1）链霉素　每千克体重15～25毫克，肌内注射，每日2次，连用3～5天。

（2）土霉素　每千克体重10～20毫克，肌内注射，每日1次，连用3～5天。

（3）中药治疗　金银花、连翘各12克，淡竹叶、生地各6克，芦根20克，荆芥、豆豉、知母、山栀、牡丹皮、薄荷、玄参各9克，生石膏15克，煎水灌服，每日1剂，连用3天。

二十八、附红细胞体病

附红细胞体病是由附红细胞体寄生于人、羊等多种动物红细胞表面、血浆及骨髓中所引起的一种人兽共患传染病。其主要临诊特征为病羊黄疸性贫血、生长缓慢、发热、呼吸困难、流产、腹泻。

【流行特点】不同年龄、品种的羊均有易感性，妊娠羊最容易发病，而哺乳羔羊的发病率和死亡率较高，有时可达80%～90%。其他羊多为隐性感染。本病的传播途径有接触性、血源性、垂直性及媒介昆虫4种方式，其中吸血昆虫中的蚊、蝇、虱、蠓等为主要传播媒介，阉割、打记号、剪毛等所用的外科手术器械、注射针头等消毒不彻底也可传播本病，母羊可通过胎盘垂直传播给羔羊。配种时公、母羊可互相传播。本病的发生与昆虫的活动有密切关系，多发生于夏、秋季节，尤其是多雨之后最易发病，常呈地方流行性。

本病是多因素性疾病，某些品种抗病能力弱、饲养管理技术不科学、饲料营养不全面、环境卫生差、免疫程序不合理等因素均可成为诱发本病的原因，在良好的饲养管理条件、卫生清洁的环境、合理的营养结构及机体防御功能健全的情况下，羊一般不会发生急性病例，或不表现临床症状。但是在应激因素，如长途运输、突然断奶、天气骤变等情况下，以及营养缺乏、感染其他疾病的作用下造成机体抵抗力下降时，可大面积暴发本病。

【临床症状】根据临床特点，本病可分为急性型、亚急性型、慢性型3种类型。

（1）急性型　主要发生于羔羊阶段，多突然死亡，死时口、鼻出血，全身红紫，指压褪色。有时突然瘫痪，食欲下降或废绝，无端嘶叫或呻吟，肌肉颤抖，四肢抽搐。死亡时口内、肛门出血。

（2）亚急性型　潜伏期为2～30天，病羊初期体温升高至41.5～42.5℃，稽留5～8天。精神沉郁，呆立一隅或长卧不起，食欲不佳，主要表现为前期便秘，后期腹泻，粪便由稀、腥臭变为含有血液和黏液。尿色变深，呈深黄色或酱油色。有些羊颈部、耳部、鼻部、胸腹下部、四肢内侧皮肤发红，指压不褪色，严重的出现全身紫斑，毛囊有铁锈色斑点。羊体逐渐消瘦，体表淋巴结肿大，后躯无力，喜卧。有的羊两后肢不能站立，流涎，呼吸困难，咳嗽。眼结膜发炎，分泌物增多。

（3）慢性型　主要表现为持续性贫血和黄疸。黄疸程度不一，皮肤或眼结膜呈淡黄色至深黄色，皮肤和黏膜苍白。母羊出现流产、产死胎、产羔数下降、弱羔增加、不发情等繁殖障碍症状。母羊临产前后发病率较高，乳房、外阴水肿，产后泌乳量减少，缺乏母性，不关注羔羊。公羊出现性欲减退，精子稀薄、变形，畸形精子增多，受胎率低等现象。

【病理变化】主要病变为贫血、黄疸。血液稀薄如水，不易凝固，全身肌肉颜色变淡，皮下有出血点，脂肪黄染；肝脏、肾脏、肺脏、脾脏肿大并有大小不一的出血点或出血斑，腹水增加；肝脏呈土黄色，可见黄色条状坏死。脾脏质软、边缘不整齐，有粟粒大的结节，有的边缘有出血点；胆囊充盈，胆汁浓稠；心包积液，心肌变性、苍白柔软，心外膜及心冠脂肪出血黄染，有少量针尖大出血点；肺脏有气肿、肉变；全身淋巴结肿大，切面外翻，浆液渗出，切面有灰白色坏死灶或出血点；胃底部出血、坏死严重，十二指肠黏膜脱落，肠管充血；膀胱苍白，黏膜有少量的出血点，内有积尿，颜色深黄或如浓茶；胸、腹腔大量积液。

【预防措施】加强羊群的日常饲养管理，搞好羊舍及其周围的环境卫生，定期进行常规环境消毒工作。尽量减少应激，避免长途运输。避免频繁更换饲料，饲料营养要全面，羊群适时放牧，保证运动量，增强体质。

附红细胞体病与体外寄生虫密切相关，要采用驱虫药浴等方法消灭体表虱、螨等寄生虫，杀灭吸血昆虫（蚊、蝇等）。

加强手术器械、注射针头、打耳号器的消毒，杜绝手术创伤感染。

发病期间进行免疫注射时，每只羊都要更换针头，使用其他手术器械时也要严格消毒。

【治疗方法】治疗原则为补液、退热、止血、补血、消炎、保肝利胆。

（1）血虫净（贝尼尔）　每千克体重5～10毫克，用生理盐水稀释成5%的溶液，深部多点肌内注射，每日1次，连用3～5天。

（2）土霉素、四环素　每千克体重20毫克，口服，每日1次，连用7天。

（3）洛克沙胂　每千克饲料添加50毫克，连用30天。

（4）阿散酸（对氨基苯砷酸）　每千克饲料添加100毫克，连用30天。

根据出现的症状，采取相应的对症治疗措施。可用抗贫血药如牲血素作辅助性治疗，或用葡萄糖铁钴注射液肌内注射，同时应用抗生素防止继发感染。

第六章　羊寄生虫病的防控技术

一、肝片吸虫病

羊肝片吸虫病是由肝片吸虫寄生于羊的肝脏、胆管、胆囊中所引起的一种体内寄生虫病，本病是对反刍动物危害最严重的寄生虫病之一，能引起动物急性或慢性肝炎和胆管炎，并伴有全身性中毒现象和营养障碍，对绵羊危害更为严重，可引起大批死亡。

【虫体特征及生活史】 虫体背腹扁平如柳叶状，新鲜虫体呈棕红色，其大小随发育程度不同差别很大，一般成熟的虫体长 20 ~ 35 毫米，宽 8 ~ 13 毫米，体表生有许多小棘。虫体有口吸盘和腹吸盘（图 6-1 至图 6-3）。

肝片吸虫的发育需要中间宿主淡水螺参与，寄生于动物肝脏、胆管、胆囊内的成虫产卵后，卵随胆汁进入肠腔，经粪便排出体外。在外界适宜的温度、氧气、水分及光线条件下，孵出毛蚴，毛蚴遇到适宜的中间宿主钻入其体内进行发育。毛蚴在螺体内，经胞蚴、雷蚴和尾蚴几个无性繁殖发育阶段，尾蚴脱掉尾部，以其成囊细胞分泌的分泌物将体部覆盖，黏附于水生植物的草叶上或浮游于水中而形成囊蚴。牛、羊吞食了含囊蚴的水草而遭受感染。囊蚴在动物的十二指肠中脱囊而出，童虫穿过肠壁进入腹腔，后经肝包膜钻入肝脏。在肝实质中的童虫，经移行后到达胆管，发育为成虫。成虫在动物体内可存活 3 ~ 5 年（图 6-4）。

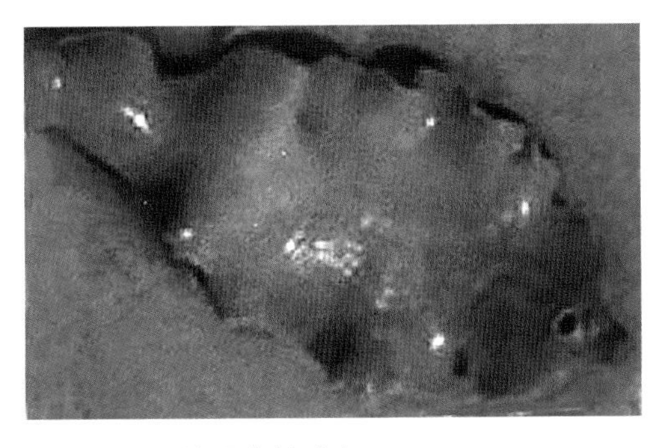

图 6-1　肝片吸虫的成虫

图 6-2　肝脏胆管内的黑红色叶状扁平虫体及黄色死亡虫体

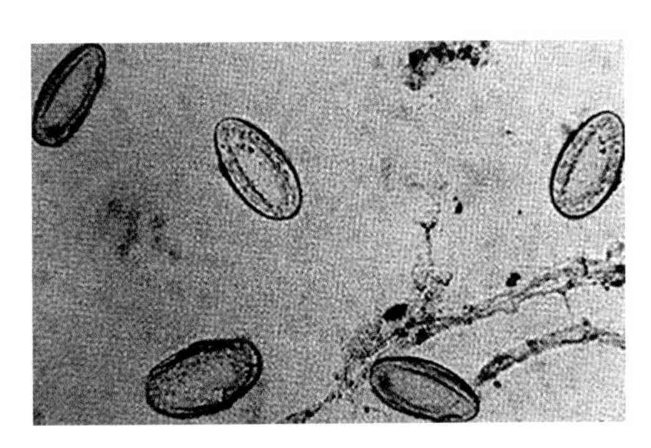

图 6-3　肝片吸虫的虫卵

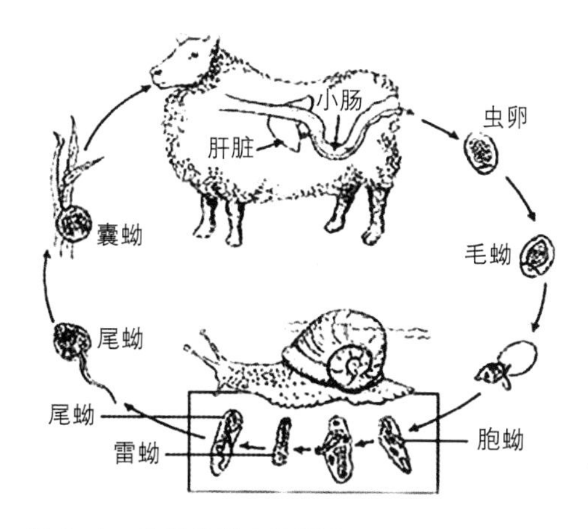

图 6-4　羊肝片吸虫生活史

【临床症状】 轻度感染往往不表现症状，感染数量多时（约 50 条成虫）则表现症状，但羔羊即使轻度感染也表现症状。临床上一般分为急性和慢性 2 种类型。

（1）急性型　在短时间内吞食大量（2 000 个以上）囊蚴后 2 ~ 6 周发病。多发生于夏末、秋季及初冬季节，病势猛，使病羊突然倒毙。一般病初表现体温升高，精神沉郁，食欲减退，衰弱易疲劳，离群落后，以后迅速发生贫血。叩诊肝区半浊音界扩大，压痛敏感，穿刺腹水为血红色，严重者在几天内死亡。

（2）慢性型　吞食中等量（200 ~ 500 个）囊蚴后 4—5 个月时发生，多见于冬末、春初季节，此类型较多见，其特点是病羊逐渐消瘦、贫血和出现低白蛋白血症。病羊黏膜苍白，被毛粗乱、易脱落，眼睑、颌下及胸下水肿，腹水增多。母羊乳汁稀薄，妊娠羊往往流产，终因恶病质而死亡。有的病例可拖延至翌年天气转暖时，饲料改善后可逐步恢复。

【病理变化】 在大量感染时，急性病例可见口腔黏膜苍白，眼结膜苍白、水肿（图 6-5）；肝脏肿大（图 6-6），包膜有纤维素沉积，有 2 ~ 5 毫米长的暗红色虫道，虫道内有凝固的血液和少量幼虫；腹腔中有血红色的液体，有腹膜炎病变。慢性病例肝实质萎缩、变硬，边缘钝圆，胆管肥厚，呈绳索样突出于肝脏表面；胆管内膜粗糙，刀切时有“沙沙”声；胆管内有虫体和污浊稠厚的液体。病羊出现消瘦、贫血和水肿现象，胸、腹腔及心包内都蓄积有透明的液体。

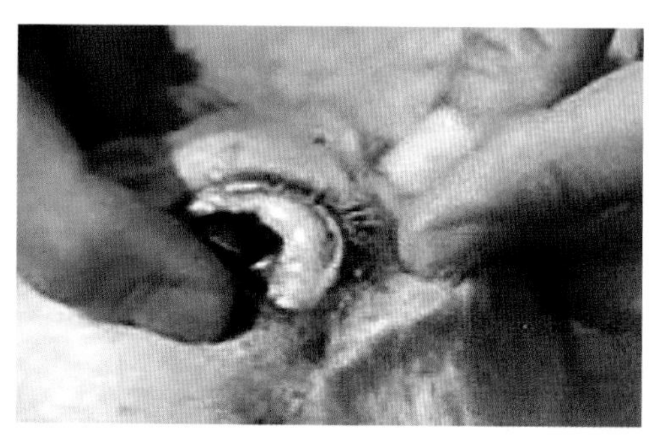

图 6-5　病羊眼结膜苍白、水肿

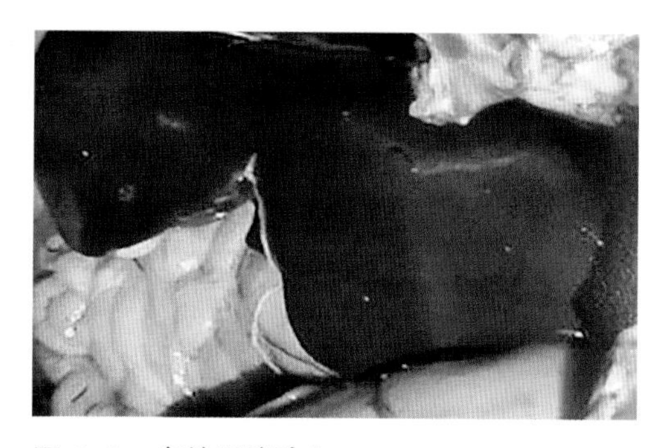

图 6-6　病羊肝脏肿大

【预防措施】

（1）定期驱虫　驱虫的时间和次数可根据流行区的具体情况而定。在我国北方地区，每年应进行 2 次驱虫，一次在冬季，另一次在春季。南方地区因终年放牧，每年可进行 3 次驱虫。急性病例可随时驱虫。在同一牧地放牧的动物最好同时都驱虫，尽量减少感染源。

（2）粪便发酵　家畜的粪便，特别是驱虫后的粪便应堆积发酵，以杀死虫卵。

（3）消灭中间宿主　灭螺是预防肝片吸虫病的重要措施。可结合农田水利建设、草场改良和填平无用的低洼水滩等措施，以改变螺的滋生条件。此外，还可用化学药物灭螺，如施用 0.002% 的硫酸铜可达到灭螺的效果。如牧地面积不大，亦可饲养家鸭，以消灭中间宿主。

（4）轮牧　有条件的饲养场，应采取轮牧的方式，在低洼牧地上放牧 1—2 个月后，应将家畜转移到其他无污染的牧地上放牧，这样可以避开感染，防止肝片吸虫病的发生。

（5）加强饲养卫生管理　选择在高燥处放牧，动物的饮水最好用自来水、井水或流动的河水，并保持水源清洁，以防感染。从流行区运来的牧草须经处理后，再饲喂舍饲的动物。

【治疗措施】 治疗羊肝片吸虫病时，不仅要进行驱虫，而且应该注意对症治疗。治疗用的药物较多，各地可根据药源和具体情况加以选用。

（1）双酰胺氧醚　本品对肝片吸虫童虫有高效，而对成虫只有 70% 以下的杀灭作用，是一种预防肝片吸虫病的有效药物。口服，每千克体重 0.1 克。

（2）氯氰碘柳胺钠　5% 氯氰碘柳胺钠注射液，皮下或肌内注射，每千克体重 5 ~ 10 毫克；5% 氯氰碘柳胺钠悬浮液，口服，每千克体重 10 毫克；氯氰碘柳胺钠片（0.5 克 / 片），口服，剂量同悬浮液。

（3）硝氯酚　片剂，每千克体重 4 ~ 5 毫克，一次口服；针剂，每千克体重 0.75 ~ 1 毫克，深部肌内注射。适用于慢性病例，对童虫无效。

（4）碘醚柳胺　本药可杀灭 99% 以上的肝片吸虫成虫和 98% 的 6 周龄童虫，还可以杀灭 50% 以上的 4 周龄童虫。此药还可驱除 90% 以上的捻转血矛线虫的成虫和 6 日龄以上的幼虫，可以杀灭 98% 以上的羊鼻蝇各期幼虫，对矛形双腔吸虫也有一定效果。口服，羊每千克体重 7 ~ 12 毫克。

（5）阿苯达唑　本药为驱线虫、吸虫、绦虫的广谱驱虫药，目前应用非常广泛。剂量为每千克体重 10 ~ 15 毫克，一次口服，疗效甚好。本药不仅对成虫有效，而且对童虫也有一定的功效。

二、东毕吸虫病

羊东毕吸虫病又称血吸虫病，是由东毕吸虫所引起的一种吸虫病。成虫寄生于哺乳动物的门静脉和肠系膜静脉中，引起贫血、消瘦和营养不良。

【虫体特征及生活史】 羊东毕吸虫病常见的病原主要是土耳其斯坦东毕吸虫，其虫体呈线形，雄虫呈乳白色，雌虫呈暗褐色，体表平滑无结节。雄虫体长 3.997 ~ 5.585 毫米，体宽 0.234 ~ 0.468 毫米。虫体前端略扁平，后部体壁向腹面卷曲形成“抱雌沟”。雌虫体长 3.65 ~ 4.368 毫米，体宽 0.032 ~ 0.047 毫米，较雄虫纤细，略长（图 6-7）。

虫体逆血流移行至肠黏膜下的静脉末梢产卵，严重感染时可在小肠黏膜下形成暗色虫卵结节。虫卵也可被血流冲积到肝脏，形成针尖大小的黄色虫卵结节。经过一段时间的蓄留，虫卵经破损肠黏膜下末梢血管而落入肠腔。肝脏中的虫卵结节被结缔组织包埋后钙化，或经破损结节随血流、胆汁

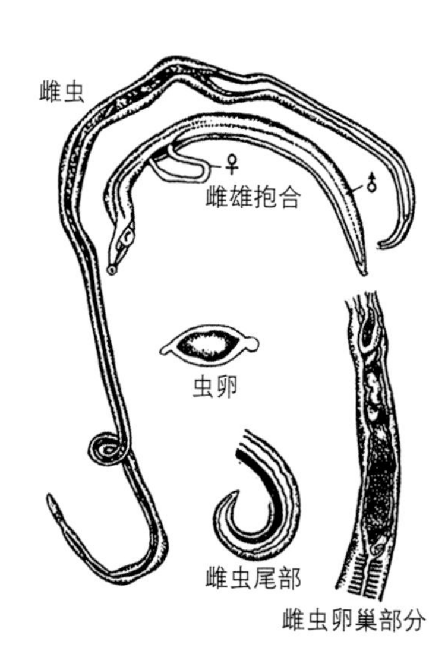

图 6-7　土耳其斯坦东毕吸虫

而注入小肠。虫卵随粪便排至外界，这时虫卵内已有发育的毛蚴雏形，在适宜的温度、湿度条件下，经数小时至 10 天左右孵出毛蚴。毛蚴在水中遇到适宜的中间宿主——椎实螺科的数种螺蛳，毛蚴即迅速钻入螺体内，经过母胞蚴、子胞蚴发育为成熟的尾蚴。尾蚴在逸出螺体后的 1 ~ 2 天内，遇到牛、羊在水中吃草或饮水时，尾蚴即借穿刺腺分泌物的作用，穿透四肢皮肤，侵入宿主体内，随血流到达肠系膜血管，经 1.5—2 个月发育成熟（图 6-8）。

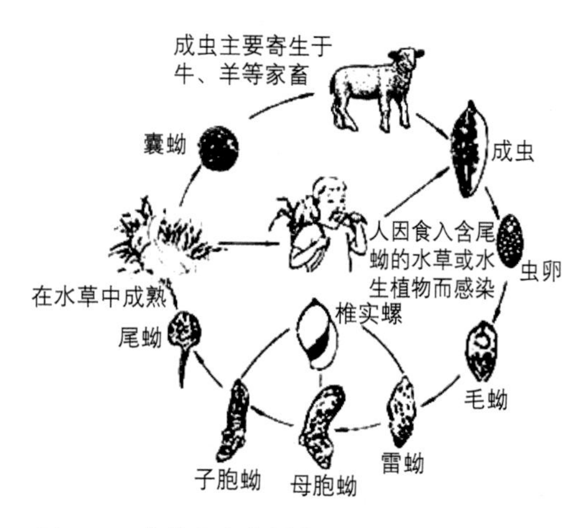

图 6-8　东毕吸虫生活史

【临床症状】 本病多呈慢性经过，一般表现为贫血、消瘦。病羊生长发育不良，个体小、体重轻。绒毛量少、质量差。表现黄疸和颌下与腹下水肿。母羊不孕或流产，严重感染的羊群中适龄母羊的发情、受胎率降低，并出现流产。

病羊精神萎靡，食欲废绝，反刍停止，消瘦，可视黏膜苍白、黄染。心音亢进、频数、节律不齐，有的病例出现明显的心动间歇，呼吸急促，呈腹式呼吸，肺泡音粗粝，胃肠蠕动音极弱或消失。轻症病例运动障碍，举步艰难，排褐色稀便，尿色橙黄。重症病例卧下不起，伸颈呼吸，发出呻吟声，自两鼻孔流出少量黏液。濒死时，瘫卧伸颈，张口呼吸，自鼻孔和口角流出带泡沫的粉红色液体，呻吟不止，最后咩叫，挣扎而死。

【病理变化】 尸体明显消瘦，贫血，腹腔常有大量腹水。感染数千条以上的病例，其肠系膜及大网膜均有明显的胶样浸润，更严重的可波及胃肠壁的浆膜层。小肠黏膜上可见有出血点或坏死灶。肠系膜淋巴结普遍表现水肿。肝组织出现程度不同的结缔组织化。肝脏质地变硬，在肝表面可见到灰白色网状组织的凹陷纹理，从而使肝表面低洼不平，并且散布着大小不等的灰白色坏死结节（图 6-9）。肝脏在初期多表现为肿大，后期多表现为萎缩，被膜增厚，呈灰白色。

【预防措施】

（1）定期驱虫　以有效药物杀灭体内的东毕吸虫，使其被控制在最低限度。驱虫可选择在尾蚴停止感染的秋后进行，这样既可以治疗家畜，又可以消灭传染源。每次驱虫一定要在划定的驱虫草场（高燥、无积水）上进行，严格防止污染有积水的草场。

图 6-9 病羊肝脏表面散布着大小不等的坏死结节

（2）轮牧 在本病的流行区，要全面、合理地规划草场建设，逐步实行划区轮牧，这不仅对东毕吸虫病的控制有重大意义，而且对预防各类寄生虫病都是非常必要的。

（3）加强饲养管理 将粪便堆积发酵，以杀灭虫卵；严禁到有东毕吸虫尾蚴污染水源的牧地上放牧。

【治疗方法】 国内主要使用吡喹酮及其复方制剂，口服，每千克体重 30 ~ 40 毫克。

三、前后盘吸虫病

前后盘吸虫病是由前后盘科各属吸虫的成虫寄生于牛、羊等反刍兽的瘤胃和胆囊壁上而引起的一种吸虫病。当大量童虫在移行时或成虫寄生在瘤胃、小肠、胆管和胆囊时，可引起严重的疾患，甚至发生大批死亡。

【虫体特征及生活史】 前后盘吸虫种类繁多，虫体的大小、颜色、形状及内部构造因种类不同而有差异。分布较广的主要为鹿前后盘吸虫，其虫体活时呈粉红色，肥厚，圆锥形或纺锤形，横断面近似圆形，虫体稍向腹面弯曲。长 8.8 ~ 9.6 毫米，宽 4 ~ 4.4 毫米（图 6-10）。

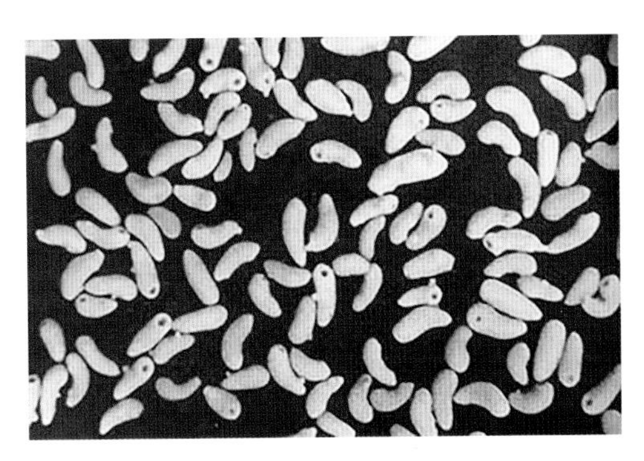

图 6-10 前后盘吸虫成虫

成虫在终末宿主的瘤胃内产卵，虫卵随粪便排出体外，在适宜的环境条件下孵出毛蚴。毛蚴在水中遇到适宜的中间宿主——扁卷螺即钻入其体内，发育为胞蚴、雷蚴和尾蚴。尾蚴离开螺体后，附着在水草上形成囊蚴。牛、羊等吞食了含囊蚴的水草而遭感染。囊蚴在肠道逸出发育为童虫，童虫在附着于瘤胃黏膜之前先在小肠、胆管、胆囊和皱胃内移行，寄生数十天，最后到瘤胃内发育为成虫。

【临床症状】 本病多发生于多雨年份的夏、秋季节，少量的成虫对羊的危害比较轻微，但当大量虫体寄生时，即产生明显的临床症状，病羊表现体质消瘦、下颌水肿、贫血等类似慢性肝片吸虫病的症状。童虫对动物的危害更加严重，童虫在移行期间可引起小肠、皱胃黏膜水肿、出血，发生出血性胃肠炎，或者使肠黏膜发生坏死和纤维素性炎症。病羊在临床上表现为顽固性下痢，粪便呈粥样或水样，常有腥臭味。体温有时升高，食欲减退，精神委顿，消瘦，贫血，颌下水肿，黏膜苍白，最后病羊极度衰弱，表现为恶病质状态，卧地不起，因衰竭而死亡。

【病理变化】剖检可见童虫移行造成的小肠、皱胃黏膜水肿，形成出血点及发生出血性肠炎，严重时肠黏膜出现坏死和纤维素性炎症；肠内充满腥臭的稀便；盲肠、结肠淋巴滤泡肿胀、坏死，有的形成溃疡；胆管、胆囊臌胀；在小肠、皱胃及胆管和胆囊内可见数量不等的童虫。

【预防措施】

（1）定期驱虫　驱虫的时间和次数可根据流行区的具体情况而定。在我国北方地区，每年应进行 2 次驱虫，一次在冬季，另一次在春季。南方地区因终年放牧，每年可进行 3 次驱虫。急性病例可随时驱虫。在同一牧地放牧的动物最好同时驱虫，尽量减少感染源。

（2）粪便发酵　家畜的粪便，特别是驱虫后的粪便应堆积发酵，以杀死虫卵。

（3）消灭中间宿主　灭螺是预防羊前后盘吸虫病的重要措施。可结合农田水利建设、草场改良和填平无用的低洼水滩等措施，以改变螺的滋生条件。此外，还可应用化学药物灭螺，如施用 0.002% 的硫酸铜可达到灭螺的效果。

（4）轮牧　有条件的饲养场，应采取轮牧的方式，在低洼牧地上放牧 1 ~ 2 个月后，将家畜转移到其他无污染的牧地上放牧，这样可以避开感染，防止羊前后盘吸虫病的发生。

（5）加强饲养卫生管理　选择在高燥处放牧，饮水最好用自来水、井水或流动的河水，并保持水源清洁，以防感染。从流行区运来的牧草须经处理后，再饲喂舍饲的动物。

【治疗方法】

（1）硫氯酚（别丁）　为治疗羊前后盘吸虫最有效的药物之一，剂量为每千克体重 80 ~ 100 毫克，口服。

（2）氯硝柳胺　每千克体重 75 ~ 80 毫克，对童虫的疗效较好。

（3）溴羟苯酰苯胺　对前后盘吸虫成虫和童虫的驱净率与硫氯酚相同，羊使用剂量为每千克体重 65 毫克，口服。

四、双腔吸虫病

双腔吸虫病是由双腔吸虫寄生于牛、羊、鹿等反刍动物及人的肝脏、胆管和胆囊内所引起的一种人兽共患寄生虫病。本病在全国各地均有发生，尤其是我国西北、东北地区及内蒙古最为常见。虫体可寄生于绵羊、山羊、牛、鹿、骆驼、猪、马属动物、犬、兔、猴等，也偶见于人。本病主要危害反刍动物，牛、羊严重感染时会导致死亡。

【虫体特征及生活史】本病常见的病原有矛形双腔吸虫和中华双腔吸虫 2 种。矛形双腔吸虫虫体扁平而透明，呈棕红色，可见到内部器官，表皮光滑，外形呈矛状，体长 6.67 ~ 8.34 毫米，宽 1.61 ~ 2.14 毫米（图 6-11）。

中华双腔吸虫虫体较宽扁，腹吸盘前方部分呈头锥状，其后两侧为肩样凸起，体长 3.54 ~ 8.96 毫米，宽 2.03 ~ 3.9 毫米。

双腔吸虫在其发育过程中，需要 2 个中间宿主。第一中间宿主为陆地螺（蜗牛），第二中间宿主为蚂蚁。虫卵随终末宿主的粪便排至体外，虫卵内的毛蚴不在

图 6-11　矛形双腔吸虫成虫

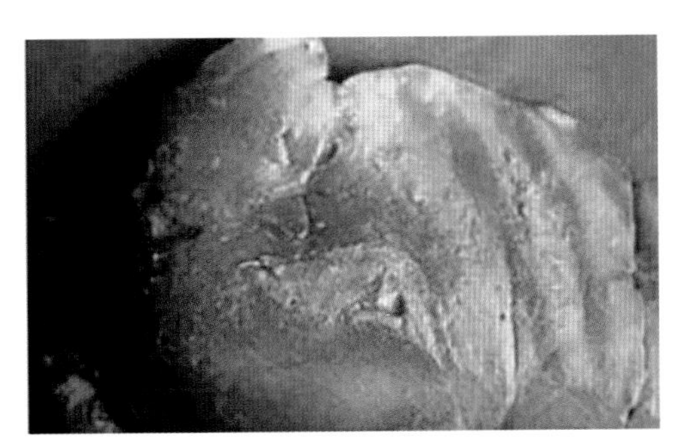

图 6-12　病羊肝脏表面有许多灰白色小条状病变，肝被膜粗糙

外界孵出，被第一中间宿主蜗牛吞食后，在其体内孵出毛蚴，进而发育为母胞蚴、子胞蚴和尾蚴。尾蚴从子胞蚴的产孔逸出后，移行至螺的呼吸腔，数十个至数百个尾蚴集中在一起形成尾蚴群囊，后被黏性物质粘成黏球，从螺的呼吸腔排出，黏附在植物或其他物体上。当含尾蚴的黏球被第二中间宿主蚂蚁吞食后，尾蚴在其体内形成囊蚴。牛、羊等吃草时吞食了含囊蚴的蚂蚁而感染，囊蚴在终末宿主的肠内脱囊，由十二指肠经胆总管到达肝脏胆管内寄生，需 72 ~ 85 天发育为成虫，成虫在宿主体内可存活 6 年以上。

【临床症状】 羊的症状表现因感染强度不同而有所差异。轻度感染的羊，通常无明显症状。严重感染时，则表现为可视黏膜黄染，颌下水肿，消化紊乱，腹泻并逐渐消瘦，甚至可因极度衰竭而死亡。

【病理变化】 主要病变为胆管出现卡他性炎症变化和胆管壁肥厚，胆管周围结缔组织增生。肝脏发生硬变、肿大，肝表面粗糙，胆管扩张、显露呈索状（图 6-12）。在胆管和胆囊内可见寄生有数量不等的虫体。

【预防措施】

（1）定期驱虫　最好在每年的秋后和冬季驱虫，以防虫卵污染牧地。在同一牧地上放牧的所有家畜都要同时驱虫，坚持 2 ~ 3 年后可达到净化草场的目的。同时注意加强粪便管理，进行生物热发酵，以杀死虫卵。

（2）消灭中间宿主，灭螺灭蚁　因地制宜，结合开荒种草，采取消灭灌木丛或烧荒等措施消灭中间宿主。

（3）加强饲养管理　尽量不要在低洼潮湿的牧地放牧，以减少感染的机会。

【治疗方法】

（1）吡喹酮　每千克体重 50 ~ 70 毫克，口服。油剂采用腹腔注射法，剂量为绵羊每千克体重 50 毫克。

（2）阿苯达唑　绵羊每千克体重 30 ~ 40 毫克，可配成 50% 的悬混液，经口灌服或混于少量饲料中制成丸剂口服，有良效。

五、阔盘吸虫病

阔盘吸虫病是由阔盘吸虫寄生于羊、牛等反刍动物的胰脏、胰管内，引起以营养障碍和贫血为主的吸虫病，也可寄生于人，是一种人兽共患寄生虫病。

【虫体特征及生活史】 在我国寄生于家畜形成大流行的有胰阔盘吸虫（图6–13）、腔阔盘吸虫（图6–14）和枝睾阔盘吸虫3种。其中胰阔盘吸虫分布最广，危害也较大。3种阔盘吸虫均为小型吸虫，虫体活时呈棕红色，固定后为灰白色，虫体为长椭圆形，扁平较厚、稍透明，表皮上有细刺，但发育至成虫时细刺常已脱落，吸盘发达。

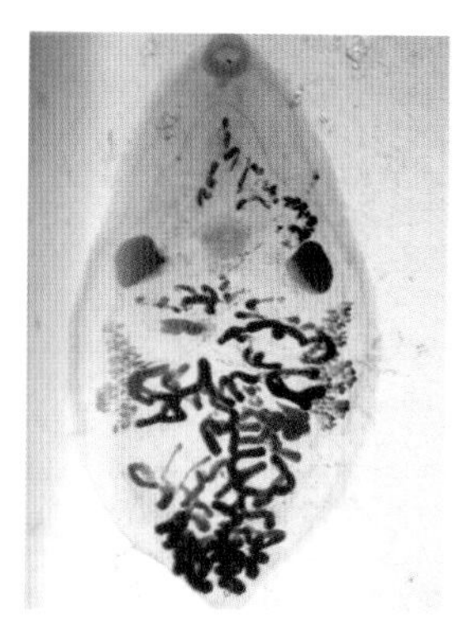

图6–13　胰阔盘吸虫成虫（菅复春供图）

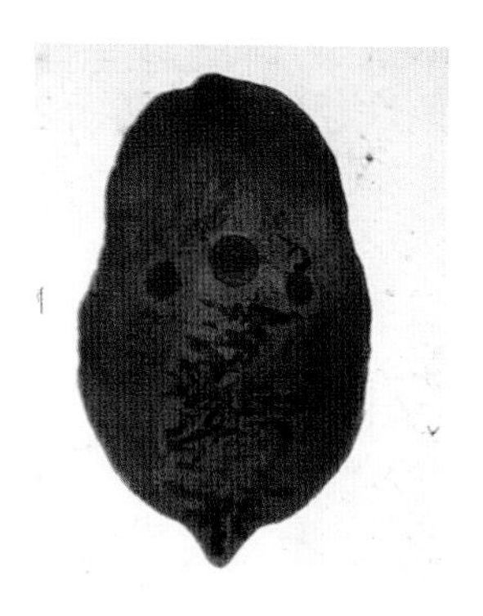

图6–14　腔阔盘吸虫成虫（菅复春供图）

胰阔盘吸虫的发育需要2个中间宿主，第一中间宿主为陆地螺，第二中间宿主为中华草螽和针蟀。虫体在动物胰腺或胰管内产卵，随胰液一起进入消化道，并随牛、羊的粪便排出体外。被第一中间宿主蜗牛吞食后，在其体内孵出毛蚴，进而发育成母胞蚴、子胞蚴和尾蚴。在发育形成尾蚴的过程中，子胞蚴向蜗牛的气管内移行，并从蜗牛的气孔排出，附在草上，形成圆形囊，即子胞蚴黏团内含尾蚴。第二中间宿主吞食了含有大量尾蚴的子胞蚴黏团后，子胞蚴在其体内经23 ~ 30天的发育，尾蚴即从子胞蚴钻出发育为囊蚴。牛、羊等在牧地上吞食了含有成熟囊蚴的第二中间宿主而遭感染，童虫移行到胰脏，发育为成虫。其整个发育过程共需9—16个月。

【临床症状】 阔盘吸虫大量寄生时，由于虫体刺激和毒素作用，使胰管发生慢性增生性炎症，胰管的管腔变窄甚至闭塞，胰消化酶的产生和分泌及糖代谢功能失调，引起消化及营养障碍。病羊消化不良，消瘦，贫血，颌下及胸前水肿，衰弱，经常腹泻，粪便中常有黏液，严重时可引起死亡。

【病理变化】 尸体消瘦，胰腺肿大，胰管因高度扩张呈黑色蚯蚓状突出于胰脏表面（图6–15）。胰管发炎肥厚，管腔黏膜不平，呈乳头状小结节凸起，并有点状出血，内含大量虫体。慢性感染因结缔组织增生而导致整个胰脏硬变、萎缩，胰管内有数量不等的虫体寄生。

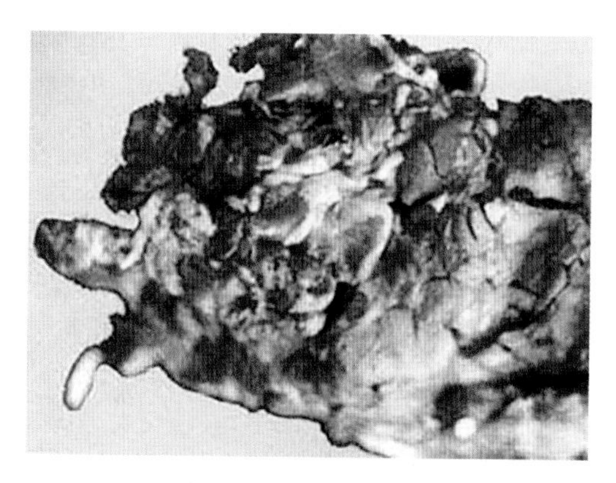

图6–15　阔盘吸虫寄生的胰脏病变

【预防措施】 在本病流行地区，应在每年初冬和早春各进行 1 次预防性驱虫。有条件的地区可实行划区放牧，以避免感染。应注意消灭第一中间宿主蜗牛（第二中间宿主草螽在牧场上广泛存在，扑灭甚为困难），同时加强饲养管理，以增加羊只的抗病能力。

【治疗方法】

（1）六氯对二甲苯　每千克体重 400 毫克，日服 1 次，每次间隔 2 天。

（2）吡喹酮　口服时，每千克体重 65 ~ 80 毫克；肌内注射或腹腔注射时，每千克体重 50 毫克，并用液状石蜡或植物油（灭菌）制成 20% 油剂。腹腔注射时应防止注入肝脏或肾脂肪囊内。

六、脑多头蚴病

羊脑多头蚴病又称羊脑包虫病，是由脑多头蚴寄生所引起的一种寄生虫病。脑多头蚴寄生在绵羊、山羊的脑、脊髓内，可引起脑炎、脑膜炎及一系列神经症状，甚至导致死亡。脑多头蚴还可危害黄牛、牦牛、猪、马甚至人类。成虫寄生于犬、狼、狐、豺等肉食兽的小肠。本病散布于全国各地，并多见于犬活动频繁的地区。

【虫体特征及生活史】 多头蚴为多头绦虫的中绦期，为乳白色半透明囊泡（图 6-16），圆形或卵圆形，大小取决于寄生部位、发育程度及动物种类，直径约 5 厘米或更大。囊壁由两层膜组成，外膜为角质层，内膜为生发层，其上有 100 ~ 250 个原头蚴，头节具有 4 个圆形吸盘，囊内充满透明液体。

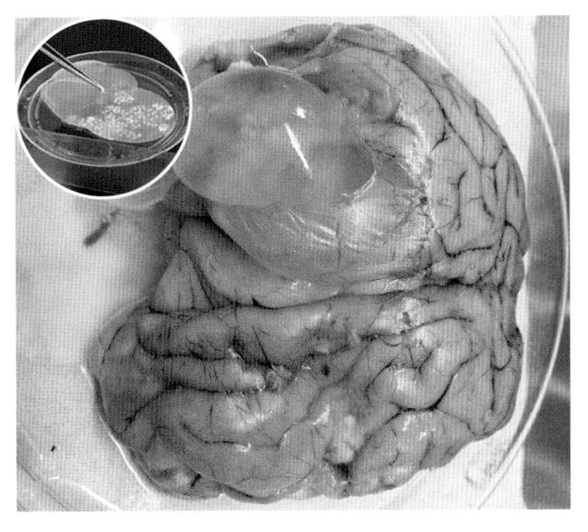

图 6-16　脑多头蚴（李文卉供图）

成虫寄生于犬、狼等终末宿主的小肠内，脱落的孕节随粪便排出体外，虫卵逸出污染饲料或饮水。牛、羊等中间宿主因吞食虫卵而感染，六钩蚴钻入肠壁血管，随血流到达脑和脊髓中，幼虫生长缓慢，经 2—3 个月发育为具感染性的脑多头蚴。被血流带到其他部位的六钩蚴，不能继续发育而迅速死亡。犬、狼等食肉动物吞食含脑多头蚴的脑、脊髓而感染，原头蚴吸附于肠壁上而发育为成虫，在犬体内正常发育期为 41 ~ 73 天（图 6-17）。

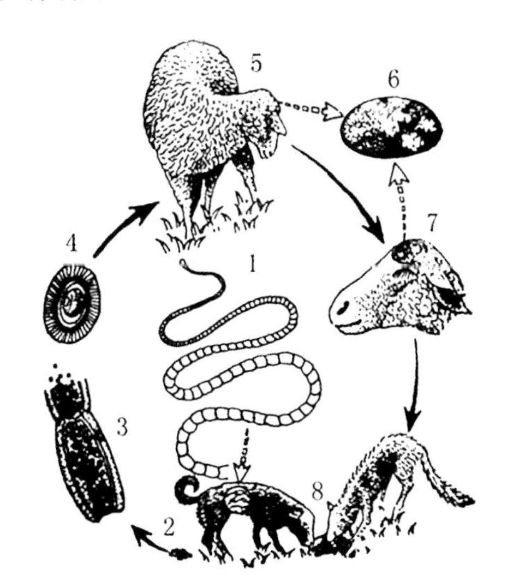

1. 成虫；2. 孕卵节片随终末宿主的粪便排出体外；3. 孕卵节片；4. 虫卵；5. 中间宿主；6. 脑包虫；7. 脑包虫寄生的部位；8. 健康的犬、狼、狐狸吞食了病脑，即在小肠内发育为成虫

图 6-17　多头蚴生活史

【临床症状】 本病可分为急性型和慢性型，症状取决于寄生部位和病原体的大小。

（1）急性型　以羔羊表现最为明显，感染之初，由于六钩蚴进入脑组织，虫体在脑膜和脑组织中移行，刺激和损伤造成脑部炎症，使体温升高，脉搏、呼吸加快，甚至有强烈的兴奋。病羊做回旋运动，前冲或后退，仰头行走（图 6-18），有痉挛性抽搐。有时沉郁，长时间躺卧，脱离羊群。部分病羊在 5 ～ 7 天内因急性脑膜炎而死亡，不死者则转为慢性型。

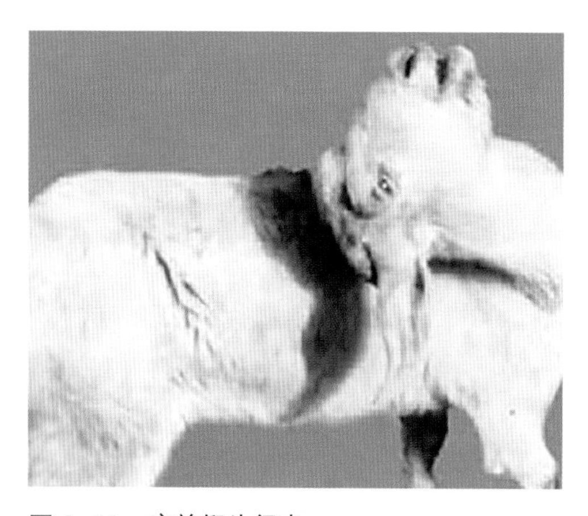

图 6-18　病羊仰头行走

（2）慢性型　病羊耐过急性期后，症状逐渐消失，经 2—6 个月的和缓期，由于脑多头蚴不断发育长大，再次出现明显症状。当脑多头蚴寄生在羊大脑某半球时，除向被虫体压迫的同侧做转圈运动外，还常造成对侧的视力障碍，甚至失明。虫体寄生在大脑正前部时，常见羊头下垂向前做直线运动，碰到障碍物时则头抵物体呆立不动。脑多头蚴在大脑后部寄生时，主要表现为头高举或做后退运动，甚至倒地不起，并常有强直性痉挛出现。虫体寄生在小脑时，病羊站立或运动时常失去平衡，身体共济失调，易跌倒，对外界干扰和声响易惊恐。脑多头蚴寄生在脊髓时，病羊表现步伐不稳，进而引起后肢麻痹；当膀胱括约肌发生麻痹时，则出现尿失禁。此外，病羊还表现食欲减退，甚至消失。由于不能正常采食和休息，体重逐渐减轻，显著消瘦、衰弱，常在数次发作后陷于恶病质而死亡。

【病理变化】 急性死亡的羊有脑膜炎和脑炎病变，还可见到六钩蚴在脑膜中移行时留下的弯曲伤痕。慢性期病例则可在脑或脊髓的不同部位发现 1 个或数个大小不等的囊状多头蚴（图 6-19）；在病变或虫体相接的颅骨处，骨质松软、变薄，甚至穿孔，致使皮肤向表面隆起。病灶周围脑组织发炎，有时可见萎缩变性或钙化的脑多头蚴。

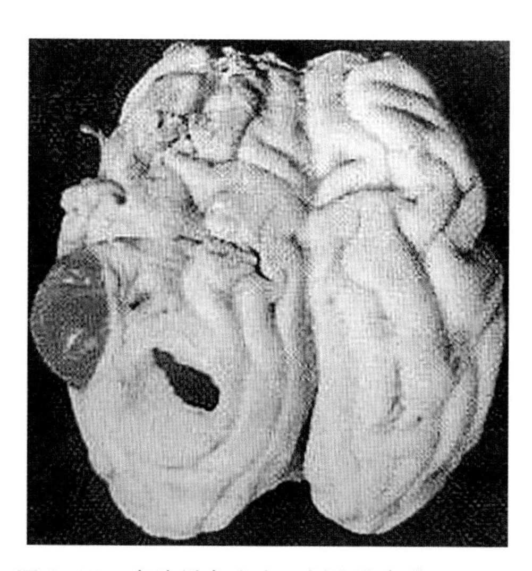

图 6-19　多头蚴寄生在一侧大脑半球

【预防措施】 目前，大多数养羊户和基层兽医不了解本病病原体的生活史，是造成本病广泛流行和发病率持续增高的主要原因。通过广泛宣传，使养羊户了解本病病原的生活史，知道本病是羊、犬之间互相传播的疾病，而且具有晚期治疗困难、死亡率高等特点，引起他们对本病足够的重视。

实施羊只定点屠宰，羊头无害化处理，犬定期驱虫并拴养，防止犬吃到含脑包虫牛、羊等动物的脑及脊髓，减少犬与羊的接触机会，切断本病的传播途径。

【治疗方法】

手术疗法　脑多头蚴位于头部前方表层时可施行外科手术摘除，在脑深部和后部寄生时手术法难以摘除。

【药物疗法】

（1）吡喹酮　每千克体重 80 ~ 100 毫克，每日 1 次或隔日 1 次，共用 3 次。

（2）阿苯达唑　每千克体重 30 毫克，隔天 1 次，共用 3 次。

（3）奥芬达唑　每千克体重 33 毫克，隔天 1 次，共用 3 次。

以上 3 种药物对早期病羊的治疗效果都较好，对中、晚期病例也有一定效果，但不理想。

七、棘球蚴病

棘球蚴病也称包虫病，是由细粒棘球绦虫的幼虫——棘球蚴寄生于绵羊、山羊、牛、马、猪、骆驼及人的肝脏、肺脏等脏器组织中所引起的一种人兽共患寄生虫病。成虫以肉食兽为终末宿主，寄生于犬、狼、豺、狐和狮、虎、豹等动物的小肠内。本病在我国分布较广，严重威胁着人类的生命安全，同时给畜牧业发展造成严重的危害。

【虫体特征及生活史】　棘球坳是细粒棘球绦虫的中绦期，为一独立的包囊状构造，内含液体，形状不一，形状常因寄生部位不同而有变化，一般为球形，大小常从豌豆大至人头大。囊壁由二层构成，外层为较厚的角质层，较坚实，呈灰白色，不透明，有吸收营养保持囊液和保护胚层的功能；中层是肌肉层，含有肌纤维；内层很薄，称为生发层。在生发层上可长出生发囊，在生发囊内壁上又可长出数量不等的原头蚴，有些生发囊脱离生发层，或有些头节脱离生发囊，游离在囊液中称“棘球砂”。在囊壁的生发囊上还可生长出第一代包囊，称作子囊。子囊可向原有囊包（又称母囊）腔中生长称“内生性子囊”，也可向母囊腔外生长称“外生性子囊”。在子囊的生发层上还可长出孙囊，子囊和孙囊具有和母囊相同的构造，在它们的生发层上长出生发囊，并形成头节。这样，在一个棘球蚴囊内包含着很多子囊和孙囊。

犬、狼和狐等肉食兽为其终末宿主，成虫寄生在其小肠中，细粒棘球绦虫的孕卵节片随粪便排出体外，节片破裂，虫卵逸出，污染草、饲料和饮水，牛、羊等中间宿主吞食虫卵后感染。在消化道内的六钩蚴钻入肠壁经血流或淋巴散布到体内各处，以肝脏、肺脏最多。经 6—12 个月生长成具有感染性的棘球蚴，它的生长可持续数年。犬等终末宿主食用此种肝脏或肺脏等而感染，棘球蚴在肠内经 2.5 ~ 3 个月发育为成虫，在犬体内寿命为 5 ~ 6 个月（图 6-20）。一条犬的小肠内有时可寄生数百条，甚至数千条绦虫。人可因食入虫卵而感染。

【临床症状】　轻度感染和感染初期通常无明显症状。严重感染的羊被毛逆立，时常脱毛，营养不良，消瘦。肺部感染时有明显的咳嗽，咳后往往卧地，不愿起立。

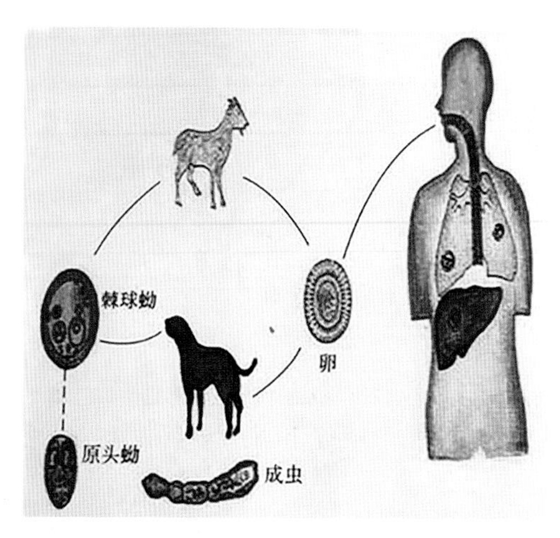

图 6-20　棘球蚴的生活史

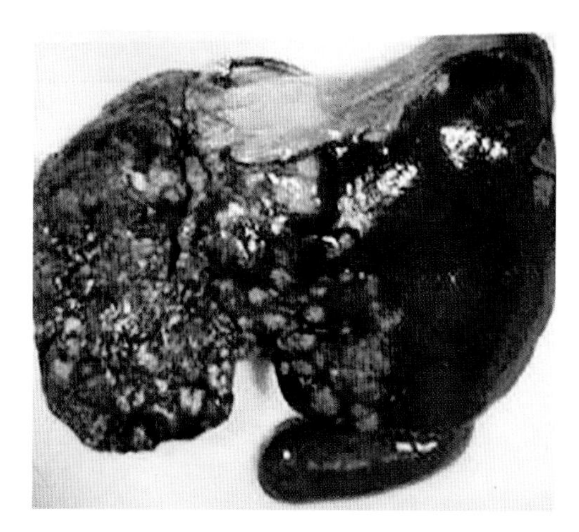

图 6-22　病羊肝脏实质中的棘球蚴

【病理变化】 病变主要见于虫体经常寄生的肝脏和肺脏。可见肝脏、肺脏表面凹凸不平，重量增大，有数量不等的棘球蚴囊泡凸起（图 6-21），肝脏、肺脏实质中存在有数量不等、大小不一的棘球蚴包囊（图 6-22），囊内含有大量液体，除不育囊外，囊液沉淀后即可见大量的包囊砂。有时棘球蚴发生钙化和化脓。此外，在脾脏、肾脏、脑、脊椎管、肌肉及皮下偶见有棘球蚴寄生。

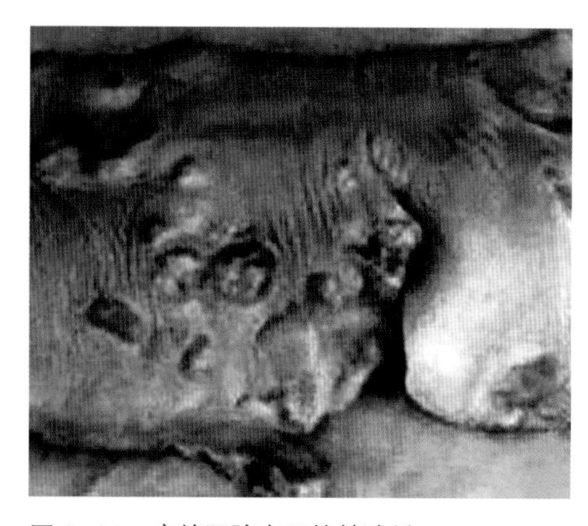

图 6-21　病羊肝脏表面的棘球蚴

【预防措施】 对犬进行定期驱虫，常用药物如下：氢溴酸槟榔碱，每千克体重 1 毫克,禁食 12 ～ 13 小时后服用；吡喹酮，每千克体重 5 ～ 10 毫克；盐酸丁奈脒片，每千克体重 25 ～ 50 毫克，禁食后 3 ～ 4 小时投药。驱虫后应特别注意犬粪的无害化处理，或深理或烧毁，防止病原扩散，同时要扑杀野犬。

在本病流行区内对羊等中间宿主要定期检疫，检出的棘球蚴病畜可用药物进行治疗。对于屠宰的牲畜，要严格遵守检疫制度，发现棘球蚴应销毁，病畜的脏器不得随意喂犬，以免造成本病的传播。

加强饲养管理，经常保持畜舍、饲草、饲料和饮水卫生，防止犬粪的污染。同时，应注意个人防护。

【治疗方法】

（1）阿苯达唑　每千克体重 90 毫克，连服 2 次。

（2）吡喹酮　疗效好且无副作用，剂量为每千克体重 25 ～ 30 毫克，连用 5 次，总剂量为 125 ～ 150 毫克。

八、细颈囊尾蚴病

细颈囊尾蚴病是由泡状带绦虫的幼虫——细颈囊尾蚴寄生于绵羊、山羊、黄牛、猪等多种家畜的肝脏浆膜、网膜及肠系膜所引起的一种寄生虫病。细颈囊尾蚴主要引起家畜尤其是羔羊、仔猪和犊牛生长发育受阻，体重减轻，当大量感染时可因肝脏严重受损而导致死亡。其成虫寄生于犬、狼、狐等肉食动物的小肠内。

【虫体特征及生活史】 细颈囊尾蚴呈囊泡状，俗称水铃铛（图 6-23），大小不等，由豌豆大至鸡蛋大，也有更大的。囊壁薄，呈乳白色，内含透明液体，肉眼可见囊壁上有一个向内生长具细长颈部的头节。细颈囊尾蚴有时呈单个寄生，但往往是大小不等的几个或十几个寄生于同一脏器上。

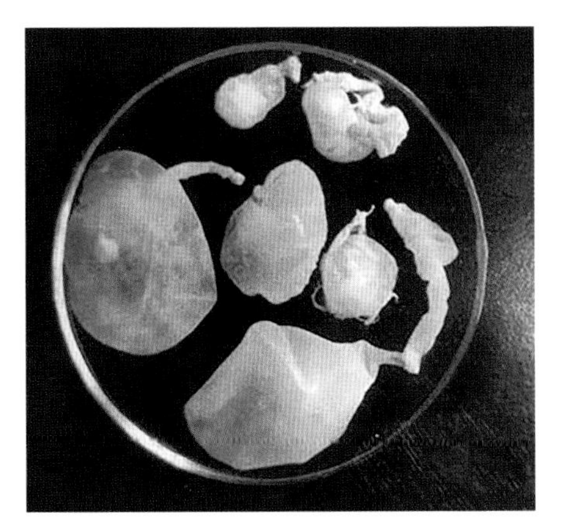

图 6-23　离体细颈囊尾蚴的形态，有的头节已翻出

泡状带绦虫寄生在犬及其他野生食肉兽小肠内，随粪便排出孕卵节片、虫卵，污染草地、饲料和饮水，蝇类在粪便上活动时也可将虫卵黏附在身上，当它飞到食物、饲料上时，其身上的虫卵被粘到食物、饲料上面，如果人、猪、羊等中间宿主吞食被虫卵污染的食物或饲料即被感染。虫卵的胚膜被消化液溶解，六钩蚴逸出，借助小钩钻入肠壁随血流至肝脏，进入肝实质，或移行至肝脏表面，发育成囊尾坳。有些虫体从肝表面落入腹腔而附着于网膜或肠系膜上，经 7 ~ 8 周发育成具感染性的细颈囊尾蚴。当屠宰病猪时，含细颈囊尾蚴的脏器丢弃在地，犬类等因吞食此类脏器而感染。细颈囊尾蚴进入小肠后头节伸出，附着于肠壁，逐渐发育为泡状带绦虫，潜伏期为 50 天左右，在犬体内泡状带绦虫可存活 1 年左右。

【临床症状】 通常成年羊症状表现不明显，羔羊症状明显。当肝脏及腹膜在六钩蚴的作用下发生炎症时，可出现体温升高，精神沉郁，腹水增加，腹壁有压痛，甚至发生死亡。经过上述急性发作后则转为慢性病程，一般表现为消瘦、衰弱和黄疸等症状。

【病理变化】 慢性病例可见肝脏包膜、肠系膜、网膜上具有数量不等、大小不一的虫体泡囊（图 6-24），严重时还可在肺脏和胸腔处发现虫体。急性病程时，可见急性肝炎及腹膜炎，肝脏肿大、表面有出血点，肝实质中有虫体移行的虫道（图 6-25），有时出现腹水并混有渗出的血液，病变部有尚在移行发育中的幼虫（图 6-26、图 6-27）。

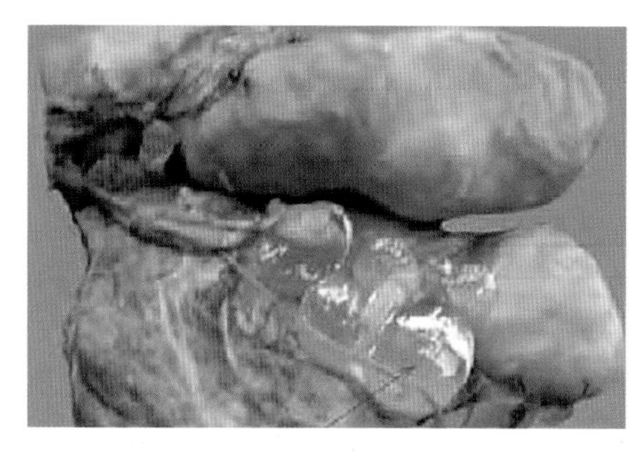

图 6-24　离体内脏诸膜上寄生的袋状水铃铛

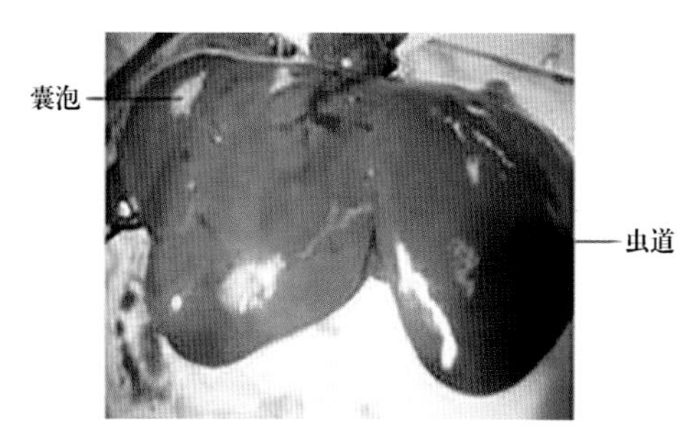

图 6-25　肝表面有细颈囊尾蚴寄生的囊泡，表面有虫体移行的虫道

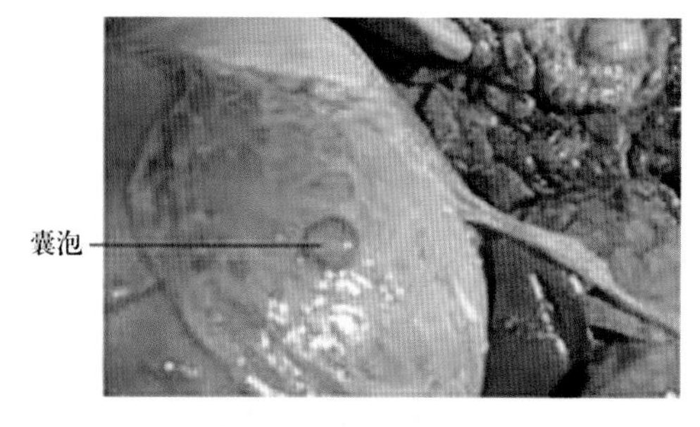

图 6-26　悬挂在羊肉膜上的囊泡状细颈囊尾蚴，囊泡中的液体变得浑浊

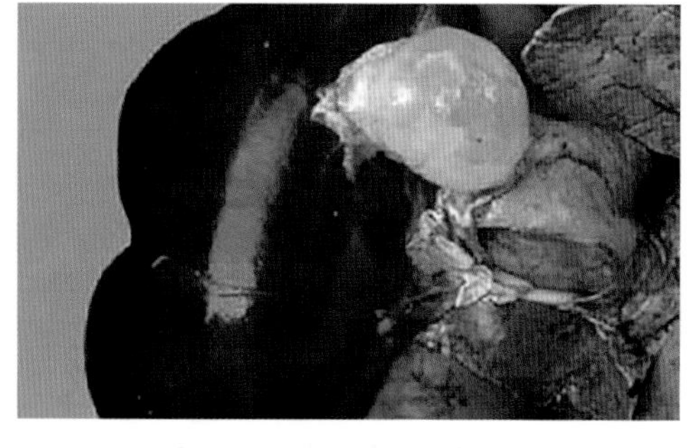

图 6-27　病羊肝表面生长的虫体附着在肠系膜上的如塑料袋样透明的水泡

【预防措施】 对犬进行定期驱虫，防止犬散布病原，禁止犬进入畜舍，避免饲料、饮水被犬粪污染。

严禁犬类进入屠宰场，有细颈囊尾蚴的废弃内脏必须煮熟后方可喂犬。

苍蝇在本病虫卵传播中起着重要作用，应采取可行方法灭蝇。

【治疗方法】 犬的驱虫方法和所用药物与驱除细粒棘球绦虫时所用药物一致。对细颈囊尾蚴病的治疗，可用吡喹酮，羊按每千克体重 50 毫克剂量，口服，有一定疗效；或用硫氯酚，口服，每千克体重 100 毫克。

九、反刍兽绦虫病

反刍兽绦虫病是由莫尼茨绦虫、曲子宫绦虫及无卵黄腺绦虫寄生于绵羊、山羊和牛的小肠所引起的一种寄生虫病。其中莫尼茨绦虫危害最为严重，特别是羔羊、犊牛感染时，不仅影响生长发育，甚至可引起死亡。3 种绦虫既可单独感染，也可混合感染。本病在全国广泛分布，但在东北、华北和西北牧区流行更为普遍。

【虫体特征及生活史】 反刍兽绦虫病的病原体为莫尼茨绦虫（图 6-28）、曲子宫绦虫及无卵黄腺绦虫 3 种。莫尼茨绦虫的虫体呈带状，由头节、颈节及链体部组成，全长可达 6 米，宽 16 ~ 26 毫米，呈乳白色。头节上有 4 个近于椭圆形的吸盘，无顶突和小钩。节片短而宽，后部的孕卵节片长、宽几乎相等而呈方形。成熟节片具有 2 组生殖器官，在两侧对称分布，即卵巢和卵黄腺围绕着卵膜构成圆环形，位于节片的两侧。

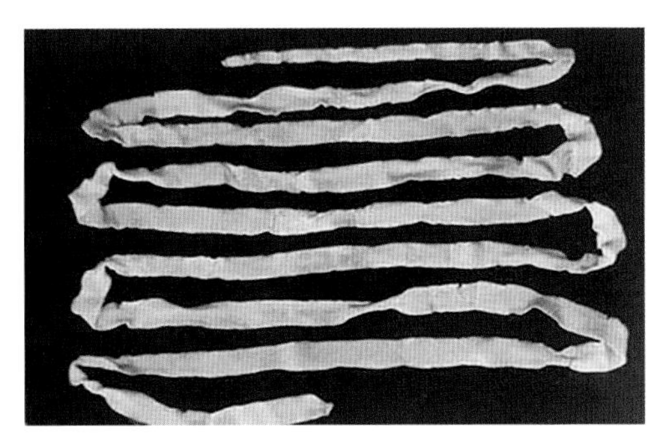

图 6-28　经固定的莫尼茨绦虫标本

曲子宫绦虫的虫体可长达 2 米，宽约 12 毫米。每个节片有 1 组生殖器官，偶然也见 2 组。排列成环状的卵巢、卵黄腺和卵膜靠近生殖孔一侧。

无卵黄腺绦虫是反刍兽绦虫中较小的一类，虫体长 1.5 ~ 2 米，宽仅为 3 毫米左右。节片短，眼观分节不明显。每个节片有 1 组生殖器官，生殖孔也不规则地交替开口于节片边缘，无卵黄腺，卵巢位于生殖孔一侧，睾丸分布在纵排泄管的内、外两侧，子宫在节片的中央。

莫尼茨绦虫和曲子宫绦虫的中间宿主均为地螨，而无卵黄腺绦虫的生活史尚不完全清楚，现仅确认弹尾目的长角跳虫为其中间宿主。寄生于羊、牛小肠的绦虫成虫，其孕卵节片和虫卵随粪便排出后，如被中间宿主吞食，则虫卵内的六钩蚴在中间宿主体内发育为似囊尾蚴。当终末宿主羊、牛等反刍动物在采食时连同牧草一起吞食了含有似囊尾蚴的中间宿主后，似囊尾蚴在反刍动物消化道内逸出，附着在肠壁上逐渐发育为成虫。

【临床症状】 病羊症状表现的轻重通常与感染虫体的强度及体质、年龄等因素密切相关。一般可表现为食欲减退，出现贫血与水肿。羔羊腹泻时，粪便中混有虫体节片，有时还可见虫体的一段吊在肛门处。被毛粗乱无光，喜躺卧，起立困难，体重迅速减轻。若虫体阻塞肠管时，则出现肠臌胀和腹痛表现，甚至因肠破裂而死亡。有时病羊也可出现转圈、肌肉痉挛或后仰等神经症状。后期病羊仰头倒地，经常做咀嚼动作，口周围有泡沫，对外界反应几乎丧失，直至全身衰竭而死。

【病理变化】 剖检死羊可在小肠中发现数量不等的虫体（图 6-29），其寄生处有卡他性炎症，有时可见肠壁扩张、肠套叠乃至肠破裂。肠系膜、肠黏膜、肾脏、脾脏甚至肝脏发生增生性变性过程。肠黏膜、心内膜和心包膜有明显的出血点。脑内可见出血性浸润和出血。腹腔和颅腔贮有渗出液。

图 6-29　病羊小肠内寄生的绦虫

【预防措施】 在虫体成熟前，即羊放牧后 30 天内进行第一次驱虫，10 ~ 15 天后进行第二次驱虫，此法不仅可驱除寄生的绦虫，还可防止牧场或外界环境遭受病原污染。有条件的地区可实行科学轮牧。尽可能避免雨后、清晨和黄昏放牧，以减少羊吃入中间宿主地螨的机会。结合牧场改良，进行深耕，种植优良牧草或农牧轮作，不仅能大量减少地螨，还可提高牧草质量。

【治疗方法】

（1）阿苯达唑　每千克体重 5 ~ 20 毫克，配成 1% 的水悬液，口服。

（2）氯硝柳胺　每千克体重 100 毫克，配成 10% 的水悬液，口服。

（3）硫氯酚　每千克体重 75 ~ 100 毫克，包在菜叶里口服，也可灌服。

（4）吡喹酮　每千克体重 10 ~ 15 毫克，一次口服。

（5）甲苯咪唑　每千克体重 15 毫克，一次口服。

（6）硫酸铜　使用时，可将其配制成 1% 水溶液。为了使硫酸铜充分溶解，配制时在每 1000 毫升溶液中加入 1 ~ 4 毫升盐酸。配制的溶液应贮存于玻璃或木质的容器内。其治疗剂量为：1—6 月龄的绵羊 15 ~ 45 毫升；7 月龄至成年羊 50 ~ 100 毫升；成年山羊不超过 60 毫升。可用长颈细口玻璃瓶灌服。

十、肺丝虫病

肺丝虫病是由网尾科和原圆科线虫寄生在气管、支气管、细支气管乃至肺实质所引起的寄生虫病。其临诊特征主要为支气管炎和肺炎。其中，网尾科线虫较大，为大型肺丝虫，致病力强，在春、秋季节常呈地方性流行，可造成羊群尤其是羔羊大批死亡。原圆科线虫较小，为小型肺丝虫，危害相对较轻。肺线虫病在我国分布广泛，是羊常见的蠕虫病之一。

【虫体特征及生活史】 大型丝状网尾线虫是危害羊的主要寄生虫。该虫系大型白色虫体，肠管呈黑色穿行于体内，口囊小而浅。雄虫长 30 ~ 80 毫米，交合伞的中侧肋和后侧肋合并，仅末端分开；1 对交合刺粗短，为多孔状结构，呈黄褐色，靴状。雌虫长 50 ~ 112 毫米，阴门位于虫体中部附近（图 6-30）。

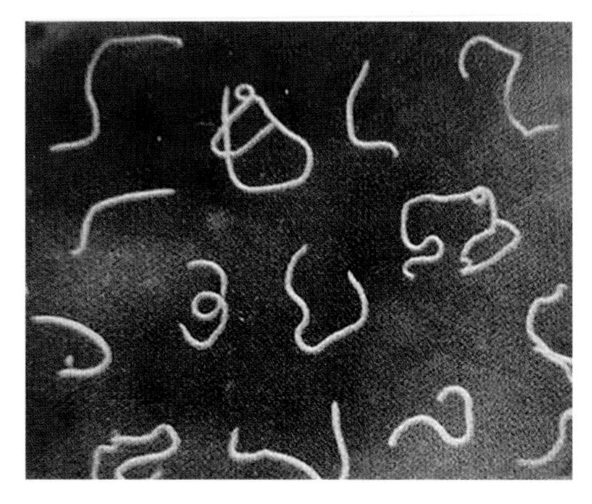

图 6-30　大型肺丝虫的形态

小型肺丝虫种类繁多，其中缪勒属和原圆属线虫分布最广，危害也较大。该类线虫虫体纤细，长 12 ~ 28 毫米，多见于细支气管和肺泡内，口由 3 个小唇片组成，食管呈长柱形，后部稍膨大；交合伞背肋发达。

大型丝状网尾线虫与小型肺丝虫的发育过程有所不同，即网尾科线虫发育过程无中间宿主参加，属土源性发育，小型肺丝虫在发育时需要中间宿主参加，属生物源性发育。各种肺线虫的虫卵在呼吸道产出后，上行至咽部，利用宿主咳嗽时，经咽部进入消化道，在此过程中孵化出第一期幼虫，这期幼虫又随粪便排出体外。大型肺线虫的第一期幼虫在外界适宜条件下，约经 1 周发育为感染性幼虫；小型肺线虫的第一期幼虫则需钻入中间宿主多种陆螺或蛞蝓体内发育为感染性幼虫。存在于外界草场、饲料或饮水中和中间宿主体内的大、小型肺丝虫的感染性幼虫被终末宿主羊吞食后，幼虫进入肠系膜淋巴结，经淋巴循环到达右心，又随血流到达肺脏，虫体在此过程中经第四、第五两期幼虫的发育，最终在肺部各自的寄生部位发育为成虫。

【临床症状】 羊群遭受感染时，首先个别羊干咳，继而成群咳嗽，运动时和夜间咳嗽更为显著，此时呼吸声明显粗重，如拉风箱的声音。在频繁而痛苦的咳嗽中，常咳出含有成虫、幼虫及虫卵的黏液性团块。咳嗽时伴发啰音和呼吸促迫，鼻孔中排出黏稠分泌物，干涸后形成鼻痂，从而使呼吸更加困难。病羊常打喷嚏，逐渐消瘦、贫血，头、胸及四肢水肿，被毛粗乱。通常羔羊发病症状严重，病死率也高；成年羊感染或羔羊轻度感染时，症状表现较轻。单独感染小型肺线虫时，病情比较轻缓，只是在病情加剧或接近死亡时，才明显表现为呼吸困难，出现干咳或暴发性咳嗽。

【病理变化】 病变主要发生在肺部，可见有不同程度的肺膨胀不全和肺气肿（图 6-31），肺表面隆起，呈灰白色，触摸时有坚硬感；支气管中有黏液性或脓性混有血丝的分泌团块；气管、支气管及细支气管内可发现数量不等的大、小肺线虫（图 6-32）。

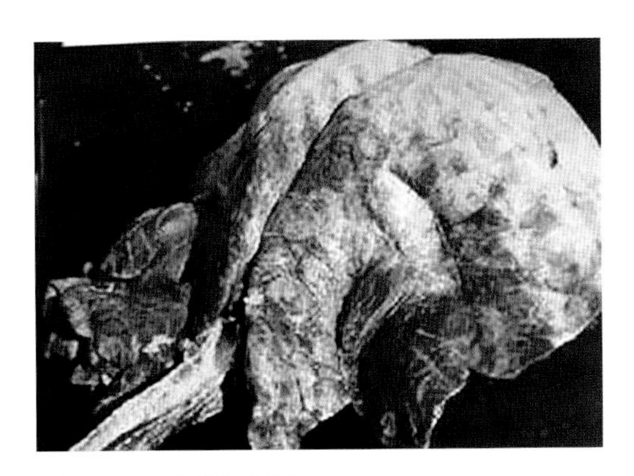

图 6-31　病羊肺气肿

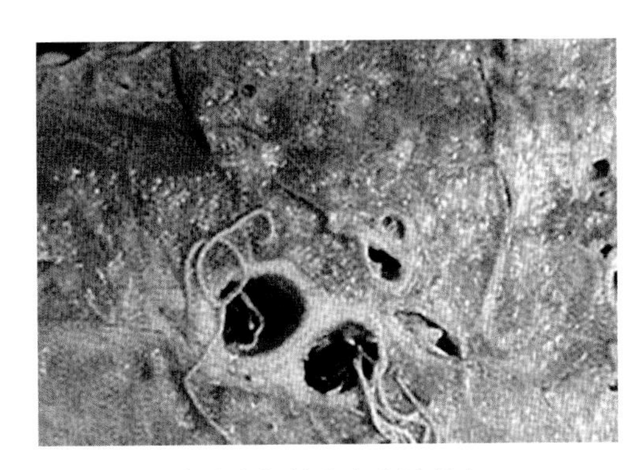

图 6-32　病羊支气管内寄生肺丝虫

【预防措施】 在本病流行区内，每年应对羊群进行 1 ~ 2 次普遍驱虫，并及时对病羊进行治疗。驱虫期和治疗期应注意收集粪便进行生物热处理。羔羊与成年羊应分群放牧，并饮用流动水或井水。有条件的地区可实行轮牧，避免在低湿沼泽地区放牧。冬季羊群应予适当补饲，补饲期间每隔 1 天可在饲料中加入硫化二苯胺，按成年羊每只 1 克、羔羊每只 0.5 克计，让羊自由采食，能大大减少病原的感染。对小型肺线虫病，应注意消灭其中间宿主。

【治疗方法】

（1）阿苯达唑　每千克体重 5 ~ 15 毫克，口服，对各种肺线虫均有良效。

（2）苯硫咪唑　每千克体重 5 毫克，口服。

（3）左旋咪唑　每千克体重 7.5 ~ 12 毫克，口服。

（4）氰乙酰肼　每千克体重 17 毫克，口服；或每千克体重 15 毫克，皮下或肌内注射。

（5）枸橼酸乙胺嗪（海群生）　每千克体重 100 ~ 200 毫克，口服。该药对感染早期的童虫有治疗作用。

（6）阿维菌素或伊维菌素　每千克体重 0.2 毫克，口服或皮下注射。

十一、消化道线虫病

羊消化道线虫病是多种消化道线虫所引起的寄生虫病。有时是单一线虫感染，但往往是多种线虫混合感染，其中以捻转血矛线虫危害最为严重。

【虫体特征及生活史】 消化道线虫种类很多，主要寄生于反刍兽的皱胃和小肠，有血矛属、长刺属、奥斯特属、马歇尔属、古柏属、毛圆属、细颈属、仰口属和食道口属的多种线虫，它们在反刍兽体内多系混合寄生（图 6–33）。

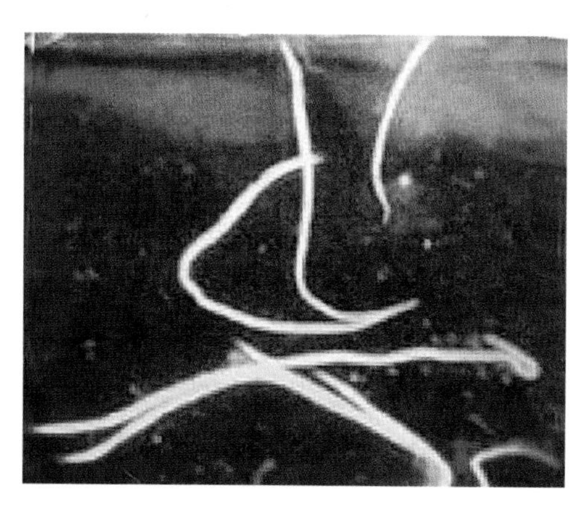

图 6–33　捻转血矛线虫

各种线虫生活史大致相同，都属直接发育的土源性线虫。虫卵随粪便排出体外，在适宜条件下，经 2 次蜕皮发育为感染性幼虫（第二期幼虫），外有囊鞘。牛、羊在吃草和饮水时食入第二期幼虫，幼虫脱鞘，经过二次蜕皮变为成虫。

【临床症状】 病羊感染各种消化道线虫的主要症状为消化紊乱、胃肠道发炎、腹泻、消瘦、眼结膜苍白、贫血。严重病例下颌间隙水肿，羊体发育受阻。少数病例体温升高，呼吸、脉搏频数，心音减弱，最终病羊可因身体极度衰竭而死亡。

【病理变化】 剖检可见消化道各部位有数量不等的相应线虫寄生（图 6–34）。尸体消瘦，贫血，内脏显著苍白，胸、腹腔内有淡黄色渗出液，大网膜、肠系膜胶样浸润，肝脏、脾脏出现不同程度的萎缩、变性，皱胃黏膜水肿，有时可见虫咬的痕迹和针尖大至粟粒大的小结节，小肠和盲肠黏膜有卡他性炎症，大肠可见到黄色小点状结节或化脓性结节以及肠壁上遗留下的一些瘢痕性斑点。当大肠上的虫卵结节向腹膜面破溃时，可引发腹膜炎和泛发性粘连；向肠腔内破溃时，则可引起溃疡性和化脓性肠炎（图 6–35）。

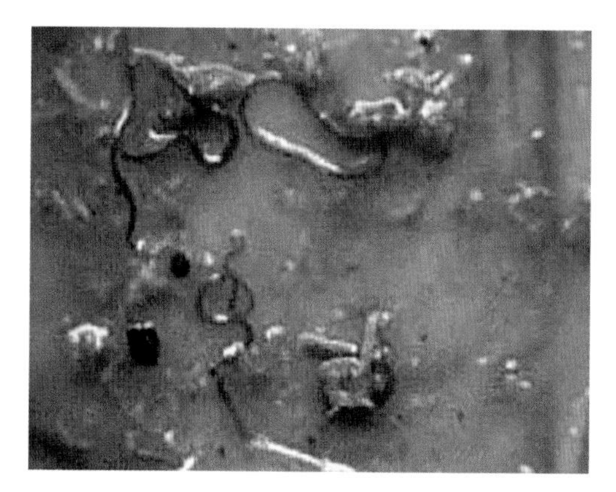

图 6–34　病羊皱胃黏膜表面可见虫体

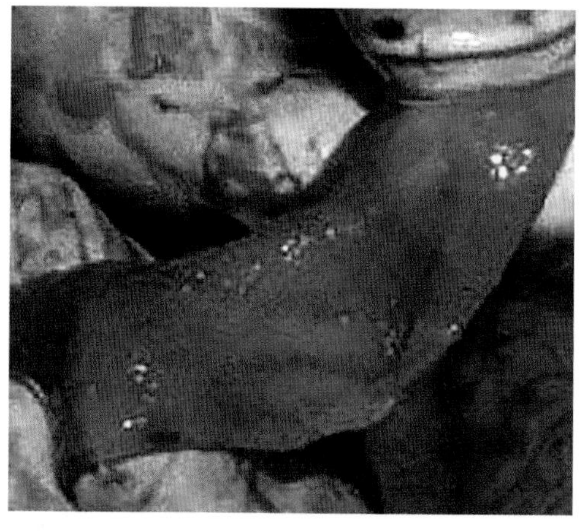

图 6–35　病羊小肠出现卡他性炎症

【预防措施】 在晚秋转入舍饲后和春季放牧前各进行1次计划性驱虫，因地区不同，选择驱虫的时间和次数可根据具体情况酌定。羊应饮用干净的流动水或井水，尽可能避免吃露水草和在低湿处放牧，以减少感染机会。粪便应进行堆积发酵，以杀死虫卵。加强饲养管理，提高羊的抗病能力。

【治疗方法】

（1）阿苯达唑　每千克体重5～20毫克，口服。

（2）左旋咪唑　每千克体重5～10毫克，混饲喂给或皮下、肌内注射。

（3）硫化二苯胺　每千克体重600毫克，用面汤制成悬浮液，灌服。

（4）噻苯达唑　每千克体重50毫克，口服。该药对毛尾线虫效果较差。

（5）伊维菌素或阿维菌素　每千克体重0.2毫克，一次口服或皮下注射。

（6）甲苯达唑　每千克体重10～15毫克，口服。

（7）磺苯咪唑　每千克体重5毫克，灌服。

（8）硫苯咪唑　每千克体重6～8毫克，灌服。

十二、脑脊髓丝虫病

羊脑脊髓丝虫病也称腰痿病，是由指形丝状线虫和唇乳突丝状线虫（也称鹿丝状线虫）的晚期幼虫（童虫）侵入羊的脑或脊髓的硬膜下及实质中所致的一种寄生虫病。本病可致羊只行走困难、卧地不起，甚至死亡。

【虫体特征及生活史】 指形丝状线虫和唇乳突丝状线虫的晚期幼虫呈乳白色，长为1.5～4.5厘米。

寄生于牛腹腔的指形丝状线虫和唇乳突线虫产出的微丝蚴进入血液循环，中间宿主蚊类刺吸羊血液时将微丝蚴吸入，经12～16天发育为感染性幼虫，并移行到蚊的口器内，若其叮咬羊只时，即将感染性幼虫注入非固有宿主羊体内，幼虫随淋巴液或血液进入脑、脊髓而导致本病发生。

【临床症状】 主要表现为腰髓支配的后躯运动障碍。慢性病例病初一侧或两侧后肢运动无力，步态踉跄，容易跌倒。病情加剧时，则致两后肢完全麻痹，不能站立，呈犬坐姿势，终至长期卧地，发生褥疮。急性病例可见突然倒地不起，呈兴奋、骚乱、空嚼及哀鸣等神经症状，眼球上旋，颈部肌肉强直或痉挛。抽搐之后，如将羊扶起，则见四肢强直，向两侧叉开，步态不稳。急、慢性病例最终可因极度衰竭而死亡。

【病理变化】 病变主要可见脑、脊髓的硬膜、蛛网膜有浆液性、纤维素性炎症和胶样浸润灶，以及大小不等的出血灶，其附近有时可发现寄生童虫。脑、脊髓实质（尤其是白质区）可见由虫体所致的大小不等的斑点状、线条状的黄褐色破坏性病灶，以及形成大小不同的空洞和液化灶。

【预防措施】 在本病流行地区应注意查治病牛，消除传染源。注意搞好环境卫生，铲除蚊虫的滋生地，应用杀虫剂驱杀蚊虫，以切断传播途径。必要时可进行药物预防。

【治疗方法】

（1）枸橼酸乙胺嗪　每千克体重100毫克，口服，每日1次，连用2～5天，对轻症病羊效果良好。

（2）阿苯达唑　每千克体重20～30

毫克，口服，每日1次，连用3～5天，有一定疗效。

（3）左旋咪唑 每千克体重8毫克，口服，每日1次，连用2～3天，有一定疗效。

十三、鼻蝇蛆病

羊鼻蝇蛆病又称羊狂蝇蛆病，是由羊鼻蝇的幼虫寄生在羊的鼻腔及其附近的腔窦内引起的一种寄生虫病。其主要临诊特征为病羊流脓性鼻液，表现呼吸困难和打喷嚏等慢性鼻炎症状，精神不安，体质消瘦，甚至死亡。

【虫体特征及生活史】 羊鼻蝇的发育是成虫直接产出幼虫（图6-36），经过蛹变为成虫。成蝇系野居于自然界，不营寄生生活，亦不叮咬羊只，只是寻找羊只向其鼻孔中产下幼虫。成虫出现于每年5—9月，尤以7—9月最多。雌雄交配后，雄蝇死亡，雌蝇则栖息于较高且安静处，待体内幼虫发育后才开始飞翔，只在炎热晴朗无风的白天活动，阴雨天时，栖息于畜舍附近的土墙或栅栏上。雌蝇遇到羊只时，急速而突然地飞向羊鼻，将幼虫产在羊鼻孔内或鼻孔周围，每次可产出20～40个幼虫。1只雌蝇在数日内能产出500～600个幼虫，产完幼虫后死亡。幼虫爬入羊鼻腔内，以口前钩固着于鼻黏膜上，逐渐向鼻腔深部移行到鼻腔、额窦或鼻窦内（少数能进入颅腔内）寄生9—10个月，经过2次蜕化变为第二期幼虫，侵入的幼虫仅10%～20%能发育成熟。翌年的春天，发育成熟的第二期幼虫由深部向浅部移行，当病羊打喷嚏时，幼虫即被喷落地面，钻入土内或羊粪内变为蛹。蛹期1—2个月，羽化为成蝇。成蝇寿命为2～3周。在温暖地区1年可繁殖2代，在寒冷地区每年繁殖1代（图6-37）。

图6-36 羊鼻蝇的幼虫

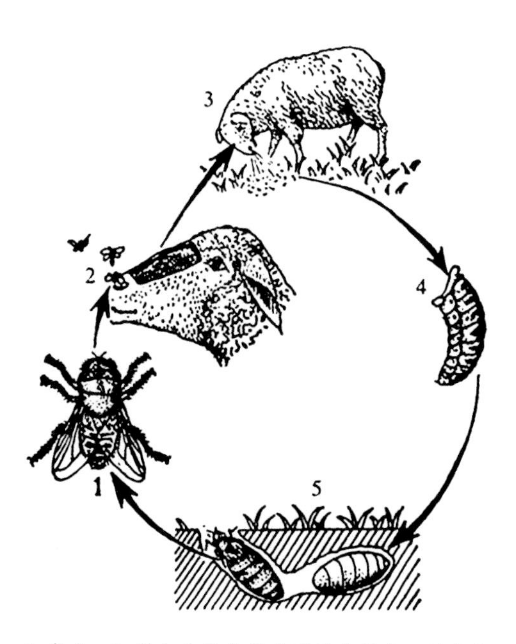

1. 成虫；2. 成虫飞至羊鼻孔周围产幼虫，幼虫爬进鼻腔浅表；3. 成熟幼虫借羊打喷嚏而落到地上；4.，5. 成熟幼虫钻入泥土内变为蛹，并羽化为成虫

图6-37 羊鼻蝇的生活史

【临床症状】 羊鼻蝇幼虫进入羊鼻腔、额窦及鼻窦后（图 6-38），在其移行过程中，由于体表小刺和口前钩损伤黏膜引起鼻炎，可见羊流出多量鼻液，鼻液初为浆液性，后为黏液性和脓性，有时混有血液。当大量鼻液干涸在鼻孔周围形成硬痂时，使羊发生呼吸困难。此外，可见病羊表现不安，打喷嚏，时常摇头，摩鼻，眼睑水肿，流泪，食欲减退，日渐消瘦。症状表现可因幼虫在鼻腔内的发育期不同而持续数月。通常感染不久呈急性表现，以后逐渐好转，到幼虫寄生的晚期，则疾病表现更为剧烈。有时，当个别幼虫颅腔损伤了脑膜或因鼻窦发炎而波及脑膜时，可引起神经症状，病羊运动失调，旋转运动，头弯向一侧或发生麻痹。最后病羊食欲废绝，因极度衰竭而死亡。

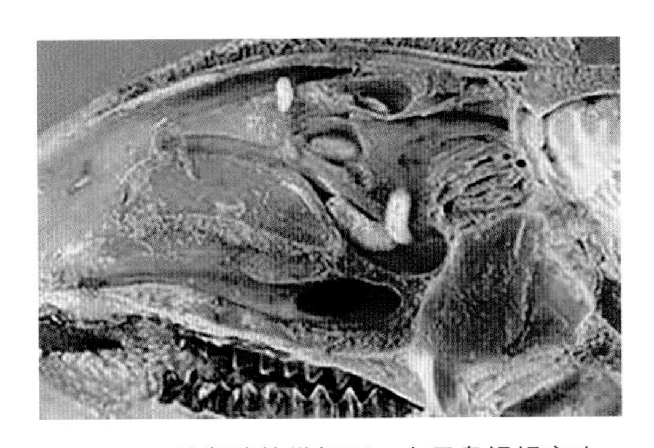

图 6-38　羊鼻腔的纵切面，大量鼻蝇蛆寄生

【防控措施】 本病应以消灭第一期幼虫为主要措施。各地可根据不同气候条件和羊鼻蝇的发育情况，确定防治的时间，一般在每年 11 月进行为宜。治疗可选用以下药物。

（1）伊维菌素或阿维菌素　每千克体重 0.2 毫克，配成 1% 溶液皮下注射。

（2）氯氰柳胺　每千克体重 5 毫克，口服；或每千克体重 2.5 毫克，皮下注射。

十四、疥螨病

羊疥螨病是由疥螨寄生于羊皮肤内所引起的一种慢性皮肤寄生虫病，山羊多发。

【虫体特征及生活史】 虫体呈圆形，微黄白色，背面隆起，腹面扁平，雌螨体长 0.33 ~ 0.45 毫米，雄螨体长 0.2 ~ 0.23 毫米，背胸部有 2 对足，背腹部也有 2 对足。卵呈椭圆形（图 6-39）。发育经卵、幼虫、若虫、成虫 4 个阶段，疥螨钻进宿主表皮挖凿隧道并在其内繁殖，雌虫在隧道内产卵（产 40 ~ 50 个卵），卵孵化为幼虫，幼虫爬出皮肤表面开凿小穴，在里面蜕化为若虫，若虫钻入皮肤，形成狭而浅的隧道并在其内蜕化为成虫，雄虫交配后死亡，寿命 4 ~ 5 周，疥螨的整个发育过程为 8 ~ 22 天。健康羊进入有螨病的羊圈或与病羊接触均能感染，螨在幼羔身上比在成年羊身上繁殖快。

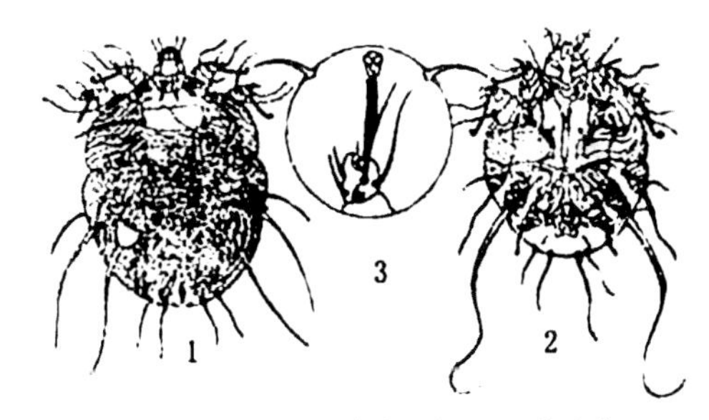

1. 雌虫（腹面）；2. 雄虫（腹面）；3. 跗节吸盘

图 6-39　羊疥螨

【临床症状】

（1）山羊　通常发生于嘴唇、鼻面、眼圈、耳根皮肤，病羊感觉奇痒。皮肤发红、肥厚，继而出现丘疹、水疱，而后形成痂皮。龟裂多发生在唇、口角、耳根、四肢弯曲面。严重时病羊消瘦，放牧时落后于羊群，

虫体遍及全身，嘴被疮痂所盖，不能张口，食欲废绝，山羊羔常因此而饿死。

（2）绵羊 开始时发生于嘴唇、口角附近、鼻边缘和耳根部。严重时蔓延至整个头、颈部皮肤，因患部淋巴液渗出增多，故有“水骚”之称。病变干涸如石灰，故有石灰头之称。臀背、尾部长毛处因擦痒羊毛脱落而露出皮肤，发红、肿胀、发热，有血清渗出，感染细菌则化脓，不久结成黄色痂皮，并不断扩大。皮肤变厚皱缩，表现奇痒，显出疯狂擦痒状。眼睑肿胀，畏光，流泪。

【预防措施】 经常注意观察羊群有无擦痒脱毛现象，若有，及时挑出隔离检查并予以治疗。

平时注意羊圈、用具的清洁卫生和干燥通风，羊群不要过密。从外地购进新羊应经检查无螨后方可合群。

定期对羊进行药浴（绵羊须在剪毛后进行）。

【治疗方法】 疥螨寄生于皮肤内层，痒螨寄生于皮肤表层，应确诊后再用药。病羊多时，先以少数试验治疗以鉴定药效和安全性。用药前应先剪去局部周围的毛，洗去污垢痂皮（用温肥皂水、2% 来苏尔溶液或草木灰水），擦干后再涂药，一次涂药的面积不得超过体表面积的 1/3。因用药能杀死螨虫而不能杀死虫卵，因此隔 5 ~ 7 天应再用药 1 次。治疗过的羊不应放在有螨污染的环境中。

治疗可用 0.1% 伊力佳，每千克体重 0.2 毫升，皮下注射，隔 10 天注射 1 次，连用 2 ~ 3 次。

或用纯滴滴涕 1 份、煤油 9 份混合，再取来 3% 来苏尔溶液 1 份、水 19 份混合，用时将两液混合振荡后涂擦。

或将松馏油 1 份、升华硫 1 份、软肥皂 2 份、95% 酒精 2 份，按顺序混合后涂擦患部。

用杀虫醚（有 20% 水剂、50% 水剂、50% 乳剂、20% 粉剂）配成 0.1% ~ 0.2% 水溶液，或用氧硫磷 0.02% ~ 0.03% 水溶液、蝇毒磷 0.25% 水溶液等药浴病羊。

十五、痒螨病

羊痒螨病是由痒螨寄生于羊只皮肤所引起的一种慢性皮肤寄生虫病，绵羊多发。

【虫体特征及生活史】 虫体长圆形，长 0.5 ~ 0.9 毫米，肉眼可见。雄虫前 3 对足有吸盘，第四对足特别短，无吸盘和刚毛。雌虫第一、第二、第四对足有吸盘，第三对足各有 2 根刚毛。寄生于皮肤表面，不在表皮挖隧道，终生寄生在动物体上（图 6-40）。瘦弱和皮肤抵抗力差时易感，营养良好、抵抗力强时则不易感染，冬季、阴暗潮湿、羊群拥挤时发病严重，夏季不利于痒螨发育。

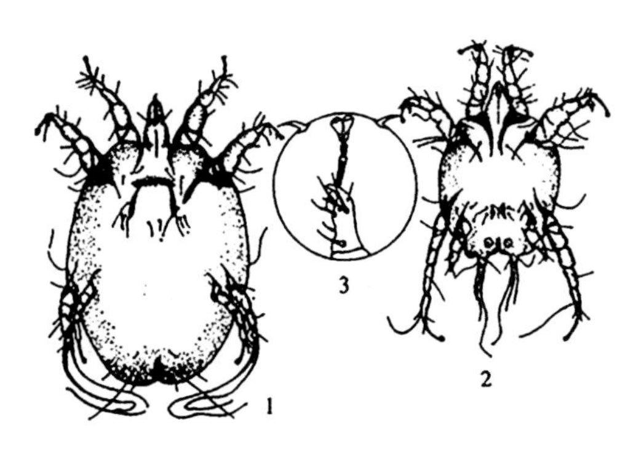

1. 雌虫（腹面）；2. 雄虫（腹面）；3. 跗节吸盘

图 6-40 羊痒螨

【临床症状】

（1）绵羊 多发生于长毛部位，开始于背、臀部，很快蔓延至体侧，先发奇痒，常在木柱、墙壁上摩擦，或用后肢抓患部。患部皮肤初有针尖大至粟粒大的结节，继而形成水疱、脓疱，渗出液增多，皮肤表面湿润，最后结成浅黄色脂样痂皮。有些皮肤变厚，腹下毛结成束，并逐渐大批脱落甚至落光。呈现贫血，严重时引起大批死亡。

（2）山羊 多发生在耳壳内，患部形成硬实的紧贴于皮肤的黄白色痂皮块，炎症常蔓延至外耳道，病羊感觉发痒，常摇动耳朵，并在硬物上摩擦。食欲不佳，严重时可引起死亡。

【防控措施】 参见疥螨病。

十六、蠕形螨病

羊蠕形螨病又称羊毛囊虫病、脂螨病，是由蠕形螨寄生引起的一种慢性皮肤寄生虫病。

【虫体特征及生活史】虫身细长，头部有口器和1对脚触器，胸部4条短腿。体长0.25～0.3毫米，宽0.01毫米。寄生于毛囊和皮脂腺内，雌虫产卵，卵孵化出有3对腿的幼虫，再蜕化为若虫，再第二次蜕皮变为成虫（图6-41）。通过接触传染，被污染的用具也能传播本病。

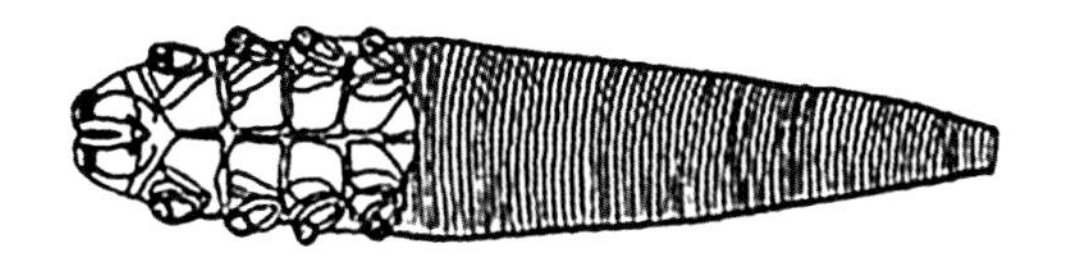

图6-41 羊蠕形螨

【临床症状】 以山羊蠕形螨病更为常见，可见病羊肩胛、四肢、颈、腹等处有许多圆形和椭圆形突出的白色结节或脓疱，小的如尖针大，大者直径可达1厘米。严重感染可致消瘦、贫血。

【预防措施】 避免与病羊接触，隔离病羊，认真消毒圈舍、用具及病羊活动场所。

【治疗方法】 用14%碘酊涂擦患部，共用6～8次。

用5%福尔马林浸涂患部5分钟，每隔3日使用1次，共用5～6次。

用安息香酸甲苯33毫升、软肥皂16克、95%酒精51毫升混合后涂擦患部，隔日1次。

用1%台盼蓝溶液（每千克体重0.5～1毫升）静脉注射，每隔6天使用1次，共用2～3次。病情严重时可用青霉素肌内注射。

十七、虱 病

【虫体特征及生活史】 虱是体表寄生虫。吸血的虱有山羊颚虱、绵羊颚虱、绵羊足颚虱、非洲羊颚虱等，不吸血的虱（以毛、皮屑为食）有羊毛虱（图6-42）。山羊颚虱寄生于山羊体表，虫体色淡，长1.5～2毫米，头部呈细长的圆锥形，前有刺吸口器，其后方陷于胸部内。胸部略呈四角形，有足3对。腹呈长椭圆形，侧缘有长毛，气门不明显。

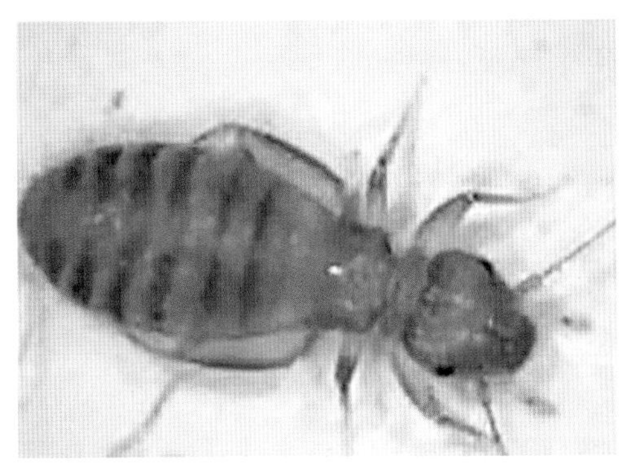

图6-42 羊毛虱

虱有卵、若虫、成虫3个发育阶段，整个发育期约1个月。成熟的雌虫一昼夜产卵1～4个，黏附在羊毛上，经2周发育为若虫，再经2～3周蜕化3次为成虫。产卵期2～3周，共产卵50～80个，随后雌虫即死亡。雄虫配种后立即死亡。每年能繁殖6～15个世代，离开羊体后1～10天死亡。本病通过病羊互相接触及经用具传播。

【临床症状】皮肤发痒，病羊啃咬、摩擦发痒处，烦躁不安，影响采食和休息。皮肤发炎，脱毛，消瘦，贫血。幼羊发育不良，产奶羊泌乳量下降。

【防控措施】搞好羊圈和周围环境的清洁卫生，保持圈舍干燥、透光、通风，平时给予羊只营养丰富的饲料以增强羊的抵抗力。对新引进的羊应加以检查并注意观察，以便能及早发现虱，并隔离治疗，防止蔓延，并对羊舍、用具及场地用热氢氧化钠溶液或开水烫洗以杀灭虱卵。对羊体灭虱可采取洗刷、喷洒和药浴法（参见灭螨疗法）。

十八、蜱　病

蜱是羊体表的一种寄生虫，俗称草爬子、八脚子、狗豆子，属于不完全变态节肢动物。它们寄生在羊的体表，吸取羊体血液，引起羊只贫血，同时其分泌的神经毒素进入羊体内，引起羊的神经传导功能障碍，呈现肌肉麻痹和衰竭死亡。同时，蜱还能传播多种疾病，是一些人兽共患病的传播媒介和贮存宿主。

【虫体特征及生活史】病原体分为硬蜱（图6-43、图6-44）和软蜱（图6-45、图6-46）。硬蜱多生活在森林、灌木丛、开阔的牧场、草原、山地的泥土中。软蜱多栖息于家畜的圈舍、野生动物的洞穴、鸟巢及房屋的缝隙中，繁殖能力强。成虫体形似“蜘蛛”，为椭圆形，未吸血时腹背扁平，背面稍隆起，体长2～10毫米；饱血后胀大如赤豆或蓖麻子状，大者可长达30毫米。虫体分颚体和躯体两部分。

图6-43　硬蜱（1）

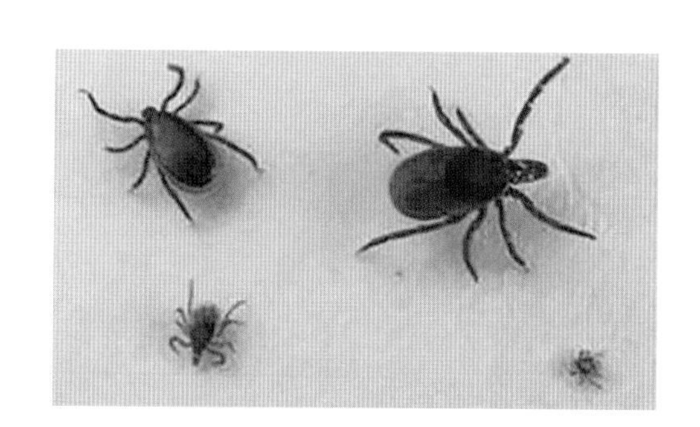

图6-44　硬蜱(2)

图6-45　软蜱(1)

图 6-46　软蜱 (2)

蜱为不完全变态，发育分为卵、幼虫、若虫、成虫阶段，在动物体上交配，然后落地产卵，一生产卵 1 次，产卵数达上千或上万个，卵小、呈圆形褐色，自卵至成虫发育需 1 ～ 12 个月，吸血后离开畜体隐蔽于洞穴或隙缝中，需吸血时再爬上畜体。

【临床症状】 蜱侵袭羊体后，多趴在羊体毛短的部位叮咬，如嘴巴、眼皮、耳朵、前后肢内侧、阴户等处，影响羊只采食。由于对皮肤机械性损伤造成的剧痒和创痛，可使羊骚扰不安，造成局部损伤、组织水肿、出血和皮肤肥厚。有的还可继发细菌感染引起化脓、肿胀和蜂窝组织炎等。当幼羊被大量硬蜱侵袭时，由于被过量吸血，加之硬蜱唾液内的毒素进入机体后破坏造血器官，溶解红细胞，形成恶性贫血，使血液有形成分急剧下降。此外，由于硬蜱唾液内的毒素作用，有时还可出现神经症状及麻痹，造成"蜱瘫痪"。另外，在吸血的同时将毒素随唾液注入宿主体内，对宿主机体造成毒害。这种损伤和毒害在虫体大量长期寄生时，可引起家畜体质衰弱、贫血、发育不良及日趋消瘦。部分妊娠羊流产，羔羊与分娩后的母羊死亡率很高。蜱也是家畜各种血孢子虫病的传播者，还能传播细菌性、病毒性疾病。

【预防措施】

（1）机械除蜱　可用镊子将虫体夹住后慢慢取出，这种方法可能会弄破蜱，使蜱体内的液体流出而造成污染，幼虫、若虫也常被漏掉。在拔出蜱的过程中口器很容易断在羊体内。

（2）圈舍除蜱　消灭圈舍内的蜱。有些蜱可在圈舍的墙壁、缝隙、洞穴中栖息。可选用灭蜱药物定期喷洒或粉刷后，再用水泥、石灰等堵塞缝隙和洞穴。

（3）环境除蜱　消灭大自然中的蜱。采取轮牧，相隔 1 ～ 2 年时间，牧地上的成虫即可灭亡。

【治疗方法】

（1）西药治疗　注射伊维菌素或阿维菌素针剂效果很好，剂量为每千克体重 0.2 ～ 0.3 毫克，间隔 1 周重复 1 次，皮下注射，药物残留小，环境污染小。

（2）药浴　用二嗪农 0.025% ～ 0.075% 药液药浴，乳汁废弃 3 天，休药期 14 天。也可选用 0.05% 双甲脒溶液、0.1% 马拉硫磷溶液、0.1% 新硫磷溶液药浴。

十九、泰勒焦虫病

羊泰勒焦虫病是由绵羊泰勒焦虫引起的一种血液原虫病。

【虫体特征及生活史】 泰勒焦虫形态不一，圆形（直径 0.6 ～ 2 微米）、卵圆形（直径 1.6 微米）者占 80%，杆状占 18%，边虫型占 2%，1 个红细胞内可寄生 1 ～ 4 个，红细胞感染率不到 2%。由蜱传播，春夏之交引起大量死亡。发病季节为 3 ～ 5 月，以 4—5 月上旬为发病高峰，5 月下旬停止，发病率以 1—4 月龄羔羊和 1 ～ 2 岁羊最高，成年羊发病较少。

【临床症状】 病羊初期体温升高达40 ~ 42℃，稽留热型。脉搏、呼吸加快，且呼吸困难，精神沉郁，低头耷耳，喜卧地。食欲减退，先便秘后腹泻，粪便内混有黏液或血液。眼睑水肿，可视黏膜充血，继而苍白贫血并带有黄疸（图 6-47），部分羊只有小点状出血，严重者在皮肤薄软的大腿内侧、乳房、阴囊等处有出血点。体表淋巴结肿大，肩前淋巴结肿大尤为明显。病程 6 ~ 15 天，急性病例常在发病的 2 ~ 3 天内死亡。

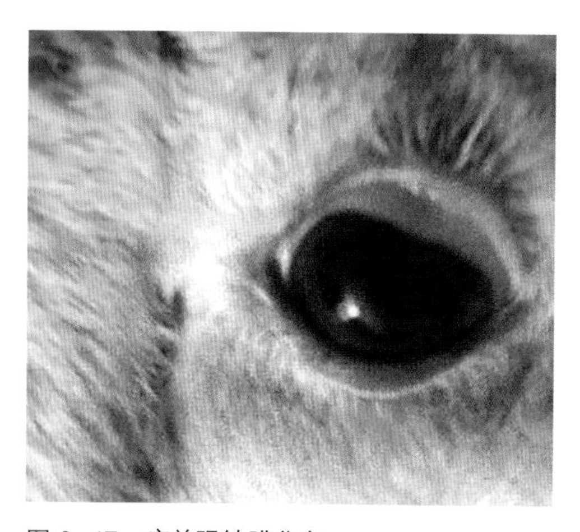

图 6-47　病羊眼结膜贫血

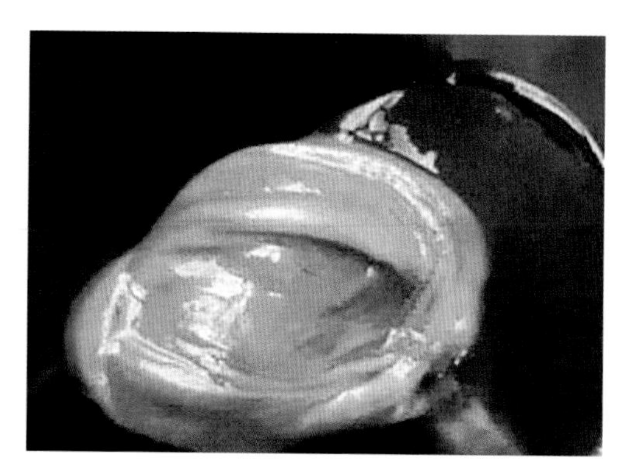

图 6-48　病羊肝脏肿大

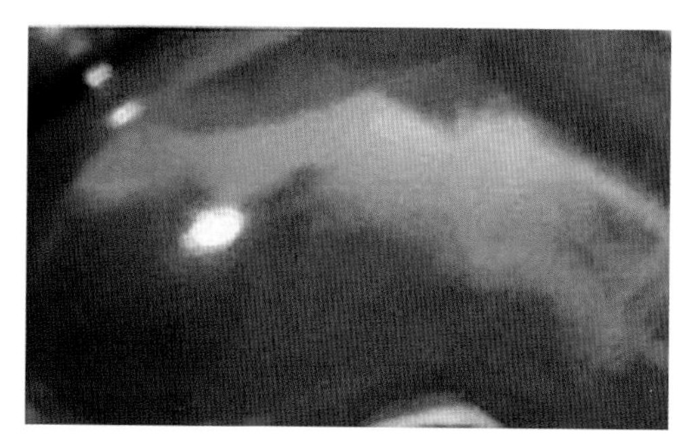

图 6-49　病羊肾脏充血、水肿

【病理变化】 病羊尸体外观消瘦，被毛无光泽；血液稀薄，凝固不良，皮下脂肪有点状出血。全身淋巴结呈不同程度的肿大，尤以肩前、肠系膜等处较为显著，切面充血、出血；肝脏、脾脏及胆囊肿大（图 6-48、图 6-49），肝脏呈黄色，胆汁浓稠。肾脏呈黄褐色，有点状出血。

【预防措施】 灭蜱是防治本病的首要内容之一，切断传播途径，避免和消灭蜱的侵袭。

（1）羊体灭蜱　在发病季节要经常检查羊体，尤其是放牧回来时，发现羊体有蜱寄生要及时摘除处死。定期用 0.025 ~ 0.05 双甲脒或 0.2% ~ 0.5% 敌百虫溶液等药浴、喷洒、涂刷羊体。

（2）圈舍灭蜱　在蜱活动的季节，定期或不定期对圈舍、运动场等用灭蜱药液喷洒，特别是圈舍墙缝、地面缝隙处等须彻底喷洒。

（3）药物预防　在发病季节，对羊群用贝尼尔按每千克体重 3 毫克剂量稀释成 5% 溶液深部肌内注射进行预防。

【治疗方法】

（1）黄色素　每千克体重 2 ~ 3 毫克，用蒸馏水或生理盐水配成 0.5% ~ 1% 溶液静脉注射，必要时隔 1 ~ 2 天再重复注射 1 次。病羊在治疗后数日内须避免阳光照射，注射时切忌将药液漏到血管外。

（2）贝尼尔（三氮咪、血虫净）　每

千克体重5毫克，用安乃近或安痛定稀释，深部肌内分点注射，每日1次，连用2～3天。

对病情较重羊加强护理，进行强心、补液、健胃、清肝利胆等对症治疗，严重贫血补给维生素B_{12}和硫酸亚铁等抗贫血药物，以提高治愈率。

二十、弓形虫病

羊弓形虫病也称羊弓浆虫病，是由龚地弓形虫所引起的人兽共患寄生虫病。猫、豹、猞猁等一些猫科动物为终末宿主（也可为中间宿主），人和哺乳动物及鸟类为中间宿主，病原除在中间宿主与终末宿主之间循环传递之外，也可在中间宿主范围内相互进行水平传播。其感染途径包括经口感染、经胎盘感染及通过宿主受损的皮肤、黏膜发生感染。本病特征为病羊流产、产死胎。

【虫体特征及生活史】 根据弓形虫的不同发育阶段，虫体分为5型。速殖子和包囊出现在中间宿主体内，裂殖体、配子体和卵囊则只出现在终末宿主的发育阶段。

（1）速殖子（滋养体） 主要见于急性病例。典型的游离速殖子呈香蕉形或新月形，大小为（4～7）微米×（2～4）微米，一端较尖，另一端钝圆，虫体中央稍偏钝端有一染色质核，核胞质内有时可见到数量不等的空泡或大小不一的颗粒。速殖子在宿主细胞（主要是网状内皮细胞）的胞质内反复进行内双芽增殖，结果形成内含数个至数十个速殖子的包囊。由于此包囊的膜是由宿主细胞构成的，故称为假囊，假囊内的速殖子则被称为虫体集落。集落内正在繁殖的虫体形状是多种多样的，可呈圆形、卵圆形、柠檬形和正在出芽的不规则形状。

（2）包囊（组织囊） 见于慢性病例或隐性感染病例。主要寄生于脑、骨骼肌、视网膜、心脏、肺脏、肝脏及肾脏等处。包囊在上述组织中呈圆形或卵圆形，有较厚且富有弹性的囊膜。囊中含有数十个至数千个慢殖子。慢殖子的形态与速殖子相似，仅核的位置稍偏后。慢殖子在包囊内也可以内双芽增殖的方式缓慢地进行繁殖。包囊型虫体可在宿主体内长期寄生，甚至伴随宿主终生。

（3）裂殖体 为猫及猫科动物肠上皮细胞内进行裂体增殖阶段的虫体。1个裂殖体内可以形成许多裂殖子。游离的裂殖子大小为（7～10）微米×（2.5～3.5）微米，前端尖，后端钝圆，核呈卵圆形，常靠近虫体后端。

（4）配子体 是继裂殖体增殖后在终末宿主肠上皮细胞内进行有性繁殖阶段的虫体。小配子体色淡，核疏松，后期分裂形成许多小配子；大配子体核致密，较小，含有着色明显的颗粒，后期分裂形成大配子。

（5）卵囊 未孢子化的卵囊呈圆形或近圆形，直径10～12微米。囊壁两层，无色，无卵膜孔和极粒。自猫体内排出后，经1～5天发育为孢子化卵囊。此时卵囊内形成2个孢子囊，孢子囊大小为6微米×8微米，其内含有4个香蕉状的子孢子。

弓形虫在发育过程中需要2个类型的宿主，在终末宿主猫及某些猫科动物体内进行等孢球虫相发育，在中间宿主体内进行弓形虫相发育。

猫吞食了弓形虫的包囊、假囊及已成

熟的卵囊后，慢殖子、速殖子或子孢子进入消化道侵入上皮细胞，开始进行等孢球虫相的发育和繁殖。首先通过裂体生殖进行繁殖，其产生的裂殖子到一定阶段后又发育成为配子体（大、小配子），进行配子生殖，形成卵囊。卵囊随粪便排出体外，在外界适宜条件下，经 2 ~ 4 天发育为感染性卵囊（孢子化卵囊）。

中间宿主动物种类繁多（包括羊在内）。弓形虫的卵囊、包囊及速殖子经口或受损的皮肤、黏膜侵入中间宿主体内后，通过淋巴、血液循环进入有核细胞，在有核细胞的胞质内主要以内出芽的方式进行繁殖，形成假囊，当宿主细胞被破坏后，释放出的速殖子又进入新的有核细胞内继续繁殖。经过一定时间的繁殖后，转入神经、肌肉组织和一些脏器内形成包囊型虫体。

【临床症状和病理变化】 大多数成年羊呈隐性感染，主要表现为妊娠羊常于正常分娩前 4 ~ 6 周出现流产（图 6-50），其他症状不不明显。流产时，有 1/2 者胎膜有病变，绒毛叶呈暗红色，在绒毛中间有许多直径为 1 ~ 2 毫米的白色坏死灶。产出的死羔皮下水肿（图 6-51），体腔内有过多的液体，肠内充血，脑尤其是小脑前部有广泛性非炎症性小坏死点。此外，在流产组织内可发现弓形虫。

少数病例可出现神经系统和呼吸系统症状，表现呼吸困难，咳嗽，流泪，流涎，有鼻液，走路摇摆，运动失调，视力障碍，心跳加快，体温达 41℃以上，呈稽留热，腹泻等。

剖检可见淋巴结肿大，边缘有小结节，肺脏表面有散在的小出血点，胸、腹腔有积液。此时，肝脏、肺脏、脾脏、淋巴结涂片检查可见弓形虫速殖子。

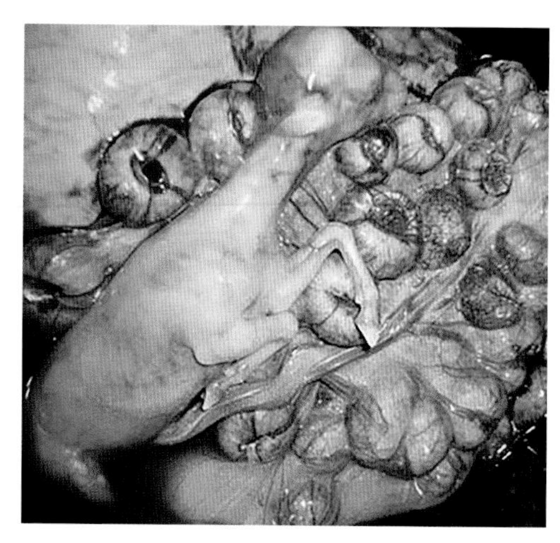

图 6-50　妊娠羊流产

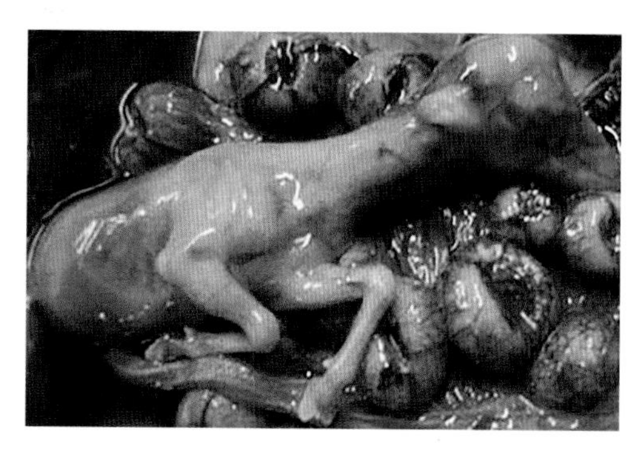

图 6-51　患病母羊产出的死羔皮下水肿

【预防措施】 做好羊舍卫生工作，定期消毒。饲草、饲料和饮水严禁被猫的排泄物污染。对羊的流产胎儿及其他排泄物要进行无害化处理，流产的场地也应严格消毒。死于本病或疑为本病的畜尸，要严格处理，以防污染环境或被猫及其他动物吞食。

【治疗方法】 对急性病例可应用磺胺类药物，与甲氧苄啶联合使用效果更好，也可使用四环素类药物和螺旋霉素等。但上述药物通常不能杀灭包囊内的慢殖子。

（1）磺胺嘧啶＋甲氧苄啶　前者每千克体重 70 毫克，后者每千克体重 14 毫克，口服，每日 2 次，连用 3 ~ 4 天。

（2）磺胺甲氧吡嗪＋甲氧苄啶　前者剂量为每千克体重 30 毫克，后者剂量为每千克体重 10 毫克，口服，每日 1 次，连用 3 ~ 4 天。

（3）磺胺 -6- 甲氧嘧啶　每千克体重 60 ~ 100 毫克，或配合甲氧苄啶（每千克体重 14 毫克），口服，每日 1 次，连用 4 天，可迅速改善临床症状，并有效阻抑速殖子在体内形成包囊。

二十一、球虫病

羊球虫病是由艾美耳属的多种球虫寄生于绵羊或山羊的肠道上皮细胞内所致的寄生虫病。发病后可引起急性或慢性肠炎、消瘦、贫血和发育不良，严重的可造成羊只死亡，本病对羔羊危害较大。

寄生于绵羊或山羊的球虫种类较多，绵羊球虫中以阿撒他艾美耳球虫致病力最强，绵羊艾美耳球虫和小艾美耳球虫有中等致病力，浮氏艾美耳球虫有一定的致病力；山羊球虫中雅氏艾美耳球虫致病力最强，阿氏艾美耳球虫有中等或轻微的致病力。

球虫的卵囊呈近圆形、卵圆形或椭圆形，其孢子化卵囊内含有 4 个孢子囊，每个孢子囊内有 2 个子孢子。

羊因吞食了球虫的孢子化卵囊而感染，子孢子侵入肠上皮细胞内，首先进行无性的裂体增殖，继而进行有性的配子生殖并形成卵囊，卵囊随粪便排于外界，在适宜的温度、湿度条件下，经 2 ~ 3 天完成孢子生殖过程，形成孢子化卵囊即具感染性。羊球虫的发育因种类不同，其潜伏期、寄生部位、裂体生殖的代数等方面有所差异。

本病多见于春、夏、秋三季，冬季不利于球虫卵囊的发育而较少发病。

【临床症状】 发病依感染的球虫种类、感染强度、羊只的年龄、机体的抵抗力及饲养管理条件不同而表现急性或慢性过程。急性型多见于 1 岁以下的羔羊，可见食欲减退或废绝，精神不振，腹泻，粪便中常带血，气味恶臭。体温有时升至 40 ~ 41℃，迅速消瘦、贫血，并可因极度衰竭而死亡。慢性型表现长期腹泻、渐进性贫血、消瘦、发育迟缓。

【病理变化】 可见尸体消瘦，后肢及尾部常有稀便污染。肠黏膜普遍充血并呈斑点状、带状出血（图 6-52），肠黏膜和浆膜面上有数量不等的粟粒大至豌豆大小的淡白色或黄色球虫结节，常成簇分布（图 6-53）。肠系膜淋巴结炎性肿大（图 6-54）。小肠的绒毛上皮固有膜及腺窝等被严重破坏，肠黏膜上皮细胞透明、变性。

图 6-52　病羊肠道出血，浆膜面有灰白色病灶

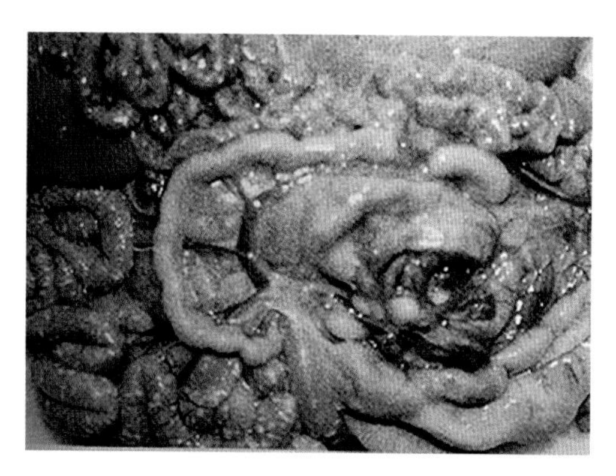

图 6-53　病羊肠系膜上的球虫结节

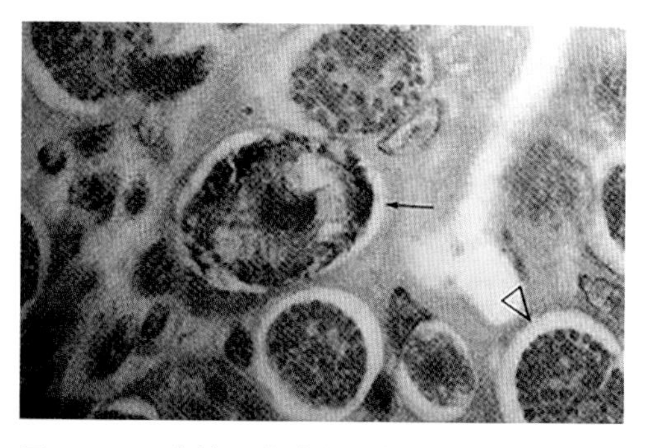

图 6-54　病羊肠道黏膜上有卵圆形结节

【预防措施】 注意做好圈舍、饲料和饮水的卫生工作，防止病原感染。加强饲养管理，提高羊只的抗病能力。在发病地区应及时进行药物预防。

【治疗方法】

（1）氨丙啉　每千克体重 20 ~ 30 毫克，口服，每日 1 次，连用 14 ~ 19 天。

（2）莫能菌素　每千克体重 20 ~ 30 毫克，混饲，连喂 2 ~ 10 天。

（3）盐霉素　每千克体重 20 ~ 30 毫克，混饲，连喂 7 ~ 10 天。

（4）磺胺二甲嘧啶　每千克体重 100 毫克，口服，每日 1 次，连用 3 ~ 4 天。

第七章　羊中毒性疾病的防控技术

一、有机磷农药中毒

甲拌磷、对硫磷、内吸磷、乐果、敌百虫、马拉硫磷和乙硫磷等有机磷农药是农业上常用的杀虫剂，常引起家畜中毒。

【病因分析】 主要原因是误食喷洒有机磷农药的蔬菜或庄稼，误饮被有机磷农药污染的饮水，误用配制农药的容器当作料槽或水桶为羊群喂料饮水，滥用农药驱虫或被人为投毒等。

【临床症状】 羊只中毒症状较轻时，表现食欲不振，无力，流涎。羊只中毒症状较重时呼吸困难，兴奋不安，腹痛，肌肉震颤，眼球震颤，瞳孔缩小。严重中毒时食欲和反刍停止，粪便稀薄呈水样，唾液、鼻液、汗液等分泌增加，结膜发绀，磨牙，心跳加快，气喘，甚至因呼吸麻痹而死亡。

【病理变化】 胃肠黏膜充血、出血、肿胀（图 7-1，图 7-2），胃黏膜脱落；胃内容物有大蒜臭味。若病程稍久，所有黏膜呈暗紫色，内脏器官出血，肝脏、脾脏肿大，肾脏浑浊肿胀，包膜不易剥离。肺脏水肿，支气管内有多量泡沫。

图 7-1　病羊瓣胃黏膜充血、出血

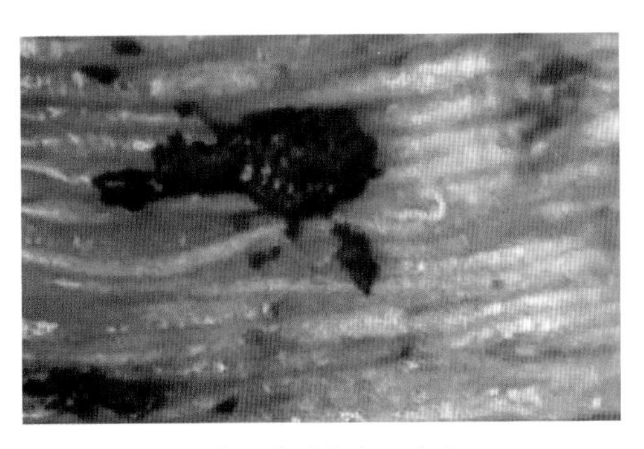

图 7-2　病羊皱胃黏膜充血、出血

【预防措施】 加强对有机磷农药的保管和贮藏。口服、外用药要合理，杀虫要掌握药的用量、用法。严禁到喷洒过农药的田间、地头放牧，在喷过农药的田地设立标志，在 7 天内不准食用其内杂草。有机磷农药厂的废水要经过处理，防止羊误饮中毒。

【治疗方法】 中毒时可紧急使用阿托品与解磷定进行治疗。使用 1% 阿托品注射液 1 ~ 2 毫升，皮下注射，每隔 1 ~ 2 小时用药 1 次，可使症状明显减轻。在此治疗基础上，配合使用解磷定，每千克体重 10 ~ 45 毫克，溶于生理盐水中静脉注射，半小时后如不好转可再用药 1 次。另外，还可用双复磷，剂量为每千克体重

10 ~ 20毫克。同时，进行全身补液、补充维生素C等对症治疗。

二、有机氯农药中毒

有机氯农药为应用较广的农药之一，如氯丹、艾氏剂和七氯等，常用来防治农作物害虫。由于其残毒性强，故可因蓄积作用而危害人、畜、禽。目前国内外都控制或停止生产和使用有机氯制剂。

【病因分析】一是羊采食了喷洒有机氯农药不久的农作物、蔬菜和饲草等发生中毒。二是有机氯农药保管和使用不当，污染了饲草、饲料和饮水，羊因误食、误饮而中毒。三是用有机氯药物杀灭体外寄生虫时，在体表涂撒面积过大或药物浓度配制过高，有机氯经皮肤吸收，或羊只相互舔食而中毒。

【临床症状】有机氯农药是神经毒，又是一种肝毒。羊发生急性中毒后主要表现精神萎靡，食欲减少或废绝，口吐白沫，呕吐，心悸亢进，呼吸加快，行动缓慢，呆立不动。中枢神经兴奋而引起骨骼肌颤动，逐渐表现运动失调，痉挛，步态不稳。经1 ~ 2小时流涎停止，四肢无力，倒地，心律失常，呻吟，逆呕，眼球震颤，体表肌肉抽动，以后四肢麻痹，多于12 ~ 24小时内因呼吸中枢衰竭而死亡。轻度中毒者，食欲减少，逐渐消瘦；突然发病者，局部肌肉震颤，四肢行动不便，衰弱无力，甚至后躯麻痹。发生慢性胃肠炎，排出稀便。

【病理变化】急性中毒病例病变不明显，仅有内脏器官的瘀血、出血和全身小点状出血。慢性中毒病例，剖检可见皮下组织和全身各组织器官黄染，体表淋巴结水肿、色泽黑紫；肝脏、脾脏、肾脏肿大（图7-3），肝小叶中心坏死；肺脏瘀血、水肿、气肿（图7-4）。组织学变化为肝细胞颗粒样变性和脂肪变性，肝小叶中心的细胞坏死。脑组织血管周围水肿，神经细胞、肾小管上皮样细胞变性、坏死。

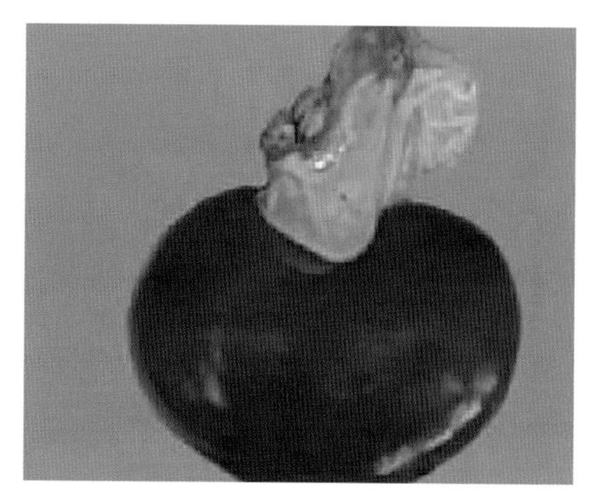

图7-3　病羊肾脏肿大

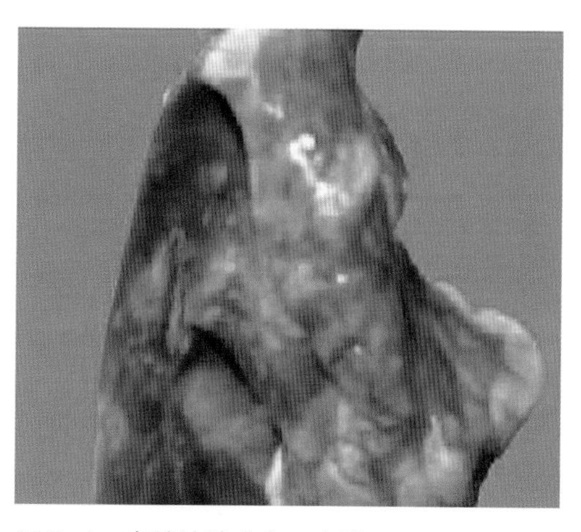

图7-4　病羊肺脏瘀血、水肿

【预防措施】严禁用喷洒过有机氯制剂的谷物、饲草喂羊。妥善保管有机氯农药。用有机氯农药防病灭虫时，应打开门窗，让药气消散，以防发生中毒。

【治疗方法】切断毒物继续进入体内的途径，防止毒物的继续吸收，了解毒物的性质，采取相应措施。皮肤吸收有机氯制剂中毒时，可用5%碱水或温肥皂水彻底清洗畜体，尽早清除皮肤上的毒物。经消化道吸收中毒者，可采用洗胃和灌服盐类泻剂的方法，以排出胃内毒物。用硫酸镁或硫酸钠20～50克，加水200毫升，灌服。禁用油类泻剂。

促进毒物排出，保护肝脏，解除酸中毒，增强机体抵抗力。

口服石灰水等碱性药物可破坏其毒性，可用生石灰500克，加水1 000毫升，搅拌澄清，服用澄清液300～500毫升。缓解痉挛可用巴比妥类药物，每千克体重25毫克，肌内注射。对症治疗可注射高渗葡萄糖注射液，有出血时可注射维生素C和维生素K注射液。

三、氟中毒

有机氟化物是广泛使用的农药之一，如氟乙酸钠、氟乙酰胺，由于具有合成简单、价格便宜、无色无味等特点，因此在有些地方还在用于杀鼠和杀虫。畜禽常因误食毒饵或被氟污染的牧草或饲料而中毒。

【病因分析】 氟中毒分为急性和慢性2种，急性氟中毒多因吸入含氟气体，误食有机氟农药（如氟乙酰胺）等引起。慢性氟中毒多因长期饮用含氟量高的水，长期饲喂沾染无机氟的牧草或混有无机氟的矿物质饲料添加剂所致，主要见于土壤含氟量高的地区或工厂（炼铝厂、磷肥厂、陶瓷厂）附近。

【临床症状】

（1）急性型　病羊死前无明显的前驱症状，中毒后9～18小时突然倒地并剧烈抽搐、惊厥或角弓反张，肌肉震颤，瞳孔散大，敏感，而后迅速死亡。

（2）慢性型　病羊生长缓慢，仅表现食欲减退，不反刍，不合群，靠墙站立或卧地不起，有的可逐渐康复，有的则在卧地后不久即死亡。严重病例骨骼变形，牙齿失去光泽，呈黄色或黄白色、黑色。颌骨、掌骨、跖骨变粗，出现骨瘤，肋骨上有不规则膨大。

【病理变化】 剖检可见心肌变性、心内膜有出血斑，脑软膜充血、出血，肝脏、肾脏瘀血肿大，胃肠有卡他性炎症。

【预防措施】 禁用被有机氟污染的饲草和饮水喂羊；被该药喷洒过的农作物饲草，必须收割后贮存60天以上，使其残毒消失后才可用来喂羊。放牧要远离高氟地区。

【治疗方法】

（1）急性氟中毒　应立即采取解毒措施，可用解氟灵，每日每千克体重0.1～0.3克，肌内注射，首次用量为每日用药量的一半，每日注射3～4次，至羊的抽搐现象消退为止。亦可用乙二醇乙酰酯（醋精）20毫升溶于100毫升水中，一次口服。

（2）慢性氟中毒　在查明原因的基础上，杜绝毒源，加强饲养，补充钙质。

四、铅中毒

羊摄入过量的铅即可引起中毒，以消化功能障碍和神经紊乱为特征。

【病因分析】 一是过食含铅农药喷洒的植物和油漆污染的饲草。二是被铅矿、炼铅厂的废气、废水及公路两旁汽车尾气污染的饲草中含铅量可达395毫克/千克，羊只食过此类饲草即可中毒。

【临床症状】

（1）急性型　病羊最初表现兴奋狂躁，以头抵障碍物，视力障碍，失明，对触摸、音响敏感，肌肉震颤，磨牙。继而沉郁呆立，食欲、反刍废绝，腹痛，便秘或腹泻，稀便恶臭，咩叫。牙齿可能出现铅线。

（2）慢性型　多发于矿区3～12周龄的羔羊，表现运动障碍，后肢轻瘫，跛行，以至麻痹，妊娠羊流产。

【病理变化】剖检可见眼球混浊，部分病例出血；气管出血、肺脏水肿；心包有粉红色积液，心内、外膜均有出血点（图7–5）；肝脏大、颜色变淡，胆囊肿大；肾脏水肿、出血，部分病例膀胱出血（图7–6）；皱胃、肠黏膜脱落，严重出血；脑水肿、出血；肌肉苍白。

【预防措施】防止羊食入含铅的饲料（服用少量硫酸镁可起到预防作用），不让羊吃公路边的草，不在铅矿山、铅冶炼厂附近放牧，不用油漆用具，以防止铅中毒。

【治疗方法】对病羊可用如下治疗方法：一是用10%硫酸镁或硫酸钠溶液洗胃。二是用葡萄糖酸钙注射液10～20毫升静脉注射，每日1～2次，连用2～3天，可降低血铅含量。三是用二硫丙醇（每千克体重2.5毫克）配成10%溶液静脉注射，每4小时注射1次，连用2天。四是慢性铅中毒可用依地酸二钠钙（每千克体重110毫克）配成12.5%溶液或溶于100～500毫升5%糖盐水中静脉注射，每日2次，4次为1个疗程。五是用樟脑磺酸钠注射液5～10毫升、维生素C注射液4～8毫升、复合维生素B注射液4～8毫升皮下注射。

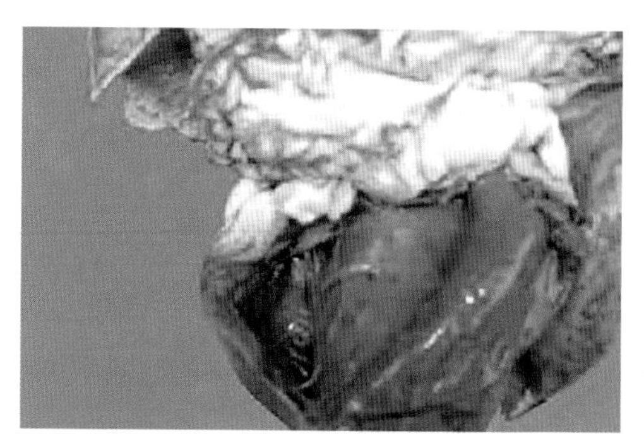

图7–5　病羊心内、外膜有出血点

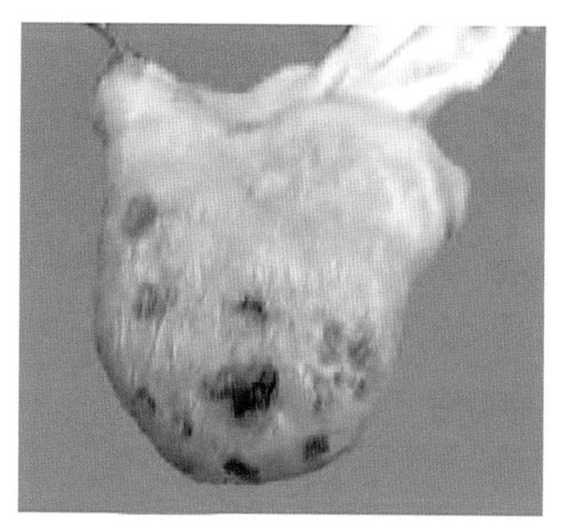

图7–6　病羊膀胱黏膜有出血点和出血斑

五、磷化锌中毒

【病因分析】人们常用磷化锌拌食饵灭鼠、灭蚤，被羊误食即可引起中毒。中毒致死量为每千克体重20～40毫克。

【临床症状】

（1）急性型　病羊沉郁发呆，体温正常或偏低，食欲、反刍逐渐停止（有的瘤胃臌气），结膜苍白，口腔黏膜呈蓝紫色、糜烂，口吐白沫，呼吸困难，心跳减慢。末期全身痉挛，继而麻痹，卧地不起，4～48小时死亡。

（2）慢性型　病羊全身虚弱，打战，呼吸困难，眩晕。

【病理变化】剖检可见胃内有毒饵（玉米），在暗处可呈现磷光，并有大蒜味；黏膜呈黑红色坏死脱落，小肠大量出血；心肌瘀血、坏死（图 7–7）；肝脏有大面积变质、坏死及白色点（图 7–8）；肾脏组织坏死、变性；肺脏瘀血、肿大，气管充满泡沫。

【预防措施】防止羊食入毒饵，牧区投放毒饵时应注意安全。

【治疗方法】对病羊抓紧治疗。可用 0.05% 高锰酸钾溶液洗胃，而后灌服 0.5% 硫酸铜溶液 5 ~ 10 毫升，每 30 分钟灌服 1 次，直至呕吐为止，同时磷化锌变成无毒的磷化铜而解毒。

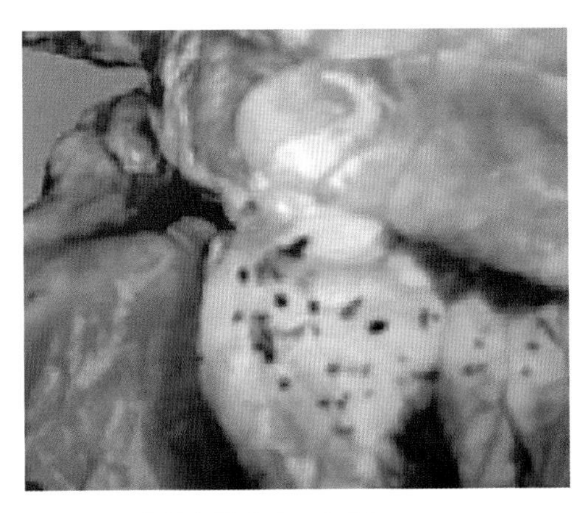
图 7–7　病羊心肌瘀血、坏死

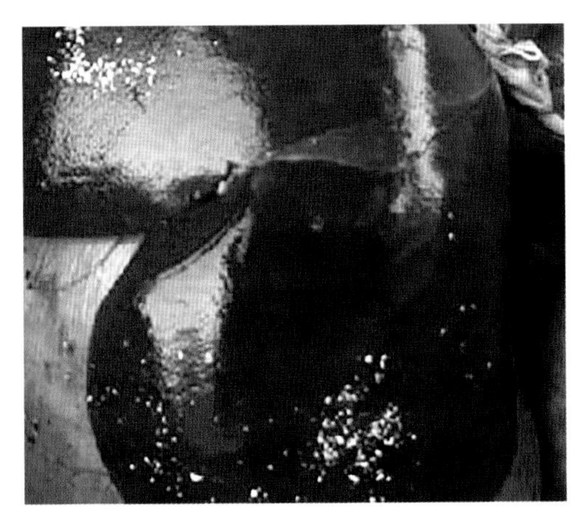
图 7–8　病羊肝脏有大面积变质、坏死及白色点

用液状石蜡 100 ~ 200 毫升，加生理盐水 1 000 毫升灌服。

用 50% 葡萄糖注射液 50 ~ 100 毫升、5% 糖盐水 250 ~ 500 毫升、5% 磷酸氢钠注射液 50 ~ 100 毫升、樟脑磺酸钠注射液 5 ~ 10 毫升，静脉注射。

六、亚硝酸盐中毒

羊亚硝酸盐中毒，是由于饲料富含硝酸盐，在饲喂前的调制中或采食后的瘤胃内产生大量的亚硝酸盐，造成高铁血红蛋白血症，导致组织缺氧而引起中毒。

【病因分析】富含硝酸盐的饲料有甜菜、萝卜、马铃薯、白菜、油菜、牧草、野菜、作物秧苗等。硝酸盐还原菌广泛存在于自然界和羊的瘤胃内。一般温度在 20 ~ 40℃时该菌生长繁殖活跃。因此，当上述富含硝酸盐的饲料经日晒雨淋或堆垛存放而腐烂发热时，或用温水浸泡，残热久放时，会产生大量的亚硝酸盐，羊食用了这种饲料后即可引起中毒。

【临床症状】

（1）急性中毒　病羊表现沉郁，流涎，呕吐，腹痛，腹泻，脱水，可视黏膜发绀，体温正常或低下，呼吸困难，心跳加快，肌肉震颤，步态蹒跚。很快卧地不起，四肢划动，全身痉挛、挣扎而死。有些病例突然死亡，无任何症状。

（2）慢性中毒　病羊表现前胃弛缓，腹泻，跛行，抵抗力降低，甲状腺肿大。母羊流产或分娩无力，受胎率低。

【病理变化】血液呈暗褐色或酱油色，血凝不良。胃肠黏膜充血、出血，易于脱落；肺脏水肿，心内、外膜有出血点，肝脏肿大（图 7-9、图 7-10）。

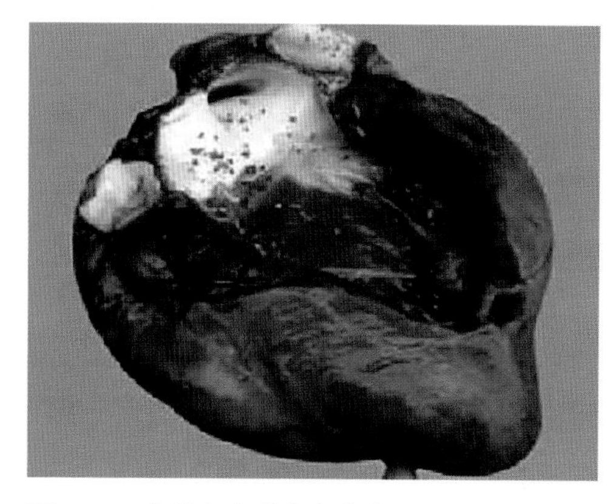
图 7-9 病羊心内膜有出血点

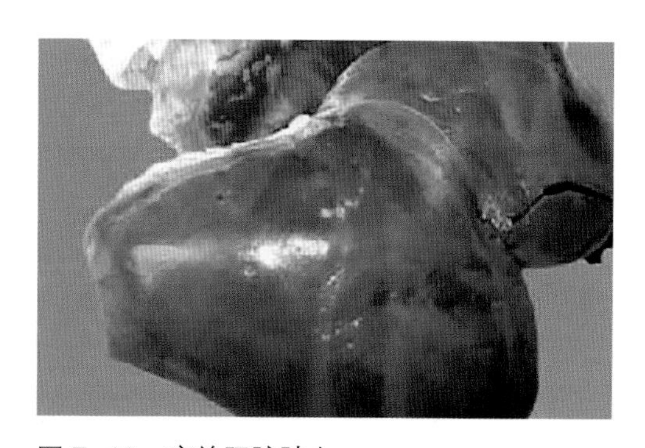
图 7-10 病羊肝脏肿大

【预防措施】不喂腐烂的白菜、甜菜等富含硝酸盐的饲料，这些饲料在堆放及喂前处理时不能久热浸焖。

【治疗方法】发现中毒后，立即灌以特效解毒药。可用 1% 美蓝溶液，每千克体重 8 毫克，静脉注射，必要时可重复应用 1 次。如果没有美蓝，可用 5% 维生素 C 注射液，用量为 60 ~ 100 毫升，肌内注射或静脉注射。在应用上述特效药的同时，用 0.1% 高锰酸钾溶液洗胃或灌服，并辅以葡萄糖注射液静脉注射。

七、氢氰酸中毒

羊氢氰酸中毒是由于羊采食了含有氰苷的植物或误食氰化物，在胃内经酶水解和胃酸的作用，产生游离的氢氰酸而发生中毒。

【病因分析】高粱幼苗、玉米幼苗、木薯、亚麻、豌豆、蚕豆、三叶草等植物中含有较多的氢氰酸衍生物氰苷，羊如果大量采食，即可引起中毒。另外，羊误食了被氰化物污染的饲料或饮水，也可引起中毒。

【临床症状】病羊突然发病，通常在采食过程中或采食后半小时左右出现症状。站立不稳，呻吟苦闷，表现不安。流涎，呕吐，可视黏膜潮红，血液鲜红。呼吸极度困难，抬头伸颈，张口喘气，呼出气有苦杏仁味。肌肉痉挛，全身或局部出汗，体温正常或低下。以后则精神沉郁，全身衰弱无力，卧地不起。结膜发绀，血液暗红。瞳孔散大，眼球震颤。皮肤感觉减退，脉搏细数无力，全身抽搐，很快因窒息而死亡。病程很短，一般不超过 2 小时，最快者 3 ~ 5 分钟死亡。

【病理变化】病死羊尸体不易腐败，切开时见血色鲜红，凝固不良；口腔内有血色泡沫，胃肠黏膜充血、出血；气管、支气管及喉头黏膜有出血点，肺脏充血或出血。

【预防措施】禁用高粱幼苗和玉米幼苗等富含氰苷的植物喂羊，如用亚麻籽饼作饲料时，必须彻底煮沸，且喂量不宜过多，同时搭配其他饲料。防止羊只误食氰化物农药。

【治疗方法】发现羊中毒后立即应用特效解毒剂，用亚硝酸钠、美蓝或硫代硫酸钠等解救。1% 亚硝酸钠注射液、1% 美蓝注射液和 10% 硫代硫酸钠注射液，均按每千克体重 1 毫升剂量，静脉注射。

在抢救氢氰酸中毒病羊时，最好先静脉注射 1% 亚硝酸钠注射液，经 2 ～ 3 分钟后再静脉注射 10% 硫代硫酸钠注射液。如无亚硝酸钠，可用美蓝代替。为阻止胃肠内氢氰酸的吸收，可向瘤胃内注入硫代硫酸钠 30 克。也可用 0.1% 高锰酸钾溶液或 3% 过氧化氢溶液洗胃。

八、尿素中毒

尿素是一种优良的含氮肥料。牛、羊瘤胃内的微生物可将尿素或铵盐中的非蛋白氮转化为氨基酸及合成蛋白质，因此人们常利用尿素或铵盐加入日粮中以补充蛋白质来饲喂牛、羊，但补饲不当或过量即可发生中毒。临床上以神经系统和呼吸系统症状为主要特征。

【病因分析】

（1）添加过量　在饲料中添加尿素时，超过了规定用量。根据试验，如给绵羊灌服尿素 8 克，即可引起死亡。

（2）饲喂方法不当　如混于水中、混于青贮饲料中时撒布不匀、喂后立即饮水、突然饲喂等，均可造成尿素中毒。

（3）饲料中无氮浸出物、蛋白质等营养物质含量不足　当饲料中缺乏碳水化合物、蛋白质或过于种类单调，不能保证羊瘤胃中微生物生命活动的需要，微生物的繁殖受到影响，此时饲喂尿素的量即使正常，也有发生中毒的可能。

【临床症状】 当羊只吃下过量尿素时，经过 15 ～ 45 分钟即可出现中毒症状。其表现为不安、肌肉颤抖、呻吟，不久后动作协调性紊乱，步态不稳，卧地。急性情况下，反复发作强直性痉挛，眼球颤动，呼吸困难，鼻翼扇动。心音增强，脉搏快而弱，多汗，皮温不均。继续发展则口流泡沫状唾液，腹部臌胀，疼痛，反刍及瘤胃蠕动停止。最后肛门松弛，瞳孔放大，窒息而死。

【病理变化】 尸体迅速变暗，消化道严重受损，可见胃肠黏膜充血、出血、糜烂，甚至有溃疡形成（图 7-11）；胃肠内容物为白色或红褐色，带有氨味；瘤胃内容物干燥，与生前瘤胃液体过多呈鲜明对比；肝脏肿大，含血量多，质地变脆，胆囊扩张，充满胆汁；心外膜有小出血点，内脏有严重出血，肾脏发炎且有出血。

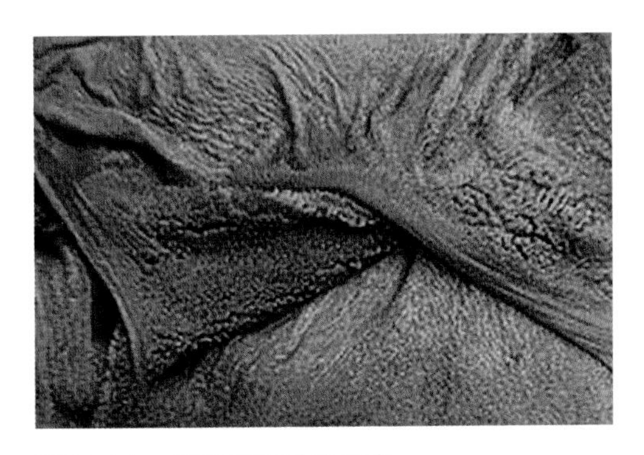

图 7-11　病羊瘤胃黏膜出血

【预防措施】 在饲用各种含氮补饲物时，应遵守以下原则：必须将补饲物同饲料充分混合均匀。用量不超过日粮干物质总量的 1%，而且必须使羊只有一个逐渐习惯于采食补饲物的过程，因此在开始时应少喂，于 10 ～ 15 天达到标准规定量。如果饲喂过程中断，在下次补喂时，仍应使羊只有一个逐渐适应的过程。不能单纯喂给含氮补饲物（粉末或颗粒），也不能混于饮水中给予，应先将尿素溶于少量水中，然后充分拌入饲料或饲草中，将日粮分散在全天饲喂。每次饲喂尿素后 1 小时内不要饮水。禁止给哺乳羔羊饲喂尿素，因为羔羊瘤胃及其中的微生物均不发达，不能将氨合成为氨基酸，同时，羔羊所吮乳汁直接进入皱胃，喂给尿素易引起中毒。

【治疗方法】 在中毒初期，为了控制尿素继续分解，中和瘤胃中所生成的氨，应灌服 0.5% 食用醋溶液 200 ~ 300 毫升，或者灌给同样浓度的稀盐酸或乳酸溶液。还可灌服 1% 醋酸溶液 200 毫升，白糖 100 ~ 200 克加水 300 毫升，可获得良好效果。

臌气严重时，可施行瘤胃穿刺术。如臌胀不是很严重时，可在投服泻剂时加入兴奋瘤胃蠕动和制酵的药物，也可用如下中药方剂：枳壳 9 克，川芎 9 克，香附 9 克，木香 6 克，陈皮 9 克，葶苈子 9 克，牵牛子 9 克，滑石 10 克，以生姜为引，煎汤，一次投服。

对症治疗，可用苯巴比妥抑制痉挛，静脉注射硫代硫酸钠以利解毒。

九、黄曲霉毒素中毒

【病因分析】 羊黄曲霉毒素中毒是因羊食用了被黄曲霉菌污染的饲草、饲料而引起的，玉米、黄豆及其副产品保管不善，被黄曲霉污染，霉菌繁殖并产生大量的黄曲霉毒素，羊食用了这种饲料后即可中毒发病。

【临床症状】 病羊食欲减退，增重缓慢。腹泻、下痢，粪便呈黏液样混有血液。常伴有角膜浑浊，甚至失明。精神沉郁，反应迟钝，食欲、反刍减少或废绝。瘤胃臌胀，贫血，消瘦，妊娠羊流产。

【病理变化】 剖检特征性的病变是霉菌结节病灶，病变常发生于呼吸系统，肺脏有霉菌病灶，质地坚硬，呈黄色或灰白色，切面有分层结构，中心为干酪样坏死组织；在心脏、肝脏、肾脏、腹膜及肠管浆膜上也有霉菌结节病灶；肝脏肿大、色淡、有出血斑点（图 7-12）。

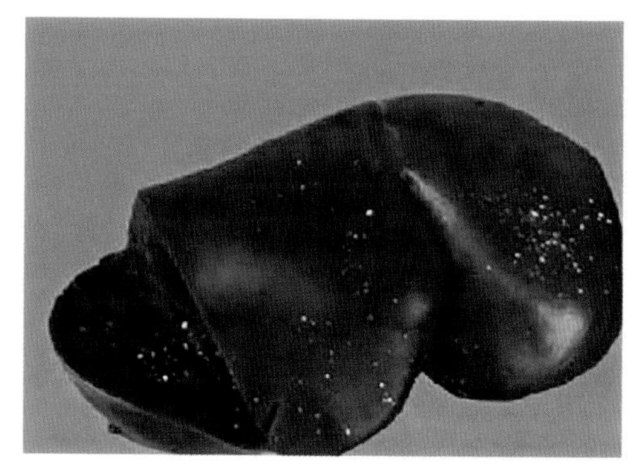

图 7-12 病羊肝脏肿大，有白色坏死点

【预防措施】 不喂发霉饲料。为了防止饲料霉败，收获时应及时干燥，贮存时也应通风干燥。同时，可采用甲醛溶液熏蒸消毒料库，以防饲料霉败。

【治疗方法】 无特效解毒药，使用下列药物有一定治疗效果。

硫酸镁，用量 500 克，加足量水一次灌服。

25% 葡萄糖注射液 500 毫升，20% 葡萄糖酸钙注射液 500 毫升，维生素 C 注射液 50 毫升，一次静脉注射。

十、棉籽饼中毒

棉籽饼含有 25% ~ 40% 的蛋白质，但如不做去毒处理而长期或过量饲喂即能引起中毒。临床上以呼吸困难、后肢软弱、畏光流泪、便血、尿血为特征。

【病因分析】 棉籽、棉叶中含有的棉

酚是细胞毒、血液毒和神经毒，每天饲喂棉籽饼 1.5 千克持续 30 天羊只即可出现中毒症状和死亡。

【临床症状】

（1）轻度中毒　病羊食欲不振，低头拱背，粪球干小，妊娠羊流产。

（2）重度中毒　病羊呼吸困难，腹式呼吸，听诊肺部有啰音。体温升高，喜卧阴凉处，毛乱，后肢软弱。畏光流泪，甚至失明。

（3）严重中毒　病羊兴奋不安，战栗，呼吸急促。废食，下痢，粪便中带血。排尿困难，尿血。2 ~ 4 天死亡。

（4）慢性中毒　病羊吃草、反刍减少或废绝，渴欲增加，每分钟心跳达 70 ~ 100 次，呼吸数为 40 ~ 50 次。排尿时间长且表现不安，尿细如缕，可见血尿。

【病理变化】 剖检可见胸、腹腔和心包积液，肝脏肿大、质脆，呈土黄色，有带状出血；肺脏充血、水肿；胃肠黏膜出血；心肌松软，内、外膜有出血点；肾脏肿大，表面颜色变为淡灰色，有散在出血点（图 7-13、图 7-14）；肾脏内和膀胱内有结石，膀胱充血，有出血点。

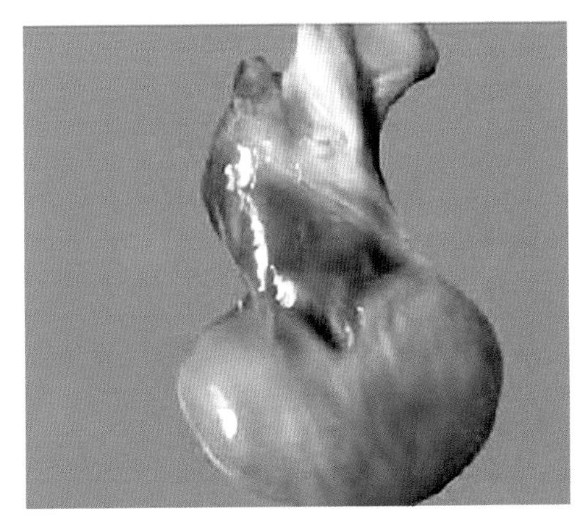

图 7-13　病羊肾脏表面有出血点

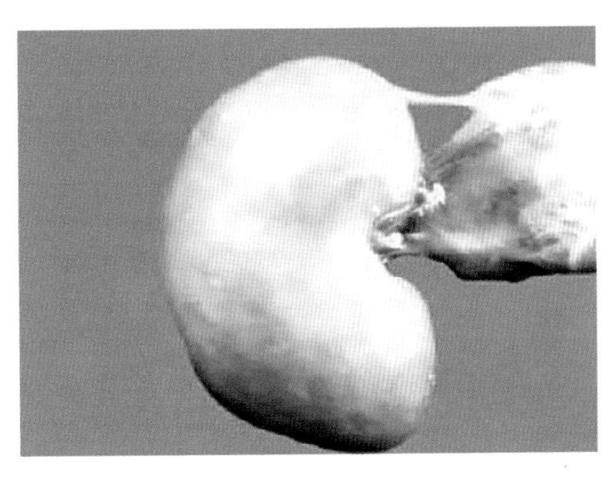

图 7-14　病羊肾脏表面呈灰白色变质

【预防措施】 使用棉籽饼喂羊前，应将棉籽饼加 10% 大麦粉煮 1 小时后再喂，或用 0.1% ~ 0.2% 硫酸亚铁溶液浸泡 4 ~ 6 小时，然后用水洗净药液后饲喂。喂量不可超过饲料总量的 20%，连喂几周应停喂 1 周后再喂。

【治疗方法】 对病羊治疗可用下列方法：一是用 0.2% 高锰酸钾溶液洗胃或灌肠；二是用硫酸亚铁 2 ~ 3 克、鱼肝油 2 ~ 3 丸口服，每 12 小时 1 次。同时，用 5% 氯化钙注射液 20 ~ 40 毫升、40% 乌洛托品注射液 10 ~ 20 毫升、50% 葡萄糖注射液 40 毫升、10% 安钠咖注射液 2 ~ 4 毫升静脉注射，每日 1 次，效果更好；三是用樟脑磺酸钠注射液 2 ~ 4 毫升、维生素 C 注射液 2 ~ 4 毫升、复合维生素 B 注射液 2 ~ 4 毫升皮下注射，每日 1 次。

十一、菜籽饼中毒

【病因分析】 本病的发生是由于给羊只突然大量饲喂未减毒的菜籽饼，或长时间饲喂未去毒处理的菜籽饼而引起。

菜籽饼有毒成分为芥子苷或硫葡萄糖苷，其本身无毒性，在一定条件下受芥子酶的催化水解，可产生有毒的异硫氰酸盐、噁唑烷硫酮等。菜籽饼的含毒量因油菜品种、加工方法和土壤中的含硫量而定。一般来说，芥菜型品种含异硫氰酸酯较多，甘蓝型品种含噁唑烷硫酮较多，白菜型品种则两种毒素的含量均较高。当饲料中菜籽饼用量大或饲喂时间长都可引起羊只中毒，尤其是发霉的菜籽饼危险性更大。

【临床症状】 病羊主要表现食欲下降，瘤胃蠕动无力，反刍减弱或停止，轻度臌气，排尿次数增多，尿液呈淡红色，并有多量泡沫，有的有腹泻和便秘症状，粪便中混有血液。妊娠羊流产，个别羊只体温升高，视力下降，甚至失明。羊只死亡前，全身体表无毛处呈紫黑色，口吐白沫。

【病理变化】 剖检可见胃肠黏膜出血、坏死，瘤胃黏膜表层很容易剥离；小肠浆膜下出血；肺脏出血和水肿；肾脏有点状出血，肝脏肿大，其他脏器无明显外观变化。

【预防措施】 使用菜籽饼喂羊要限制用量，一般应占精饲料总量的 20% 以下。饲用前要进行脱毒处理，可用 0.5% 的石灰水，浸泡已按 0.25% 比例加入硫酸亚铁的棉籽饼 14 小时。饼和水的重量比为 1 ：（5 ~ 7），可使棉籽饼脱毒到致毒量以下。

【治疗方法】

（1）洗胃　用 0.2% 高锰酸钾溶液洗胃，洗胃后灌服泻剂，如硫酸钠，用量为 30 ~ 100 克。

（2）泻血　静脉放血，泻血量为 200 ~ 300 毫升。

（3）强心补液　可用 50% 葡萄糖注射液 50 毫升、生理盐水 500 毫升、安钠咖注射液 5 ~ 10 毫升，混合后一次静脉注射。

十二、蓖麻中毒

羊蓖麻中毒是因食入蓖麻叶或蓖麻饼而引起的中毒性疾病，临床上以臌胀、疝痛、发抖、腹泻为特征。

【病因分析】 羊只食入蓖麻叶 0.25 ~ 1 千克，或绵羊食入 12.5 克蓖麻籽、山羊食入 5.5 克蓖麻籽即可致死，蓖麻籽饼浸出液的 1 ： 2 000 倍液仍可使羊中毒。

【临床症状】 食后 3 ~ 6 小时发病，病羊精神沉郁，食欲、反刍停止，瘤胃蠕动减弱、臌气。后期头颈伸直，口舌干红，眼结膜充血，瞳孔散大，反应迟钝，有疝痛，病羊呻吟。心跳加速（每分钟 120 次），严重时心律失常，呼吸困难。自后肢向颈部逐渐肌肉震颤，如中毒特别重，食后 4 小时耳尖、鼻端、四肢下部发凉，呼吸、心跳减少，1 ~ 3 小时死亡，死前病羊可见挣扎。

如多吃蓖麻籽中毒，可见病羊呆立，不吃食、不反刍，瘤胃蠕动消失、臌胀，腹痛哞叫，排便失禁，粪便呈稀水样血便，最后昏睡死亡。

【病理变化】 前胃充满蓖麻叶，皱胃黏膜条状出血，大、小肠充血、出血。肝脏充血、肿胀。肾脏显著肿大，皮质部有瘀血和小出血点。支气管黏膜充血，有红色泡沫。肺脏充血、出血、水肿。心外膜有小点出血，冠状沟处出血较多。

【预防措施】 不在长有蓖麻处放牧，不用蓖麻叶作饲料。如用蓖麻籽饼作饲料，必须用 10% 食盐水浸泡 6 ~ 10 小时后滤去盐水，再用清水冲洗 1 ~ 2 次（以免留有盐水引起食盐中毒），或在 100℃条件下蒸煮 2 小时，或用 1% 碳酸氢钠溶液或 3% 石灰水浸泡 6 ~ 8 小时，然后洗去碱液再使用。

【治疗方法】 一是用0.5%～1%鞣酸溶液或0.2%高锰酸钾溶液洗胃。二是用低分子右旋葡萄糖酐注射液10毫升/千克体重，5%糖盐水10～20毫升/千克体重、樟脑磺酸钠注射液5～10毫升，维生素C注射液4～8毫升，静脉注射。三是用阿托品（每毫升含0.5毫克）2～8毫升，皮下注射。四是用硫酸钠50～80克，活性炭10～20克,液状石蜡20～30毫升，白酒30～70毫升，灌服，以排出毒物和保护胃肠黏膜。五是为增强机体抵抗力，可用樟脑磺酸钠注射液4～8毫升、维生素C注射液2～4毫升、复合维生素B注射液2～4毫升，皮下注射，每12小时注射1次。

十三、马铃薯中毒

马铃薯中毒是由于羊食入发芽、腐烂的马铃薯茎叶而引起的中毒病，临床特征是神经功能紊乱和胃肠功能障碍。

【病因分析】 马铃薯的发芽部分、花、茎、叶均含龙葵素，腐烂的马铃薯中含有腐败毒素，羊只食入后均可引起中毒。

【临床症状】

（1）神经型　多呈急性，病羊兴奋狂暴或沉郁昏睡，痉挛或麻痹。

（2）胃肠型　多呈慢性，病羊黏膜苍白，贫血，食欲减退或废绝，口有溃疡，流涎，呕吐，腹部臌胀，有疝痛和腹泻，体温在40℃左右。重症者36～48小时死亡。一般没有神经症状或症状较轻，预后一般良好。

（3）皮疹型　病羊皮肤出现干性疹或水疱性皮炎（马铃薯疹），表现瘙痒，阉羊发生包皮炎。

【病理变化】 黏膜苍白，血液呈暗黑色，凝固不良，瘤胃中有马铃薯残渣或茎叶，胃肠黏膜有出血性炎。实质器官出血，肝脏肿大、瘀血。

【预防措施】 避免用发芽、腐烂的马铃薯或未成熟的马铃薯茎叶喂羊。

【治疗方法】 如为神经型病羊，因病程短，难以抢救。如为胃肠型则应抓紧治疗。可用0.2%高锰酸钾溶液洗胃，用1%醋酸溶液灌肠。或用硫酸钠或硫酸镁50～100克、液状石蜡80～200毫升、活性炭30～50克，一次导服。或用磺胺脒5～10克、硅碳银10～20片、干酵母20～50片，一次服用，每12小时服1次。或用樟脑磺酸钠注射液5～10毫升、维生素C注射液4～10毫升、复合维生素B注射液4～10毫升，皮下注射，每12小时注射1次。

如为皮疹型，可用10%葡萄糖酸钙注射液20～30毫升静脉注射，用复方水杨酸软膏涂擦皮肤。

十四、黑斑病甘薯中毒

患有黑斑病的甘薯被羊食入后容易发生中毒。

【病因分析】 黑斑病的病原主要是甘薯长喙壳菌，能产生甘薯酮、甘薯醇、甘薯宁等毒素，蒸煮不能破坏其毒性。羊只食入一定量有黑斑病的甘薯即可中毒。

【临床症状】 病羊体温达39℃左右，采食、反刍废绝，呼吸加快，每分钟可多达120次，心跳也加快（可达170次）。呼吸困难，发出吭声。口有泡沫。粪便变软，常附有黏液，震颤。山羊还有咳嗽和流鼻液。有渴欲，拱背，站立后不愿卧倒，卧倒不久即以腕关节着地而撑起，不能完全站立。死前长声哀叫。

【病理变化】 肺脏膨大、充血、瘀血，间质气肿，切面流出大量泡沫，气管内含有泡沫，肠系膜淋巴结肿大，胸腔有大量黄色液体。心脏有出血点，心包瘀血；肝脏、肾脏、胆囊、小肠、直肠出血（图 7-15）。

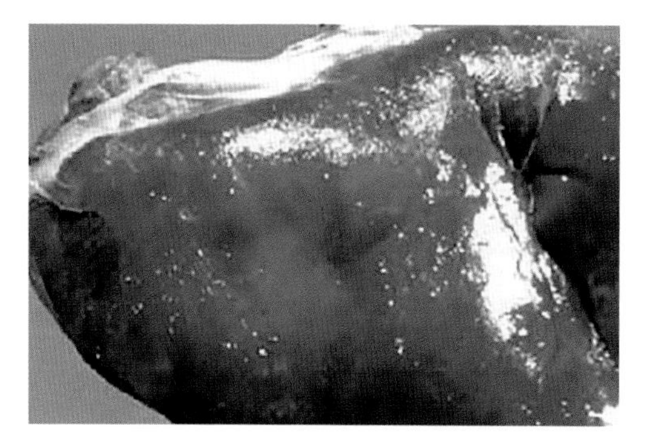

图 7-15　病羊肾脏肿大，有出血点

【预防措施】 不用有黑斑病的甘薯（包括剔除的病块）喂羊，晾晒剔除的病薯块时，应防止被羊偷吃。

【治疗方法】 一是用 0.2% 高锰酸钾溶液洗胃。二是用 50% 葡萄糖注射液 40 ~ 80 毫升、5% 糖盐水 250 ~ 500 毫升，5% 碳酸氢钠注射液 50 ~ 100 毫升、樟脑磺酸钠注射液 5 ~ 10 毫升，静脉注射。

十五、醉马草中毒

醉马草为多年生草本植物，分为禾本科和豆科，豆科醉马草学名为小花棘豆，有毒，常用于麻醉、镇静、止痛。羊可因采食醉马草而发生中毒，疾病的特点是出现酒醉样的神经症状和局部损伤。

【病因分析】 小花棘豆中含有臭豆碱、野决明碱（黄花碱）、鹰爪豆碱、嘌呤碱等生物碱。在早春或旱年，其他牧草稀疏，小花棘豆却生长十分茂盛，羊因饥饿贪食小花棘豆，即可引起中毒。禾本科醉马草的有毒成分还不十分清楚，可能含有生物碱，也有人认为和生氰糖苷有关。醉马草干燥后的毒性更大，引发的中毒症状也更严重。醉马草花穗的花颖及芒刺入皮肤、口腔、扁桃体、口角、咽背淋巴结、蹄叉或角膜等处，其中以颌凹部最多，其次为颈部、臀部、下腹部及腹侧等处，也可发生损伤或中毒。

【临床症状】 两种醉马草中毒症状有所不同。

（1）豆科（小花棘豆） 多为慢性经过。羊中毒较轻时，精神沉郁，常拱背呆立，不爱活动，迈步时后肢不太灵活，有时头部出现轻度震颤，食欲正常，结膜稍苍白，有轻度黄疸。重度中毒时，病羊精神沉郁，起立困难，口吐白沫，行走困难，站立不稳，瘤胃臌气呈犬坐姿势（图 7-30），有的侧身躺卧，四肢不断划动。人工扶起后，四肢张开，常因站立不稳而摔倒。行走时，步态踉跄，不能直立行走。头部出现水平震颤或摆头动作。可视黏膜苍白，黄染程度加重。心律失常，有的出现杂音。粪便变软，呈长条状，上附黄色黏液，有的腹泻，排便时努责。

（2）禾本科 多为急性，一般误食后 30 ~ 60 分钟出现症状。中毒羊口吐白沫，腹部臌胀，精神不振，食欲废绝，行走起来摇晃如醉。有时倒卧，呈昏迷状态。有时呈脑膜炎症状，有阵发性狂暴，起卧不安，或倒地不能起立，呈昏睡状态。如芒草刺伤角膜，会引起失明；刺伤皮肤时，局部发生出血斑、水肿、硬结或者形成小溃疡。一般经 24 ~ 36 小时即可恢复，死亡较少。但中毒较重的羊，如不及时抢救或治疗不当，可发生中毒性肠炎，或因心力衰竭而死亡。

【病理变化】 病羊身体消瘦，心脏、肝脏、肾脏表面有散在出血点（图 7–16），胃肠黏膜有轻度出血，十二指肠和空肠轻度水肿。组织学检查可见大脑、海马、脑桥、小脑和脊髓的神经细胞多数呈急性肿胀，少数呈浓缩样，有的发生重度损伤。

图 7–16　病羊心外膜有出血点

【预防措施】 从外地购进的羊要严加管理，严格禁止到醉马草生长繁茂的草地放牧，以防误食引起中毒。可将幼嫩醉马草捣碎，用人尿拌后涂于羊口腔及牙齿上，使其产生厌恶感而不再采食醉马草。本地家畜有识别能力，一般不主动采食。

可用“茅草枯”7.5 ~ 22.5 千克 / 公顷进行草场喷洒，灭除草原上的醉马草。醉马草稀疏的地方可用人工挖除或局部焚烧，也能达到灭除的目的。

【治疗方法】 目前尚无特效解毒疗法。应尽早采取酸类药物中和解毒，并进行对症治疗。可应用醋酸 30 毫升或乳酸 15 毫升，加水灌服；也可灌服食醋或酸牛奶 50 ~ 100 毫升。亦可试用 11.2% 乳酸钠溶液 10 毫升，一次静脉注射。对中毒严重的还须配合全身疗法和对症疗法，必要时应用强心药或利尿药。如静脉注射葡萄糖、生理盐水或复方氯化钠注射液等。

十六、蛇毒中毒

家畜在放牧过程中被毒蛇咬伤，蛇毒通过伤口进入体内引起的中毒，称为蛇毒中毒。该病的特点是，神经和心血管系统受到损伤，出现运动和呼吸麻痹。

【病因分析】 当羊群放牧时，在山地、草丛常可见到毒蛇，羊可能会被毒蛇咬伤，严重时可因此导致羊只中毒死亡。咬伤的部位主要在四肢和下颌部位。

【临床症状】 毒蛇有毒腺和毒牙（无毒蛇没有），当毒蛇咬伤动物时，毒液通过牙管注入动物机体，从而发生中毒。蛇毒是蛋白质混合物，有 20 多种氨基酸，按其引起临床症状的不同可分为神经毒、血液循环毒和混合毒。神经毒主要影响乙酰胆碱的合成与释放，抑制呼吸中枢；血液循环毒主要侵害心血管系统，并引起溶血作用。混合毒兼有神经毒和血液循环毒的双重毒性。一种蛇通常只含一类毒素，如眼镜蛇的蛇毒是神经毒，蝮蛇以血液循环毒为主。无论羊体哪一部分被咬伤，伤痕一般不明显。咬伤部位如果有大量血管，则毒素能够迅速进入血液，并加速有机体的中毒。咬伤后的伤势程度与咬伤的部位有关。

（1）头部咬伤　程度较轻时，口唇、鼻端、颊部及颌下腺极度肿胀。有热痛表现，呼吸稍困难，缓慢而长。病羊表现不安，不食，结膜潮红，心动正常。穿刺肿胀部位时，有淡红色或黄色液体流出。严重时上、下唇不能闭合。鼻黏膜肿胀，鼻道狭窄，呼吸非常困难，很远即能听到漫长的呼吸音。结膜肿胀，呈红黄色。有的病羊垂头，站立不动或卧地不起。全身发汗，肌肉震颤，体温稍升高。心悸亢进，心跳有时出现间歇。

（2）四肢咬伤　以球关节咬伤较多。表现为被咬部位肿胀、热痛，甚至肿胀可上达腕关节。病羊跛行，患肢不能负重，站立时以蹄尖着地。严重时，肿胀可达臂部，跛行明显，有时卧地不起，食欲不振，精神沉郁，体温 39 ~ 40℃，心悸亢进，结膜呈黄红色。如果咬伤四肢的大静脉，可以迅速引起死亡。

（3）全身症状　因毒素不同而有所不同。神经毒的全身症状，首先是四肢麻痹，由于呼吸中枢和血管运动中枢麻痹，导致呼吸困难，血压下降，休克以至昏迷，常死于呼吸麻痹和循环衰竭。血液循环毒的主要症状是全身战栗，继之发热，心跳加快，血压下降，皮肤和黏膜出血，有血尿、血便，死于心脏停搏。

【预防措施】 搞好圈舍卫生，经常灭鼠，减少因毒蛇捕食老鼠而进入羊舍。掌握蛇的活动规律，外出放牧时防止羊只被毒蛇咬伤。放牧员应掌握急救知识，做到早发现、早治疗。

【治疗方法】 当急救被蛇咬伤的羊只时，首先将羊放在安静凉爽的地方，然后采用以下方法治疗。

为防止毒素吸收和促使毒素排除，可在伤口上部绑上带子，肿胀处剪毛，涂以碘酊。施行深部乱刺，促使排血，然后用 3% ~ 5% 高锰酸钾溶液进行冷湿敷。

静脉注射 2% 高锰酸钾溶液可以中和蛇毒，每次注射 50 毫升。注射时要缓慢，一般应在 5 ~ 10 分钟注射完毕。为了加速毒素氧化，在用高锰酸钾静脉注射以后，还应再给咬伤的周围局部注射 1% 高锰酸钾溶液、2% 漂白粉溶液或 3% 过氧化氢溶液。还可静脉注射 5% ~ 10% 硫代硫酸钠注射液 30 ~ 50 毫升，并对患部施行冷敷。

当有全身症状时，为了支持心脏功能，应该口服或皮下注射咖啡因，或者注射葡萄糖、氯化钠等等渗溶液或复方氯化钠溶液。

注射抗出血性败血症血清或抗炭疽血清，每次静脉注射 10 毫升，或皮下注射 30 毫升。亦可在肿胀部位四周进行点状注射，用量为 40 ~ 80 毫升。如果在咬伤的当天注射，2 ~ 3 天后即可消肿。如在咬伤后第二天注射，4 ~ 5 天才可消肿。在应用血清的同时，应使用强心剂。治疗延迟时，隔日作重复注射。

乱刺伤口周围红肿部位，给患部涂擦氨水，然后以 0.25% 普鲁卡因溶液在患部周围进行封闭。经过以上处理，轻者经 12 ~ 24 小时即可见愈，重者须再重复处理 1 次。

遇到呼吸困难而有窒息危险时，应及时施行气管切开术。

十七、蜂毒中毒

常见的蜂有蜜蜂、黄蜂、大黄蜂及土蜂等。工蜂的尾部有毒腺及螯针，毒腺产生的蜂毒贮存于毒囊中，螯针是产卵器的变形物。螯针有逆钩，刺入畜体后，部分残留于创伤内，黄蜂的螯针不留在创伤内，其毒性大，可反复螯刺。蜂毒中毒是羊被蜂类蜇伤，蜂毒注入机体内而引起的一种中毒性疾病。疾病的特点是受蜇部位出现肿胀和疼痛，以及发生过敏性休克。

【病因分析】 有的蜂巢在灌木及草丛中。当家畜放牧时触动蜂巢，群蜂被激怒而蜇伤家畜。蜂毒是一种成分复杂的混合物，含有多肽类，如蜂毒肽、蜂毒明肽、MCD 肽、组胺肽；酶类，如透明质酸酶和磷脂酶；非肽类物质，如组胺、儿茶酚胺及其他生物胺等。蜂毒的毒性是多方面的，可引起局部疼痛及水肿，血压下降，呼吸麻痹，甚至死亡。

【临床症状】 当羊触动蜂巢时，群蜂倾巢而出刺蜇羊。一般毒蜂集中于羊的某一部位刺蜇，多发生在头部，刺伤后立即有热痛、瘀血及肿胀等症状。轻症者很快恢复，严重者可引起组织坏死，甚至有全身症状。全身症状是一种应激反应，如体温升高、神经兴奋。严重者转为麻痹、血压下降、呼吸困难，最后由于呼吸麻痹而死亡。

【病理变化】 被蜂刺伤后，短时间内死亡的羊常见喉头水肿、各实质器官瘀血、皮下及心内膜有出血斑，脾脏肿大，脾髓质内充满深巧克力色的血液，肝脏柔软变性，肌肉变软呈煮肉样。

【预防措施】 当羊群在放牧时，如发现蜂巢，要驱赶羊群远离蜂窝，避免惹动群蜂袭击羊群。

【治疗方法】 局部有毒刺残留时，要立即拔出毒刺。局部用 2% ~ 3% 高锰酸钾溶液洗涤，或用 5% ~ 10% 碳酸氢钠溶液或 3% 氨水等涂擦患部。伤口周围可外涂南通蛇药，同时口服蛇药片。还可肌内注射苯海拉明，每千克体重 0.1 克。有呼吸困难和虚脱表现时，可注射强心剂、10% 葡萄糖注射液、复方氯化钠注射液及 10% 葡萄糖酸钙注射液。

第八章　羊营养代谢病的防控技术

一、维生素 A 缺乏症

维生素 A 缺乏症是由维生素 A 或胡萝卜素缺乏所引起的一种营养代谢性疾病。维生素 A 有保护上皮、黏膜的功能，并能维护视力正常，提高个体的繁殖和免疫功能，还可以调节碳水化合物代谢和脂肪代谢，促进生长。因此，缺乏维生素 A 时，病羊临床上表现为生长缓慢、上皮角化、夜盲症、繁殖功能障碍以及机体免疫力低下等。

本病多发生于初春、秋末和冬季。

【病因分析】 饲料收割、加工、贮存不当，烈日暴晒饲料以及存放过久、陈旧变质；长期饲喂维生素 A 缺乏的饲料，如棉籽饼、干谷、马铃薯等，缺少青绿饲料；饲料中蛋白质含量减少，维生素 A 吸收率下降等，均可导致机体维生素 A 缺乏。

羊只对维生素 A 或胡萝卜素的吸收、转化、贮存、利用发生障碍，是内源性（继发性）病因，如胆汁酸分泌不足、食物中脂肪含量过少等。

对维生素 A 的需要量增多，可引起维生素 A 相对缺乏。妊娠和哺乳期母羊以及生长发育快速的羔羊，对维生素 A 的需要量增加；维生素 A 不能通过胎盘，羔羊更容易患本病，初乳中维生素 A 含量较高，是初生羔羊获得维生素 A 的唯一来源，母羊分娩后死亡，或吃不到初乳，羔羊容易发生维生素 A 缺乏症。长期腹泻，患热性疾病的羊，维生素 A 的排出和消耗增多，也易发生维生素 A 缺乏症。

饲养管理条件不良，羊舍污秽不洁、通风不良、潮湿、寒冷，羊群过度拥挤，缺乏运动以及阳光照射不足等因素都可诱导发病。

【临床症状】 病羊表现畏光，视力减退，在黎明、黄昏或月光下看不见物体，甚至完全失明。由于角膜增厚，结膜细胞萎缩，腺上皮功能减退，故不能保持眼皮湿润，从而表现出眼干燥症。由于腺上皮分泌物减少，不能溶解侵入的微生物，更加重了炎症及软化过程。有时病变可涉及角膜深层。缺乏维生素 A 时，机体其他部位的上皮也会发生变化。例如，呼吸道和消化道黏膜上皮变性，分泌功能降低，易继发或并发传染病。成年羊维生素 A 缺乏时，身体并不消瘦，故患眼干燥症的羊，体况可能保持得很好。由于脑脊液压力升高，常激发唾液腺炎、副眼腺炎，有时出现阵发性痉挛，共济失调，后躯瘫痪。妊娠羊往往发生流产、死产或产出体弱羔羊和先天性的失明羔，受胎率下降，公羊精液品质下降。

【预防措施】 患此病的羊，病情发展较快，一旦出现夜盲症、水肿及神经症状，即使进行治疗也效果不佳，故应早发现、早治疗。

注意改善饲养，配合日粮时，必须考虑维生素 A 的含量，每千克体重应供给胡萝卜素 0.1 ～ 0.4 毫克。特别是妊娠羊，要重视供给青绿饲料，冬季要补充青干草、青贮饲料或胡萝卜。有条件的可喂些发芽豆谷，适当运动，多晒太阳。

【治疗方法】以补充富含维生素 A 及胡萝卜素的饲料为主，辅以药物治疗。如在日粮中增加黄玉米、胡萝卜、鱼粉和三叶草等，同时在日粮中加入青绿饲料及鱼肝油，可迅速治愈。鱼肝油的口服剂量为 20 ～ 50 毫升。当消化功能紊乱时，可以皮下或肌内注射鱼肝油，用量 5 ～ 10 毫升，分点注射，每隔 1 ～ 2 天注射 1 次。亦可用维生素 A 注射液进行肌内注射，用量为 2.5 万～ 3 万单位。

二、维生素 B_1 缺乏症

维生素 B_1 缺乏症是由于饲料中硫胺素不足或饲料中存在硫胺素的拮抗物质而引起的一种营养缺乏症，主要发生于羔羊。

【病因分析】一是由于长期饲喂缺乏维生素 B_1 的饲料，体内硫胺素合成障碍或某些因素影响其吸收和利用。二是初生羔羊瘤胃还不具备合成能力，仍需从母乳或饲料中摄取。三是日粮中含有抗维生素 B_1 物质，如羊采食羊齿类植物（蕨菜、问荆或木贼）过多，因其中含有大量的硫胺酶，可使硫胺素受到破坏。四是长期大量应用抗生素，可抑制体内细菌合成维生素 B_1。

【临床症状】成年羊无明显症状，体温、呼吸正常，心跳缓慢，体重减轻，腹泻和排干粪球交替发生，粪球表面有一层黏液，常呈串珠状。病羔羊有明显的神经症状，主要表现共济失调，步态不稳，有时转圈，无目的地乱撞，行走时摇摆，常发生强直性痉挛和惊厥，颈歪斜，呈僵硬状。

【病理变化】剖检可见尸体消瘦、脱水，头向后仰；肝脏呈土黄条纹，胆囊肿大、充盈，胆汁浓稠；胸腔中有多量淡绿色渗出液，肠黏膜脱落，肠壁菲薄，有出血现象；心肌松软，心冠有出血点，右心室扩张，心包积液；脑灰质软化，有出血点及坏死灶。

【防控措施】发病地区多处高寒地区，环境恶劣，饲养管理不当、饲料单一是引发本病的主要原因。小尾寒羊产羔多，低水平饲养条件下母乳不能满足羔羊的营养需要，而且羔羊生长速度快，如果摄入维生素不足，就可使羔羊生长发育迟缓甚至死亡，使养殖业遭受损失。所以加强饲养管理，保证羔羊饲料营养充足，在精饲料中按正常量补加维生素、微量元素，加喂适量食盐，能有效预防本病的发生。

三、佝偻病

羊佝偻病是羔羊在生长发育过程中由于维生素 D 及钙、磷缺乏或饲料中钙、磷比例失调所导致的一种骨营养不良性代谢病。临床特征是病羊消化功能紊乱，异嗜癖，跛行及骨骼变形。绵羊羔和山羊羔均可发生。

【病因分析】先天性佝偻病主要是由于妊娠羊矿物质（钙、磷）或维生素 D 缺乏，影响胎儿骨组织正常发育所致。后天性佝偻病的发生有以下原因：一是饲料中维生素 D 含量不足或日光照射不足，导致羔羊体内维生素D缺乏，直接影响钙、磷吸收和血液中钙、磷的平衡。二是母羊泌乳量不足，羔羊不能从乳中获得充足的钙、磷和维生素D。三是维生素D能满足机体的需要，但母乳及饲料中钙、磷缺乏或比例不当，以及多种原因导致的营养不良，均可诱发本病。

【临床症状】

（1）先天性佝偻病　羔羊出生后衰弱无力，经数天仍不能自行站立，骨骼发育异常。

（2）后天性佝偻病　羔羊发病缓慢，早期呈现食欲减退、消化不良、精神沉郁，然后出现异嗜癖。疾病继续发展时，病羊经常卧地，不愿起立和运动，发育停滞，消瘦，下颌骨增厚和变软。出牙期延长，齿形不规则，齿质钙化不足（坑洼不平、有沟、有色素），常排列不整齐，齿面易磨损，不平整。严重者，口腔不能闭合，舌突出，流涎，采食困难。最后面骨、下颌骨以及躯干、四肢骨骼出现变形，间或伴有咳嗽、腹泻、呼吸困难和贫血。

羔羊低头，拱背，站立时前肢腕关节屈曲，向前方外侧突出，呈内弧形，后肢跗关节内收，呈“八”字形叉开站立，步态僵硬（图8-1）。腕关节、跗关节和肋骨软骨联合部肿胀最明显，称串珠状肿（图8-2）。严重时病羊躺卧不起。

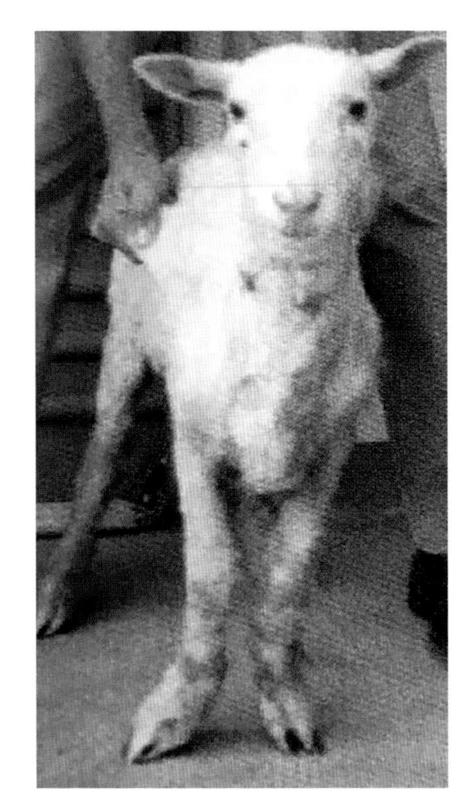

图8-1　羔羊表现为向内的肢体球节

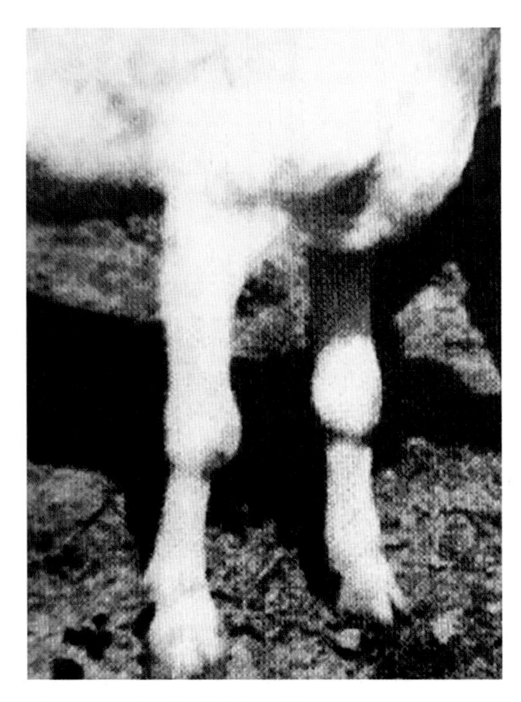

图8-2　病羊腕关节明显肿大

【病理变化】　剖检可见长骨发生变形，但无显著眼观病变。股骨、胫骨末端及肋骨在显微镜下检查，发现骨骺板和关节软骨撕裂，有些骨骺板弯曲进入骨骺；大小不同的软骨细胞形成长柱，由骨骺板突入骺端，或处于骨骺板下方，与骨骺板分离。

【预防措施】　加强妊娠羊的饲养管理，供给充足的青绿饲料和青干草，补喂骨粉，增加日照和运动时间。羔羊饲养更应注意，有条件的可饲喂苜蓿、沙打旺、胡萝卜等青绿饲料，并按需要量添加食盐、骨粉、各种微量元素等矿物质饲料。

【治疗方法】 首先将病羊置于适宜的环境中，保证给予充足的光照和运动。有效的治疗药物是维生素 D 制剂，如鱼肝油、浓缩维生素 D 油、鱼粉等。每克鱼肝油含维生素 D 不得少于 5 000 单位，羔羊剂量为 0.5 ~ 1 克，拌在饲料中喂服。也可口服市售维生素 D_2 的植物油溶液（骨化醇），预防量为每千克体重 20 ~ 30 单位，治疗量为预防量的 10 ~ 20 倍。补钙可用 10% 葡萄糖酸钙注射液 5 ~ 10 毫升，一次静脉注射。

四、羔羊白肌病

羔羊白肌病又称肌肉营养不良症，是由于饲料中微量元素硒和维生素 E 缺乏或不足而引起的以骨骼肌、心肌和肝脏组织变性，并发生运动障碍和急性心肌坏死为特征的疾病。本病在绵羊羔和山羊羔中均可发生。

【病因分析】 本病主要是由于饲料中微量元素硒和维生素 E 缺乏或不足所引起，饲料中钴、银、锌、钒等微量元素过高也影响动物机体对硒的吸收。当饲料、饲草中硒的含量低于千万分之一时，就可发生硒缺乏症。虽然一般饲料中维生素的含量都比较丰富，但维生素 E 是一种天然抗氧化剂，当饲料保存条件较差，如高温、湿度过大、淋雨或暴晒以及存放时间过久或酸败变质，维生素 E 很容易被分解破坏。在某些缺硒地区，羔羊发病率很高。当机体内硒和维生素 E 缺乏时，正常生理性脂肪会发生高度氧化，组织细胞内的自由基受到损害，组织细胞就会发生退行性病变和坏死，还可钙化。病变以骨骼肌、心肌受损最为严重，可波及全身，主要引起运动障碍和急性心肌坏死。

【临床症状】 病羔衰弱，全身肌肉迟缓无力，行走不便，共济失调。有的出生后就非常衰弱，不能自行起立。心搏较快，达 200 次 / 分以上；病情严重者心音不清，有时只能听到一个心音。呼吸浅而快，达 80 ~ 90 次 / 分，有的呈双重性吸气。肠音一般无明显变化，若肠音弱，病情则已严重，多有下痢，有的也便秘。可视黏膜苍白，有的发生结膜炎，角膜浑浊、软化，甚至失明。尿液呈淡红色或红褐色，其中含多量蛋白质和糖。

【病理变化】 主要病变集中在骨骼肌、心肌和肝脏，其次为肾脏和脑。骨骼肌色淡，可见局限性的发白或发灰的变性区，呈鱼肉状或煮肉状，浑浊无光，其间可见瘀斑、淤点和灰黄色坏死灶、灰白色结缔组织增生条纹（图 8-3、图 8-4），肩胛部、胸背部、腰部及臀部肌肉变化最明显。心腔扩张，心肌浑浊、苍白或呈紫红色，心内膜下肌肉层呈灰白色或黄白色的条纹及斑块，即“虎斑心”（图 8-5）。

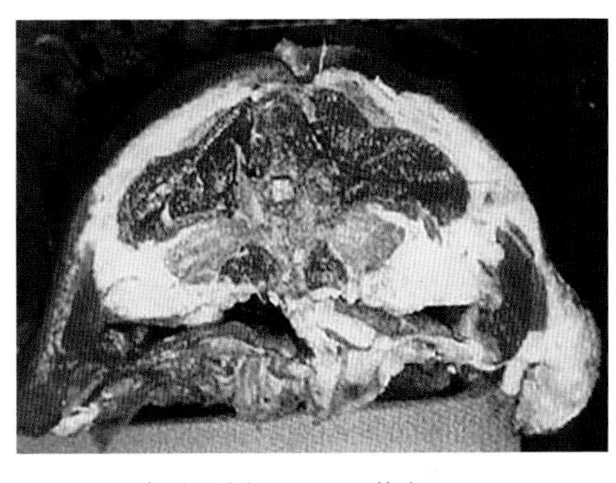

图 8-3　病羊双侧腰肌明显苍白

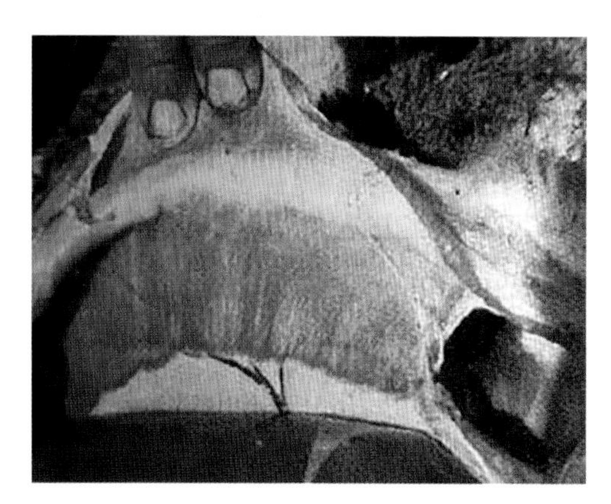

图 8-4 病羊膈膜可见典型的灰黄色条纹

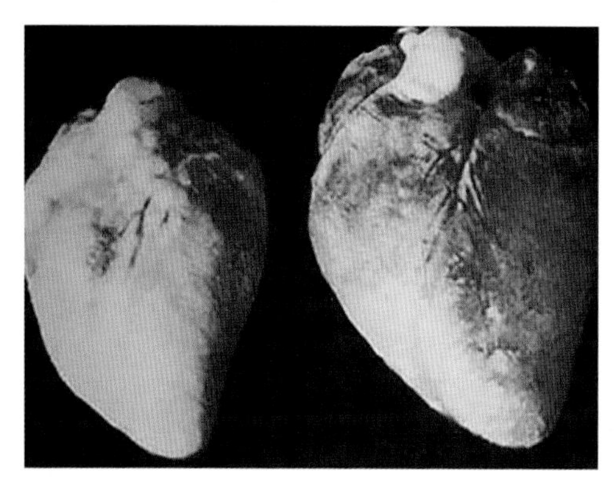

图 8-5 病羊心肌颜色变淡，并可见一些白色区域

【预防措施】 加强母羊的饲养管理，供给豆科牧草，母羊产羔前补硒，可收到良好的效果。妊娠羊皮下一次注射亚硒酸钠，剂量为 4 ～ 6 毫克，能预防新生羔羊白肌病。对于缺硒地区，新生羔羊在出生后 20 天左右，用 0.2% 亚硒酸钠注射液皮下或肌内注射 1 毫升，间隔 20 天左右再注射 1.5 毫升。注射开始日期最晚不能超过 25 日龄。

【治疗方法】 对发病羔羊每只应立即用 0.2% 亚硒酸钠注射液皮下或肌内注射 1.5 ～ 2 毫升，隔 20 天再注射 1 次，同时注射维生素 E，则效果更好。

五、低血镁症

低血镁症，又称青草搐搦、缺镁痉挛症，是反刍动物常见的由于矿物质代谢障碍而发生的以兴奋、痉挛等神经症状为特征的疾病。多发生于夏季高温多雨时节，尤以产后处于泌乳盛期的母羊为常见。

【病因分析】 本病是由于极为复杂的无机物代谢异常所致。当动物大量采食含钾离子高的饲草、饲料后，动物血液钾离子增高，则抑制机体对镁离子的吸收，导致羊血镁降低。另外，日粮含氮量高，羊采食后在瘤胃内可产生大量氨，氨与镁易形成不溶性的硫酸铵镁而使镁离子的吸收受阻，造成血镁过低，引起羊缺镁性痉挛。

本病多发生于夏季，高温多雨，青草生长旺盛，尤其是生长在低洼、多雨、施氮肥和钾肥多的青草，不仅含镁量很低，且含钾或含氮量偏高，羊长时间在此地放牧或长期饲喂这样的青草，就会造成血镁过低而发病。另外，与绵羊相比，山羊的耐受性要低，发病率和死亡率要高于绵羊。

【临床症状】

（1）急性型 病羊表现兴奋不安，突然倒地，头颈侧弯，牙关紧闭，口吐白沫，瞬膜外突，心动过速，出现阵发性或强直性痉挛，粪尿失禁，抢救不及时很快死亡。

（2）慢性型 走路缓慢，活动不便，后倒地，也可由急性转为慢性，最后常因全身肌肉抽搐使病情恶化而死亡。

【预防措施】

（1）加强草场的管理 对镁缺乏土壤应施用含镁化肥，其用量按土壤 pH 值、镁缺乏程度和牧草种类而有所差别。同时，要控制钾肥施用量，防止破坏牧草中镁、钾之间的平衡。

（2）加强放牧羊群的管理　首先要对羊群补饲镁制剂，在放牧前 1 ～ 2 周内可在日粮中添加镁制剂补料，如在饮水和日粮中添加氯化镁、氧化镁和硫酸镁等，每只羊每日补饲量以不超过 12 克为宜。近些年来，一些国家为预防本病发生，在瘤胃内放置镁缓释物，可在一定时期内起到补充镁的作用。

【治疗方法】 注意对病羊加强护理，停喂缺镁饲草及日粮。将病羊置于安静、无过强光线和任何刺激的环境中饲养。对不能站立而被迫横卧地上的病羊应多铺垫草，时时翻转卧位，并施行卧位按摩等措施，防止压疮发生。

针对病性补给镁和钙制剂有明显效果，可用 25% 硫酸镁注射液 40 毫升，20% 葡萄糖酸钙注射液 50 毫升，一次缓慢静脉注射。

除用上述药物治疗外，还可针对心脏、肝脏、肠道功能紊乱等情况，给予对症疗法，以强心、保肝和止泻等为主，必要时应用抗组胺药进行治疗。

六、铜缺乏症

铜缺乏症是动物体内铜含量不足所致的一种营养代谢性疾病，又称为摆腰病，其临床症状为贫血、腹泻、运动失调和被毛褪色。本病在世界各地均有报道，常呈地方流行，大群发生。绵羊和山羊是最为易感的动物。

【病因分析】

（1）日粮铜缺乏　是引起羊机体缺铜的主要原因，由于生长在低铜土壤上的饲草或土壤中铜的可利用率低所致。一般认为，饲料中铜低于 3 毫克 / 千克即可引起发病，3 ～ 5 毫克 / 千克为临界值，10 毫克 / 千克以上能满足动物的需要。

（2）日粮中存在影响铜吸收的因素　当饲草、饲料中钼含量过多时，可妨碍铜的吸收和利用。饲料中锌、镉、铁、铅和硫酸盐等过多，也会影响铜的吸收，造成机体铜缺乏。饲草中植酸盐含量过高，可与铜形成稳定的复合物，降低动物对铜的吸收。饲料中的蛋氨酸、胱氨酸、硫酸钠、硫酸铵等含硫物质过多，经过瘤胃微生物的作用均可转化为硫化物，后者与钼共同形成一种难溶解的铜硫钼酸盐复合物，可降低铜的利用。

【临床症状与病理变化】 运动障碍是羔羊铜缺乏的主要症状，故又称为摆腰病，主要危害 1—2 月龄的羔羊。早期症状为两后肢呈“八”字形站立，驱赶时后肢运动失调，跗关节屈曲困难，系关节着地，后躯摇摆，极易摔倒，快跑或转弯时更加明显，呼吸和心率随运动而显著增加。严重者做转圈运动，或呈犬坐姿势，后肢麻痹，卧地不起，最后死于营养不良。羔羊随年龄增长，后躯麻痹症状可逐渐减轻。

绵羊铜缺乏时，被毛柔软，光滑，失去弯曲，黑毛颜色变浅。贫血是多种动物长期缺铜的常见症状，发生于铜缺乏的后期。羔羊主要表现低色素小红细胞性贫血，而成年羊则呈巨红细胞性低色素性贫血。腹泻羊继发性铜缺乏的常见症状是粪便呈黄绿色或黑色水样，腹泻的严重程度与钼的摄入量成正比。此外，母羊的发情表现常不明显，不孕或流产，奶羊产奶量下降，其羔羊生长不良。铜缺乏的特征性病变是贫血和消瘦。骨骼的骨化推迟，易发骨折，严重时表现骨质疏松。地方性铜缺乏的最主要组织病变是小脑束和脊髓背外侧束的脱髓鞘。少数严重病例，脱髓鞘病变也可波及大脑，白质结构发生破坏，出现空洞，并且有脑积水、脑脊液增加和大脑回几乎消失等病理变化。肝脏、脾脏和肾脏有大量含铁血黄素沉着。

铜缺乏的初期体内铜贮备大量消耗，但血液铜水平变化不明显，随着摄入的铜继续不足，血液铜水平逐渐下降。

【防控措施】 一是在日粮中添加硫酸铜，最低铜水平为5微克/克。二是在妊娠中后期口服硫酸铜1～1.5克，每周1次，能预防幼畜铜缺乏症，也可在幼畜出生后口服铜制剂。三是可用矿物质添加剂舔砖，舔砖中硫酸铜的含量羊为0.25%～0.5%。四是经口投服含硒、铜、钴等微量元素的长效缓释丸，让其在瘤胃和网胃中缓慢释放微量元素。五是可在饮水中添加硫酸铜，让羊自由饮用。六是给低铜草地施用含铜肥料，如每公顷施用硫酸铜5.6千克，能显著提高牧草中铜的含量。

治疗铜缺乏症比较简单，但如果神经系统和心肌受到严重损伤时，病羊将不能完全康复。可口服硫酸铜1～2克，每周1次，连用3～5周。在日粮中添加铜，使硫酸铜的水平达25～30微克/克，连喂2周效果显著。也可将矿物质添加剂舔砖中硫酸铜的水平提高至3%～5%，让羊自由舔食，或按1%剂量加入日粮中饲喂羊只。

七、钴缺乏症

钴缺乏症又称营养不良、地方性消瘦，临床上以食欲减退、贫血和消瘦为特征。仅发生于绵羊、山羊和牛等反刍动物。

【病因分析】 在正常情况下，绵羊瘤胃中微生物的生长、繁殖都需要钴，并利用钴合成维生素B_{12}。维生素B_{12}不仅是反刍动物的必需维生素，而且是瘤胃微生物的必需维生素。当牧草中缺乏钴时，则维生素B_{12}合成不足，直接影响瘤胃微生物的生长繁殖，从而影响纤维素的消化。因此，缺钴时，可引起反刍动物能量代谢障碍，使动物消瘦和虚弱。另外，钴还能加速体内铁的动员，促进造血功能，如果土壤中含钴量太低，造成牧草中元素钴的含量低于羊的需要水平，故放牧在缺钴草地上的羊群，容易患钴缺乏症。

【临床症状】 病羊主要表现为渐进性消瘦和虚弱，被毛生长缓慢，最后发生贫血症，结膜及口、鼻黏膜发白。常常发生下痢，眼睛流出水样分泌物。羔羊比成年羊的表现严重，但只要钴缺乏达到数月，任何年龄的羊都会死亡。如果将病羊转移到钴正常地区，可以很快痊愈，若返回发病地区，则又会重新发病。

【预防措施】 据报道，每只羊每月给予一次250毫克的钴，具有显著的预防效果，而且也不至于发生中毒。如果在饲料中含有0.07～0.8微克/克干物质的钴，就能保证羊只的健康。

【治疗方法】 在疾病还不十分严重时，如果能将羊只转移到其他地区，往往可以迅速恢复。羔羊在瘤胃未发育成熟之前，可肌内注射维生素B_{12}，每次100～300微克。口服氯化钴或硫酸钴，用法为每只羊每日1毫克钴，连用7天，间隔2周后重复用药；或每周2次，每次2毫克；或每周1次，每次7毫克钴；亦可每月1次，每次300毫克钴，不仅可减少死亡，而且可使动物生长较快。

八、锌缺乏症

锌缺乏症是由于饲草、饲料中锌含量过少而引起的一种微量元素缺乏症。其临床特征是生长发育受阻、皮肤角化不全、骨骼异常和繁殖功能障碍。

【病因分析】

（1）原发性锌缺乏 主要是由于羊日粮中元素锌的含量低下所致，研究发现，当饲喂锌含量在20毫克/千克以下日粮时可出现本病。

（2）继发性锌缺乏 是由于饲喂的饲料中含有过多的钙或植酸钙镁等，阻碍羊机体对饲料中锌的吸收和利用，从而发生锌缺乏症。

【临床症状】 严重缺锌时，病羊皮肤角化不全，脱毛，尤以鼻端、尾尖、耳部、颈部损伤最为明显；趾间皮肤增殖，发生蹄病；繁殖功能紊乱，母羊发情延迟、不发情或发情配种后不孕。

羔羊缺锌表现为发育不良，鼻镜、阴门、肛门、后肢和颈部等处皮肤易发生角化不全、瘙痒、干燥、皲裂、肥厚、弹性减退，四肢、阴囊、鼻孔周围、颈部等处的毛脱落，出现皱襞（图8-6）。后肢弯曲，关节肿胀、僵硬，四肢乏力，步态强拘。

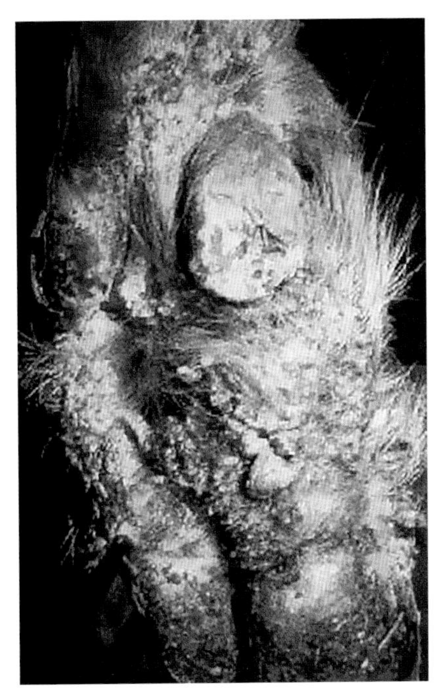

图8-6 病羊肢端皮肤角化不全，被毛脱落

公羊缺锌会引起精液量和精子数减少，精子活力降低，性欲下降。

【病理变化】 剖检变化不明显，即使有也仅见病羊口腔、网胃、瓣胃和皱胃黏膜肥厚，网胃和皱胃角化功能亢进、胆囊充满胆汁、膨大。皮肤组织学检查，可见角质层增生肥厚，颗粒层也增生，呈现角化不全等病变。其他特征性病变为表皮上有突出的棘皮。

【预防措施】 在每吨饲料中添加硫酸锌或碳酸锌180克。对饲养和放牧在锌缺乏地带的羊群，要将饲料中的钙含量严格控制在0.5%～0.6%。同时，可在饲料中补加硫酸锌25～50毫克/千克。

在饲喂新鲜的青绿牧草时，适量添加一些含不饱和脂肪酸的油类，如大豆油，对治疗和预防锌缺乏症有较好的效果。

【治疗方法】 立即改换病羊的饲料。口服硫酸锌，剂量为每只1克，一次口服，每周1次；羔羊可连续服用硫酸锌，剂量为100毫克/千克体重，连用3～4周。

九、碘缺乏症

碘是动物合成甲状腺激素不可缺少的成分，动物一旦缺碘，就会引起碘缺乏症。本病可引起羊只甲状腺增生肿大、生长发育受阻和繁殖成活率下降等。

【病因分析】 引起羊碘缺乏的原因较

多，有原发的也有继发的，还有甲状腺对碘的摄入、利用障碍等。饲草、饲料和饮水中碘含量不足是最常见的致病原因。

饲料和饮水中碘的含量与土壤密切相关。土壤缺碘地区主要分布在内陆高原、山区和半山区，尤其是降水量大的沙土地带。土壤含碘量低于 0.2 ~ 0.25 毫克 / 千克，可视为缺碘。羊饲料中碘的需要量为 0.15 毫克 / 千克，而普通牧草中含碘量为 0.006 ~ 0.5 毫克 / 千克，故许多地区饲料中如不补充碘，可产生碘缺乏症。

饲草、饲料和饮水中其他元素的拮抗作用也可影响机体对碘的吸收，如芜菁、油菜、油菜籽饼、亚麻籽饼、扁豆、豌豆、黄豆粉等含拮抗碘的硫氰酸盐、异硫氰酸盐以及氰苷等，如果长期饲喂这些饲料，可产生碘缺乏症。

一些饲料原料中也含有引起甲状腺肿的物质，如豆饼、豌豆、白三叶草、甘蓝叶、甜菜叶和甜菜糖渣等含有硫葡萄糖苷、硫氰酸盐或高氯酸盐类。

另外，胃肠道疾病等也可以影响机体对碘的吸收。

【临床症状和病理变化】 在碘缺乏地区，羔羊发病率远高于成年羊，成年绵羊只发生单纯性甲状腺肿，而其他症状不明显，表现颈部粗大，羊毛稀少，几乎像小猪一样。全身常表现水肿，特别是颈部甲状腺附近的组织水肿更为明显。妊娠羊碘缺乏时常产出死胎、弱胎或畸形胎。公羊性欲减退，精子品质低劣，精液量减少。

甲状腺明显肿大，脱毛，黏膜水肿。组织学变化是骨组织缺乏骨化，中心骨成熟减缓，碘缺乏时的病羊甲状腺中碘含量明显减少。

【预防措施】 在碘缺乏地区内，坚持对妊娠和泌乳期母羊以及羔羊补碘。一般在食盐中加入 0.01% ~ 0.03% 的碘化钾即有良好效果，或在饮水中每只羊每天加入 50 微克碘化钾或碘化钠。也可在绵羊股内侧皮肤，用 3% ~ 5% 碘酊棉球涂搽，每月 1 次，两侧轮换涂搽。妊娠期和泌乳期母羊禁止饲喂含致甲状腺肿物质和硫脲类物质的饲料或植物。

【治疗方法】 一旦发现羊群中有甲状腺肿病羊，立即用碘化钾或碘化钠治疗，每只羊每日用 5 ~ 10 毫克，混于饲料中饲喂，或在饮水中每天加入 5% 碘酊或 10% 复方碘液 5 ~ 10 滴，20 天为 1 个疗程，停药 2—3 个月后再饲喂 20 天，即可达到治疗效果。

十、食毛症

本病多见于哺乳羔羊，很少见于成年绵羊，有时也可见于山羊。在舍饲情况下，秋末春初容易发生。其临诊特征是病羊喜欢啃食羊毛，常伴发臌气和腹痛，严重时可发生肠梗阻。

【病因分析】 主要由物质代谢障碍引起。一般认为母羊及羔羊饲料中营养成分不全，尤其是缺硫是发生食毛症的主要原因。成年绵羊可借助瘤胃微生物的作用，利用硫合成含硫氨基酸（胱氨酸、半胱氨酸和蛋氨酸），作为羊生长所需营养。当饲料中缺乏硫时，引起含硫氨基酸缺乏，羔羊从母羊奶中不能获得足够的含硫氨基酸，而且由于羔羊瘤胃的发育尚不完善，还没有合成氨基酸的功能，因此含硫氨基酸极度缺乏，以致引起吃羊毛的现象发生。

【临床症状】 羔羊突然啃咬母羊的毛，有时主要拔吃颈部和肩部的毛，有时专吃母羊腹部、后肢及尾部的脏毛；羔羊之间也可能互相啃咬被毛。有异嗜癖，喜食污粪或舔食土、塑料薄膜碎片等。

一般是晚间入圈时啃吃得比较厉害，早晨出圈时也可以看到拔吃羊毛的现象。起初只见少数羔羊吃毛，以后可迅速增多，甚至波及全群。有时在很短几天内，就可将上述部位的毛拔净吃光，完全露出皮肤。有的羔羊的毛几乎全被吃光。吃下去的毛常在幽门部和肠道内彼此黏合，形成大小不同的毛球。其横径大于幽门或嵌入肠道，可使皱胃和肠道阻塞，使羔羊发生消化不良或便秘，逐渐消瘦和贫血，引起食欲丧失、腹痛、胀气、腹膜炎等症状，最后因心脏衰弱而死亡。

【病理变化】 剖检可见皱胃内和幽门处有许多羊毛球，坚硬如石，甚至形成堵塞（图 8–7）。

图 8–7　病羊食毛后在消化道内形成的毛球

【预防措施】 主要在于改善饲养管理。对于母羊，饲料营养要完全，增加维生素或无机盐等微量元素的添加量；改换放牧地，并经常进行运动。对于羔羊，应供给富含蛋白质、维生素和矿物质的饲料，如青绿饲料、胡萝卜、甜菜和麸皮等，每天供给骨粉（5 ~ 10 克）和食盐。近年来，用有机硫，尤其是蛋氨酸等含硫氨基酸防治本病，取得很好的效果。

【治疗方法】 对病羊应注意清理胃肠，维持心脏功能，防止病情恶化，以灌肠通便为主。

便秘和消化功能紊乱的羊，应给予泻剂，如液状石蜡或硫酸钠，也可使用人工盐。

加强母羊和羔羊的饲养管理，供给多样化的饲料和含钙丰富的饲料，如干草，尤其是干苜蓿。在精饲料中加入食盐和骨粉，补喂鱼肝油，同时保证病羊有一定的运动。

隔离吃毛的羔羊，只在吃奶时让其与母羊接近。给羔羊补喂动物性蛋白质，如每天 1 个鸡蛋（富含胱氨酸），连蛋壳捣碎，拌入饲料或奶中，有制止其继续吃毛的作用。

可做皱胃切开术，取出毛球。若肠道已经发生坏死，或羔羊过于孱弱，则不易治愈。

十一、绵羊脱毛症

绵羊脱毛症是指在体表无寄生虫感染、皮肤无炎症时，毛乳头萎缩，被毛脱落，或被毛发育不全的总称。毛纤维正常脱落是一种经常性、正常的生理过程，受环境温度的改变而改变。脱毛可能与皮肤毛细血管供血和血液供给毛的营养物质质量有关。多数先天性脱毛羊只表皮细胞成分减少、无毛囊存在。后天性脱毛主要是由于毛囊被破坏，若毛囊尚未被完全破坏，毛纤维还会再生。

【病因分析】

（1）先天性脱毛症　羊的遗传性皮肤

缺陷可导致先天性稀毛症、对称性脱毛、无毛羔羊和腺垂体发育不全等，这些羔羊的毛囊不能生长纤维；母羊在妊娠过程中，碘需求量增多，若饲料中碘含量不足或缺乏，母羊就会缺碘，则产出的羔羊将发生先天性甲状腺肿，表现羊毛稀疏或无毛。

（2）后天性脱毛症 某些疾病可以继发脱毛症，有肺炎、败血症和严重腹泻并伴有高热的病羊，偶见颈部、躯干和四肢等处发生大面积脱毛。因毛的再生部位损伤，又称再生性脱毛。各种外伤或因痒觉而于硬物上摩擦引起的皮肤损伤，形成瘢痕后破坏毛囊，称为瘢痕性脱毛。由于神经损伤而引起的脱毛，称为神经性脱毛。当发生银合欢中毒时，引起中毒性脱毛。

由于毛乳头的营养失调、新陈代谢紊乱而引起的脱毛为代谢性脱毛，如饲喂羔羊的饲料中维生素 C 及微量元素碘、锌缺乏时，所引起的脱毛。

【临床症状】 羊体有时小片脱毛，有时为大面积脱毛。绵羊可以见到全身脱毛现象。一般都是先从颈侧开始，逐渐波及体侧、四肢以至全身。原发性脱毛症多表现为脱毛部分的皮肤无光泽，亦无炎症变化，仍然具有弹性，不痛不痒，查不出皮肤表面有什么变化。山羊因为梳刷不够而发生的脱毛症，大多见于公羊，其特征是皮肤表面有大量尘土，变为土黄色，摸起来比较粗糙，但并不甚硬，皮肤弹性稍差。症状性脱毛症，可以检查出原发病的特有变化。

【防控措施】 对羊的脱毛不需要治疗，有些脱毛，在于加强饲养管理，改善全身机体状况，经过一段时间后，可以重新长出新的被毛。如欲治疗可用以下皮肤刺激药物，改善皮肤血液循环，以促进毛的生长。鱼石脂 10 克，酒精 50 毫升，蒸馏水 100 毫升，配成溶液，每日早、晚各涂擦 1 次；或用碘酊 1 毫升，樟脑酊 30 毫升，配成溶液，涂擦皮肤。

十二、酮病

羊的酮病又称为酮尿病、酮血病、醋酮血病，常因蛋白质、脂肪和糖的代谢发生紊乱，致使血液、乳汁、尿液及组织内酮类化合物蓄积过多而导致发病。多见于冬季舍饲的奶山羊和高产母羊泌乳的第一个月，主要是由于饲料的营养不能满足大量泌乳的需要。绵羊多发生于冬末春初，山羊则没有严格的季节性。

【病因分析】 原发性酮病常由于大量饲喂含蛋白质、脂肪高的饲料，如豆类、油饼等。而碳水化合物饲料相对不足（包括粗纤维丰富的干草、青草、禾本科谷类、多汁的块根饲料等）；或突然给予含大量蛋白质和脂肪的饲料，尤其是在缺乏糖和粗饲料的情况下供给多量精饲料，更易致病。在泌乳峰值期，高产奶羊需要大量的能量，当所给饲料不能满足需要时，就会动员体内贮备，所以产生大量酮体，酮体积聚在血液中而发生酮病。妊娠期母羊过肥，运动不足，饲料中缺乏维生素 A、B 族维生素以及矿物质等，均可促进本病发生。本病还可继发于前胃弛缓、皱胃炎、子宫炎和饲料中毒等过程中，主要是由于瘤胃代谢紊乱，而导致体内维生素 B_{12} 的不足，影响肝脏利用丙酸盐的能力下降。另外，瘤胃微生物异常活动所产生的短链脂肪酸，也与酮病的发生有密切联系。

【临床症状】 病初表现为反复无常的消化功能紊乱，反刍减少，瘤胃及肠蠕动减弱。食欲低下，常有异嗜癖，喜吃干草及污染的饲料，拒食精饲料。粪球又干又小，上覆恶臭的黏液，有时便秘与腹泻交替发生。排尿减少，尿液为浅黄色水样，初呈中性，逐渐变为酸性，容易形成泡沫，有特异的醋酮气味。泌乳量减少，乳汁也有特异的醋酮气味。肝脏叩诊区扩大并有痛感。

【病理变化】主要表现为肝脏的脂肪变性，病例严重时，肝脏比正常的大 2 ~ 3 倍，其他实质器官也出现不同程度的脂肪变性。

【预防措施】改善饲养条件，冬季注意防寒，补饲胡萝卜、甜菜等；春季补饲青干草，适当补饲精饲料（以豆类为主）、骨粉、食盐及维生素 A、B 族维生素、维生素 D 和矿物质钙、磷等。

【治疗方法】为了提高血糖含量，静脉注射高渗葡萄糖注射液 50 ~ 100 毫升，每日 2 次，连用 3 ~ 5 天。条件许可时，可与胰岛素 5 ~ 8 单位混合注入。

发病后可立即肌内注射可的松 0.2 ~ 0.3 克或促肾上腺皮质激素 20 ~ 40 单位，每日 1 次，连用 4 ~ 6 天。丙酸钠，每日 250 克，混入饲料中饲喂，共喂 10 天。还可口服丙二醇 100 ~ 120 毫升，每日 2 次，连用 7 ~ 10 天。

口服甘油 30 毫升，每日 2 次，连用 7 天。

为了恢复氧化－还原过程及新陈代谢，可口服柠檬酸钠或醋酸钠，剂量按每千克体重 300 毫克计算，连服 4 ~ 5 天。还可用硫代硫酸钠 2 克，葡萄糖 20 ~ 40 克，加蒸馏水至 100 毫升，制成注射剂，每次静脉注射 30 ~ 80 毫升。

十三、羔羊低糖血症

羔羊低糖血症常见于哺乳期的羔羊，绵羊羔和山羊羔均可发生，其临诊特征为羔羊表现寒战，如不急救，会很快发生昏迷而死亡。

【病因分析】初生羔羊的血液中约含有 500 毫克 / 升的右旋葡萄糖，这是生后初期热能的来源。但由于以下各种原因常可使血糖迅速耗尽而发生本病。

哺乳母羊的营养状况较差，泌乳量不足或乳汁营养不全或拒绝羔羊吃奶。

对初生羔羊喂奶延迟，如果气温太低，且不及早喂奶供给能量，就容易引起体温下降，从而发生寒战。

饲喂羔羊的精饲料中碳水化合物不足。

羔羊出生时体质过弱，或是患有营养性衰竭、慢性贫血、肝脏疾病、严重的胃肠道寄生虫病等，也有可能使羔羊内分泌发生紊乱而引发本病。

【临床症状】由于血糖下降，病初羔羊精神沉郁、全身发抖、毛立、拱背、盲目走动、步态僵硬，继而卧地、翻滚，经 15 ~ 30 分钟自行终止，也可能维持较长时间不能恢复，一般多为阵发性发作。早期轻症者，黏膜苍白，体温降至 37℃左右，呼吸急促，心跳加快。重者身体发软，四肢痉挛，站立困难，耳梢、鼻端和四肢下部发凉，排尿失禁，最后躺卧蜷曲，安静昏迷，如不抢救，会很快死亡。

【预防措施】加强妊娠羊的饲养管理，给予足量的全价精饲料，补充丰富的碳水化合物饲料。防止羔羊受冻，给缺奶羔羊进行人工哺乳，做到定时、适量，提前补饲优质饲料。搞好环境卫生，及时治疗消化不良和肝脏疾病等。对于发病的羔羊群，可普遍补充葡萄糖粉。

【治疗方法】 若及时采取治疗措施，大部分羔羊可以恢复健康。

（1）注意保暖 将羔羊置于温暖的地方，用热毛巾擦拭羔羊全身。有条件的羊舍，可设置保温箱，里面安装电灯泡和风扇。

（2）及早提供能量 可灌服5%葡萄糖溶液，每次30毫升，每日2次。也可每天用葡萄糖粉10～25克，分2次口服。

对于重症昏迷羔羊，口服法比较危险，应缓慢静脉注射25%葡萄糖注射液20毫升，然后继续注射5%糖盐水20～30毫升，维持其含量。亦可用5%葡萄糖溶液深部灌肠。待羔羊苏醒后，即用胃管投服温的初乳或让羔羊哺乳。人工喂给初乳时，初乳温度非常重要，如果温度太低，羔羊会表现急躁不安或拒绝吃奶。初乳用量在最初24小时以内争取达到1千克为宜。

第九章　羊普通病的防控技术

一、内科病

（一）口炎

羊的口炎是口腔黏膜表层和深层组织的炎症。在病理过程中，口腔黏膜和齿龈发炎，可使病羊采食和咀嚼困难，口流清涎，痛觉敏感性增高。临床常见单纯性局部炎症和继发性全身反应。

【病因分析】 由于口炎的性质不同，病因也不同。

（1）卡他性口炎　是一种单纯性口炎，为口腔黏膜表层的轻度炎症。病因有机械性、物理性、化学性、有毒物质以及传染性因素的刺激、侵害和影响，如采食粗硬、有芒刺或刚毛的饲料，或饲料中混有玻璃、铁丝等各种尖锐异物，或因灌服过热的药液、采食冰冻饲料或霉败饲料等均可导致口炎发生。此外，还常继发于咽炎、唾液腺炎、前胃疾病、胃炎、肝炎以及某些维生素缺乏症。

（2）水疱性口炎　是以口腔黏膜上生成充满透明浆液性水疱为特征的炎症（图 9-1）。主要的病因为饲养不当，如采食了带有锈病菌和黑穗病菌的饲料、发芽的马铃薯，以及受细菌和病毒感染等。

（3）溃疡性口炎　是一种以口腔黏膜溃疡、坏死为特征的炎症（图 9-2）。主要是由于口腔不洁，被细菌或病毒感染所致。

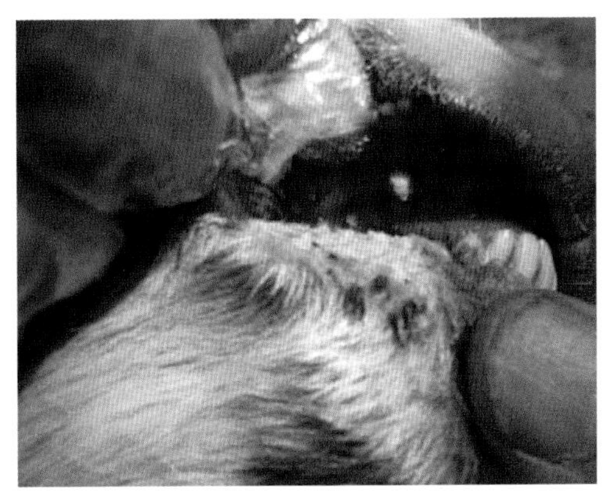

图 9-1　病羊口腔黏膜及上、下唇出现疱疹

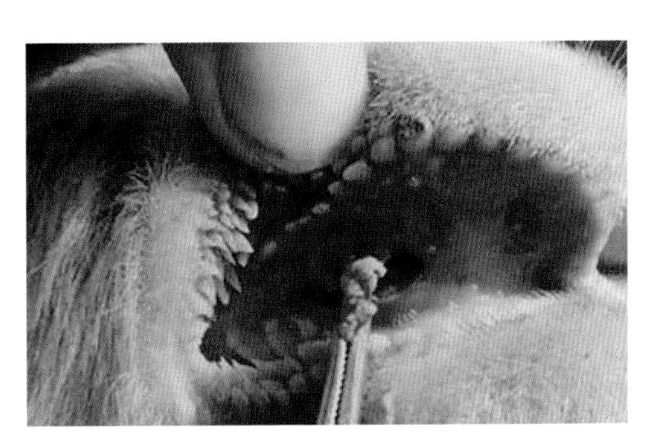

图 9-2　病羊口腔黏膜潮红、糜烂

（4）继发性口炎　多继发于羊口疮、口蹄疫、羊痘、真菌性口炎、变态反应和羔羊营养不良等疾病时（图 9-3）。

【临床症状】 口炎主要表现采食与咀嚼障碍。临床上常见有卡他性、水疱性、溃疡性口炎。原发性口炎病羊常采食减少或停止，口腔黏膜潮红、肿胀、疼痛、流涎。严重者可见有出血、糜烂、溃疡，或引起体质消瘦。

图 9-3　患口蹄疫时口腔黏膜发生水疱

继发性口炎多见有体温升高等全身反应。如羊患口疮时，口腔黏膜以及上下嘴唇、口角处呈现水疱疹和出血性干痂样坏死；患口蹄疫时，除口腔黏膜发生水疱及烂斑外，趾间及皮肤也有类似病变；患羊痘时，除口腔黏膜有典型的痘疹外，在乳房、眼角、头部、腹下皮肤等处亦有痘疹。患真菌性口炎时，除口腔黏膜发炎外，还表现腹泻、黄疸等。患过敏反应性口炎时，除口腔有炎症变化外，在鼻腔、乳房、肘部和股内侧等处见有充血、渗出、溃烂、结痂等变化。

【防治措施】 加强管理和护理，防止因口腔受伤而发生原发性口炎。对传染病所致口炎者，宜隔离消毒。轻度口炎可用 2% ~ 3%碳酸氢钠溶液、0.1% 高锰酸钾溶液或 2% 食盐水冲洗；对慢性口炎发生糜烂及渗出时，可用 3% ~ 5% 蛋白银溶液或 2% 明矾溶液冲洗；有溃疡时用 1 ∶ 9 碘甘油或蜂蜜涂擦。全身反应明显时，用青霉素 40 万 ~ 80 万单位，链霉素 100 万单位，一次肌内注射，连用 3 ~ 5 天；亦可服用磺胺类药物。

为杜绝口炎的蔓延，宜用 2% 氢氧化钠溶液刷洗消毒饲槽，给病羊饲喂青嫩、多汁的饲草。

（二）食道阻塞

食道阻塞也称食管阻塞，是羊食道内腔被食物或异物堵塞而发生的以咽下障碍为特征的疾病。

【病因分析】 本病有原发性和继发性 2 种。

（1）原发性食道阻塞　主要由于过度饥饿的羊吞食了过大的块根饲料，未经充分咀嚼而吞咽，阻塞于食道某一段而导致。例如，吞进大块萝卜、西瓜皮、洋芋、包心菜根及落果等；或因采食大块豆饼、花生饼、玉米棒以及谷草、干稻草、青干草和未拌湿均匀的饲料等，咀嚼不充分忙于吞咽而引起；亦见有误食塑料袋、地膜等异物造成食道阻塞的。

（2）继发性食道阻塞　常见于食道麻痹、狭窄、扩张和食管炎。也有因中枢神经兴奋性增高，发生食道痉挛，引起食道阻塞。

【临床症状】 本病一般多突然发生。一旦阻塞，病羊采食停止，头颈伸直，伴有吞咽和作呕动作；口腔流涎，骚动不安；或因异物吸入气管，引起咳嗽。当阻塞物发生在颈部食道时，局部凸起，形成肿块，手触可感觉到异物形状；当发生在胸部食道时，病羊疼痛明显，并可继发瘤胃臌气。食道阻塞分完全阻塞和不完全阻塞 2 种情况，使用胃管探诊或 X 线检查可确定阻塞的部位（图 9-4）。完全阻塞时，采食、饮水完全停止，表现空嚼和吞咽动作，大量流涎；上部食道阻塞时，病羊流涎并有大量唾液附着在唇边和鼻孔周围，吞咽的食糜和唾液从鼻孔、口腔流出，在阻塞物上

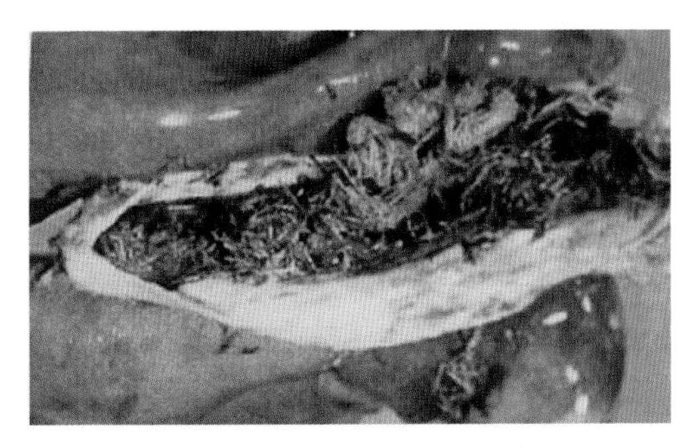

图 9-4　羊食道被捆包线阻塞

方部位可积存液体，手触有波动感。下部食道发生阻塞时，咽下的唾液先蓄积在上部食道内，颈左侧食道沟呈圆筒状膨隆，触压可引起哽噎运动。食道完全阻塞时，不能进行反刍和嗳气，迅速发生瘤胃臌胀，病羊呼吸困难。不完全阻塞时，液体可以通过食道，而食物不能下咽，多伴有轻度瘤胃臌胀。

【预防措施】 为预防本病的发生，应防止羊偷食未加工的块根饲料；补喂家畜生长素制剂或添加剂；清理牧场、羊舍周围的废弃杂物。

【治疗方法】

（1）吸取法　阻塞物属草料食团时，可将羊保定好，送入胃管后用橡皮球吸水，水通过胃管注入，在阻塞物上部或前部软化阻塞物，反复冲洗，边注入水边吸出，反复操作，直至食道畅通。

（2）胃管探送法　阻塞物在近贲门部位时，可先将 2% 普鲁卡因溶液 5 毫升、液状石蜡 30 毫升混合后，用胃管送至阻塞物部位，待 10 分钟后，再用硬质胃管推送阻塞物进入瘤胃中。

（3）砸碎法　当阻塞物易碎、表面圆滑并阻塞在颈部食道时，可在阻塞物两侧垫上布鞋底，将一侧固定，在另一侧用木槌或拳头打砸（用力要均匀），使阻塞物破碎后被病羊咽入瘤胃。

治疗中若继发瘤胃臌气，可施行瘤胃放气术，以防病羊发生窒息。

（三）前胃弛缓

羊前胃弛缓是前胃神经肌肉感受性降低，收缩力减弱，瘤胃内容物运转迟滞，菌群失调，产生大量发酵和腐败物质，引起消化障碍，食欲、反刍减退，乃至全身功能紊乱的一种疾病，可继发酸中毒。常发生于山羊，绵羊较少。在冬末至春初饲料缺乏时最为常见。

【病因分析】 发生前胃弛缓的原因复杂，一般可分为原发性和继发性 2 种。

（1）原发性前胃弛缓　亦称单纯性消化不良。病因与饲养管理和自然气候的变化有关。

①饲草过于单纯　长期饲喂粗纤维多、营养成分少的饲草，消化功能陷于单调和贫乏，一旦变换饲料，即引起消化不良；草料质量低劣，常饲喂一些纤维粗硬、刺激性强、难于消化的饲料。

②饲料变质　饲喂变质的青草、青贮饲料、酒糟、豆渣、山芋渣等饲料或冰冻饲料。

③矿物质和维生素缺乏　往往发生于冬、春季，表现为局部神经性肌肉紧张度减弱，食欲减少，反刍微弱而缓慢，多喜卧。特别是缺钙时，引起低钙血症，影响神经和体液的调节功能，成为导致本病的主要原因之一。

另外，饲养失宜、管理不当、应激反应等因素（如误食塑料袋、化纤布或分娩后母羊食入胎衣等），也可导致本病的发生。

（2）继发性前胃弛缓　患有瘤胃积食、胃肠炎和其他多种内科病、产科病和某些寄生虫病时也可继发前胃迟缓。

【临床症状】急性症状为食欲减少或渴欲增加，反刍缓慢且次数减少，瘤胃蠕动微弱，瘤胃内容物发酵（图 9–5），产生大量气体，左腹增大（图 9–6）。若不及时治疗，有变为慢性的趋势。病羊常有便秘，排泄物色黑而硬。泌乳量显著减少或完全停止。体温和脉搏常无变化。病羊站立时，四肢紧靠身体，低头伸颈，背弓起，常磨牙。以后由于营养不足，常喜卧于地。病末期起立困难，脉搏弱而快，体温稍升高。瘤胃臌胀显著时，则呼吸困难。经久不愈者，消瘦而贫血，最终死于衰竭。

图 9–5　病羊瘤胃内容物腐败发酵

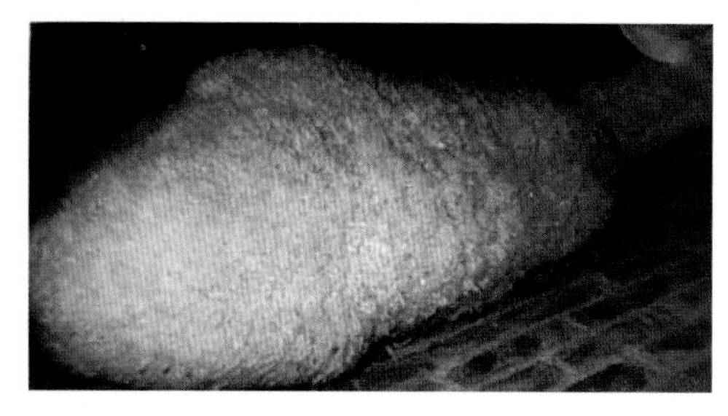

图 9–6　病羊左腹增大

慢性症状的表现是食欲逐渐减少或反常，但并不完全丧失。大多数病羊饮水减少，但亦有口渴加强者。反刍停止，腹部呈间歇性臌胀，触诊前胃部位，感到坚实，有时还会引起腹痛。

【病理变化】瘤胃、瓣胃或网胃扩张。瓣胃内容物特别干燥，用手指摩擦时呈粉末状。瘤胃内容物也干燥，且有气体，其量多少不定。前胃黏膜变化情况不同，有时正常，有时充血或有小出血点，上皮易于脱落。网胃有坏死或出血性溃疡。

【预防措施】加强饲养管理，注意饲料的选择和保管，防止霉败变质。依据日粮标准饲喂，不可任意增加饲料或突然变更饲料。保持圈舍安静，避免异常声音、光线和颜色等不利因素刺激和干扰羊只。注意圈舍卫生和通风、保暖，做好预防接种工作。

【治疗方法】治疗原则是加强护理，消除病因，缓泻、止酵、兴奋瘤胃蠕动。因过食引起者，可采用饥饿疗法，禁食 2 ~ 3 次，然后供给易消化的饲料，使之恢复正常。应用药物疗法时，应先投给泻剂，清理胃肠，再投给兴奋瘤胃蠕动的药和防腐止酵剂。

成年羊可用硫酸镁或人工盐 20 ~ 30 克，液状石蜡 100 ~ 200 毫升，番木鳖酊 2 毫升，大黄酊 10 毫升，加水 500 毫升，一次口服。

用胃肠活 2 包，陈皮酊 10 毫升，姜酊 5 毫升，龙胆酊 10 毫升，加水混合，一次口服。

10% 氯化钠注射液 20 毫升、10% 氯化钙注射液 10 毫升，安钠咖注射液 2 毫升，混合后一次静脉注射。

用酵母粉 10 克，红糖 10 克，酒精 10 毫升，陈皮酊 5 毫升，混合后加水适量，一次口服。

兴奋瘤胃可用 2% 毛果芸香碱注射液 1 毫升，皮下注射。防止酸中毒，可口服碳酸氢钠 10 ~ 15 克。

（四）瘤胃积食

瘤胃积食又称急性瘤胃扩张，是反刍动物贪食大量饲料引起瘤胃扩张，内容物停滞和阻塞以及整个前胃功能障碍，形成脱水和毒血症的一种严重疾病。山羊比绵羊多发，年老母羊较易发病。

【病因分析】 导致本病发生的主要原因是由于羊只贪食大量富含粗纤维、不易消化的饲料，如豆秸、山芋藤、老苜蓿、花生蔓、紫云英、谷草、稻草、麦秸、甘薯蔓等，且缺乏饮水，使饲料难于消化所致。过食麸皮、棉籽饼、酒糟、豆渣等，也能引起瘤胃积食。长期舍饲的羊，运动不足，当突然变换可口的饲料，常常造成采食过多，或者由放牧转为舍饲，采食难于消化的干枯饲料而发病。当饲养管理和环境卫生条件不良时，奶山羊与肉羊容易受到各种不利因素的刺激和影响，如过度紧张、运动不足、过于肥胖或因中毒感染等，产生应激反应，也能引起瘤胃积食。在前胃弛缓、创伤性网胃腹膜炎、瓣胃秘结以及皱胃阻塞等病程中，也常常继发瘤胃积食。

【临床症状】 常在饱食后数小时内发病，病羊不安，目光凝视，拱背站立，回顾腹部或后肢踢腹，间或不断起卧。食欲废绝、反刍停止、虚嚼、磨牙、时而努责，常有呻吟、流涎、嗳气，有时作呕或呕吐。

瘤胃蠕动音减弱或消失，触诊瘤胃感觉内容物硬实，有的病例呈粥状。腹部膨胀，瘤胃背囊有一层气体，穿刺时可排出少量气体和带有臭味的泡沫状液体。腹部听诊，肠音微弱或沉寂。病羊便秘，粪便干硬、色暗，间或发生腹泻。瘤胃内容物呈粥状、恶臭时，表明继发中毒性瘤胃炎。

晚期病例，腹部胀满，瘤胃积液，呼吸急促，心悸动增强，脉率增快。皮温不整，四肢下部、角根和耳冰凉，全身颤抖，眼窝凹陷，黏膜发绀，病羊衰弱，卧地不起，陷于昏迷状态。

【预防措施】 加强饲养管理，防止突然变换饲料和过食，避免外界各种不良因素的刺激和影响。

【治疗方法】 应遵循消导下泻、止酵防腐、纠正酸中毒、健胃、补充液体的治疗原则。

消导下泻，可用液状石蜡100毫升，人工盐或硫酸镁50克，芳香氨酯10毫升，加水500毫升，一次口服。

止酵防腐，可用鱼石脂1～3克，陈皮酊20毫升，加水250毫升，一次口服。亦可用煤油3毫升，加温水250毫升，摇匀呈油悬浮液，一次口服。

纠正酸中毒，可用5%碳酸氢钠注射液100毫升，5%葡萄糖注射液200毫升，一次静脉注射；或用11.2%乳酸钠注射液30毫升，一次静脉注射。

心脏衰弱时，可用10%安钠咖注射液5毫升，或10%樟脑磺酸钠注射液4毫升，肌内注射。呼吸系统和血液循环系统衰竭时，可用尼可刹米注射液2毫升，肌内注射。

中药可用大黄12克，芒硝30克，枳壳9克，厚朴12克，槟榔15克，香附9克，陈皮6克，千金子9克，青皮9克，木香3克，牵牛子12克，煎水500毫升，一次口服。

种羊发生急性瘤胃积食，若应用药物治疗不能达到目的时，宜迅速进行瘤胃切开手术，进行急救。

（五）瘤胃臌气

瘤胃臌气是因病羊采食了大量容易发酵的饲料，在瘤胃内微生物的作用下，异常发酵，产生大量气体，引起瘤胃和网胃急性臌胀（图 9-7），导致呼吸和血液循环障碍，发生窒息现象的一种疾病。以绵羊多发。

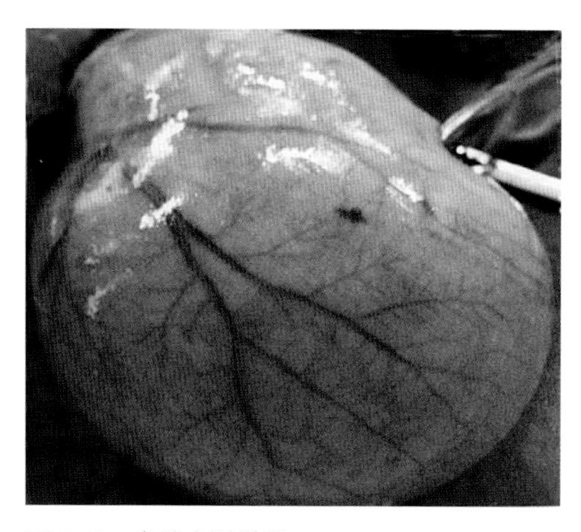

图 9-7　病羊瘤胃臌胀

【病因分析】 原发性瘤胃臌胀是由于反刍动物直接饱食容易发酵的饲草、饲料后引起。继发性瘤胃臌胀常由前胃弛缓、创伤性网胃炎、瓣胃阻塞、食管阻塞、食管痉挛等疾病引起。

【临床症状】 急性瘤胃臌胀通常在采食不久后发病。腹部迅速膨大，左肷窝明显凸起，严重者高过背中线（图 9-8）。反刍和嗳气停止，食欲废绝，发出吭声，表现不安，回顾腹部。腹壁紧张而有弹性，叩诊呈鼓音。瘤胃蠕动音初期增强，常伴发金属音，后减弱或消失。呼吸急促，甚至头颈伸展，张口呼吸，胃管检查非泡沫性臌胀时，从胃管内排出大量酸臭的气体，臌胀明显减轻。泡沫性臌胀时，仅排出少量气体，而不能解除臌胀。病的后期，病羊心力衰竭，血液循环障碍，静脉怒张，呼吸困难，黏膜发绀。目光恐惧，出汗，间或肩背部皮下气肿、站立不稳，步态蹒跚甚至突然倒地，痉挛、抽搐。最终因窒息和心脏停搏而死亡。

图 9-8　绵羊急性瘤胃臌气

慢性瘤胃臌胀多为继发性瘤胃臌胀。瘤胃中度臌胀，常为间歇性反复发作。

【预防措施】 加强饲养管理，不让羊采食霉败和易发酵饲料，或被雨淋和经受霜露、冰冻的饲料。如果饲喂多汁易发酵的饲料，应定时、定量，喂后切记不要立即饮水。

【治疗方法】 治疗原则是排除气体、理气消胀、强心补液、健胃消导、恢复瘤胃蠕动。

病情较轻的病例，使病羊站立于斜坡上，保持前高后低姿势，不断牵引其舌，同时按摩瘤胃，促进气体排出。若通过上述处理效果不显著时，可用松节油 20 ～ 30 毫升，鱼石脂 10 ～ 20 克，75% 酒精 30 ～ 50 毫升，温水适量，一次口服。或口服 8% 氧化镁溶液 500 毫升，以止酵消胀。

泡沫性臌胀，以灭沫消胀为目的。可口服表面活性药物，如甲基硅油 0.5 ～ 1 克，消胀片 25 ～ 50 片，一次口服。也可用松节油3～10毫升，液状石蜡30～100毫升，常水适量，一次口服。

当药物治疗效果不显著时，应立即施行瘤胃切开术，取出其内容物。

当有窒息危险时，首先应实行胃管放气或用套管针穿刺放气（间歇性放气，图9-9），防止窒息。放气后，为防止内容物发酵，宜用鱼石脂2～5克，75%酒精20～30毫升，常水150～200毫升，一次口服。或用套管针向瘤胃内注入5%生石灰水或8%氧化镁溶液。此外，在放气后，还可将40万～80万单位青霉素用0.25%普鲁卡因溶液5～10毫升稀释后，注入瘤胃。

1. 套管针；2. 穿刺部位

图9-9 绵羊瘤胃穿刺术

（六）瓣胃阻塞

瓣胃阻塞（瓣胃秘结）是由于羊瓣胃的收缩力量减弱，食物排出作用不充分，通过瓣胃的食糜积聚，不能后移，充满瓣叶之间，水分被吸收，内容物变干而致病。其临诊特征为瓣胃容积增大，坚硬，不排粪便，腹部胀满。

【病因分析】本病主要由于饮水失宜和饲喂秕糠、粗纤维饲料而引起，或饲料和饮水中混有过多的泥沙，使泥沙混入食糜，沉积于瓣胃瓣叶之间而发病。亦可继发于前胃弛缓、瘤胃积食、皱胃阻塞、瓣胃和皱胃与腹膜粘连等疾病。

【临床症状】病羊初期症状与前胃弛缓相似，瘤胃蠕动力量减弱，瓣胃蠕动消失，并可继发瘤胃臌气和瘤胃积食。触压病羊右侧第七至第九肋间，肩胛关节水平线上下时，羊表现疼痛不安。粪便干少，色泽暗黑，后期停止排便。随着病程延长，瓣胃小叶发炎或坏死，常可继发败血症，此时可见体温升高，呼吸和脉搏加快，全身表现衰弱，病羊卧地不能站立，最后死亡。

【病理变化】瓣胃内容物充满、坚硬，其容积增大1～3倍。重剧病例，瓣胃周围的腹膜和内脏器官多具有局限性或弥漫性炎性变化。瓣叶间内容物干涸，形同纸板，可捻成粉末状。瓣叶上皮组织菲薄，有溃疡、坏死灶或穿孔。此外，肝脏、脾脏、心脏、肾脏以及胃肠等部分，具有不同程度的炎性病理变化。

【预防措施】避免给羊过多饲喂秕糠和坚韧的粗纤维饲料，防止导致前胃弛缓的各种不良因素。注意运动和饮水，增进消化功能，防止本病的发生。

【治疗方法】应以软化瓣胃内容物为主，辅以兴奋前胃运动功能、促进胃肠内容物排出的药物。瓣胃注射疗法对顽固性瓣胃阻塞疗效显著。具体方法是：准备25%硫酸镁溶液30～40毫升，液状石蜡100毫升，在右侧第九肋间隙和肩胛关节线交界下方，选用12号7厘米长针头，向对侧肩关节方向刺入4厘米深，刺入后可先注入20毫升生理盐水，试其有较大压力时，表明针已刺入瓣胃，再将上述准备好的药液用注射器交替注入瓣胃，于第二天再重复注射 1 次。

瓣胃注射后，可用 10% 氯化钙注射液 10 毫升，10% 氯化钠注射液 50 ~ 100 毫升，5% 糖盐水 150 ~ 300 毫升，混合后一次静脉注射。待瓣胃松软后，皮下注射 0.1% 氯贝胆碱注射液 0.2 ~ 0.3 毫升，兴奋胃肠运动功能，促进积聚物下排。

此外,亦可口服中药。选用健胃、止酵、通便、润燥、清热剂，效果良好。方剂组成为：大黄 9 克，枳壳 6 克，牵牛子 9 克，槟榔 3 克，当归 12 克，白芍 2.5 克，番泻叶 6 克，千金子 3 克，山栀 2 克，煎水口服。或用大黄末 15 克，人工盐 25 克，清油 100 毫升，加水 300 毫升，一次口服。

（七）皱胃阻塞

皱胃阻塞是皱胃内积满过多的食糜，使胃壁扩张，体积增大，胃黏膜及胃壁发炎，食物不能排入肠道所致。临诊特征为前胃弛缓，胃肠蠕动废绝，皱胃扩大，左、右侧下腹部冲击或触诊可感到坚硬的皱胃，并有疼痛感，病至后期病羊不排便。

【病因分析】 本病多因羊的消化功能紊乱，胃肠分泌、蠕动功能降低造成；或因长期饲喂细碎的饲料；或因迷走神经分支损伤和创伤性网胃炎使肠袢与皱胃粘连；幽门痉挛，幽门被异物如地膜块、塑料袋、毛球堵塞等，均可导致本病发生。

【临床症状】 本病发展较缓慢，初期似前胃弛缓症状，病羊食欲减退，排便量少，以至停止排便，粪便干燥，其上附有多量黏液或血丝。右腹皱胃区扩大，瘤胃充满液体，冲击皱胃区可感觉到坚硬的皱胃胃体。

【预防措施】 加强饲养管理，除去致病因素，尤其对饲料的品质、加工调制等要特别注意。做到定时、定量喂料，供给足量的清洁饮水。冬季注意圈舍保暖和环境卫生。

【治疗方法】 应先给病羊输液（见瓣胃阻塞的治疗），可试用 25% 硫酸镁溶液 50 毫升、甘油 30 毫升、生理盐水 100 毫升，混合作皱胃注射。操作应按如下步骤进行：首先在右腹下肋骨弓处触摸到皱胃胃体，在胃体凸起的腹壁部局部剪毛，5% 碘酊消毒，用 12 号针头刺入腹壁及皱胃胃壁，再用注射器吸取胃内容物，当见有胃内容物残渣时，可以将要注射的药液注入。待 10 小时后，再用胃肠通注射液 1 毫升（体小的羊用 0.5 毫升），一次皮下注射，每日 2 次。或用比赛可灵注射液 2 毫升，皮下注射，可重复使用。

中药治疗可用大黄 9 克，油炒当归 12 克，芒硝 10 克，生地 3 克，桃仁 2.5 克，京三棱 2.5 克、莪术 2.5 克、李仁 3 克，煎成水剂口服。

对于发病的种羊，当药物治疗无效时，可考虑进行皱胃切开术，以排除阻塞物。

羔羊哺乳期，常因过食羊奶使凝乳块聚结，充盈于皱胃腔内，或因毛球移至幽门部不能下行，形成阻塞物，继发皱胃阻塞。病羔临床表现为食欲废绝，腹胀疼痛，口流清涎，眼结膜发绀，严重腹泻，脱水，触诊瘤胃、皱胃松软。治疗可用液状石蜡 20 毫升、水合氯醛 1 克、复方陈皮酊 3 毫升、三酶合剂（胖得生）5 克，加温水 20 毫升，一次口服。此外，本病可诱发病羔胃肠炎和机体抵抗力降低，应进行全身保护性治疗。

（八）创伤性网胃腹膜炎及心包炎

创伤性网胃腹膜炎及心包炎是由于异物刺伤网胃壁而发生的一种疾病。其临诊特征为急性前胃弛缓，胸壁疼痛，间歇性臌气。本病多见于奶山羊，偶尔发生于绵羊。

【病因分析】 本病主要由于尖锐金属异物（如钢丝、铁丝、缝针、发卡、锐铁片等）混入饲料被羊吃进网胃，因网胃收缩，异物刺破或损伤胃壁所致。如果异物经横膈膜刺入心包，则发生创伤性网胃心包炎。异物穿透网胃胃壁或瘤胃胃壁时，可损伤脾脏、肝脏、肺脏等脏器，此时可引起腹膜炎及各部位的化脓性炎症。

【临床症状】

（1）创伤性网胃腹膜炎　病羊精神沉郁，食欲减少，反刍缓慢或停止，鼻镜干燥，行动谨慎，表现疼痛，拱背，不愿急转弯或走下坡路。用手冲击网胃区及心区，或用拳头顶压剑状软骨区时，病羊表现疼痛、呻吟、躲闪，肘头外展，肘肌颤动，并有前胃弛缓和慢性瘤胃臌气等症状。

（2）创伤性网胃心包炎　病羊心动过速，达每分钟 80 ~ 120 次，颈静脉怒张，粗如手指。颌下及胸前水肿，听诊心音区扩大，出现心包摩擦音及拍水音。病的后期，常发生腹膜粘连、心包蓄脓和脓毒败血症。

【病理变化】 本病的病理变化依金属异物的性质而异，有的导致腹膜粘连、心包蓄脓和脓毒败血症。有的引起创伤性网胃炎，特别是铁钉，可损伤胃壁深层组织，使局部增厚、化脓，形成瘘管或瘢痕。有的网胃与膈粘连或胃壁局部结缔组织增生，将铁钉埋藏于其中，并形成干酪腔或脓腔。还有一部分病例，由于网胃壁穿孔，形成弥漫性或局限性腹膜炎乃至胸膜炎，脏器互相粘连，或者膈、脾脏、肝脏、肺脏发生脓肿。心脏受损害时，心包中充满多量纤维蛋白性渗出液（图 9-10、图 9-11）。

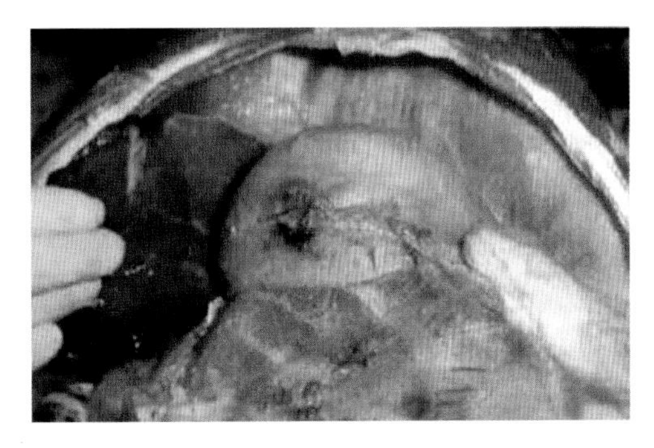

图 9-10　金属丝刺穿网胃

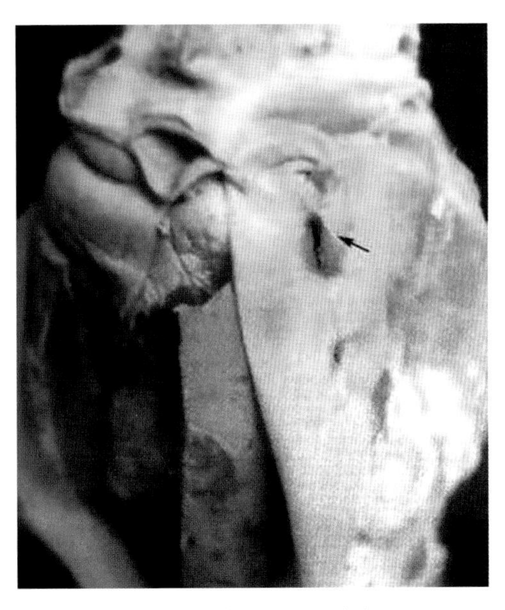

图 9-11　金属丝刺穿网胃壁和心包

【预防措施】 清除饲料中的异物，在饲料加工设备中安装磁铁，以排除铁器，并严禁在牧场或羊舍内堆放铁器。饲喂人员勿带尖细的铁器用具进入羊舍，以防止混落在饲料中，被羊食入。

【治疗方法】 确诊后可行瘤胃切开术，清理排出异物。如病程发展到心包积脓阶段，病羊应予淘汰。

对症治疗，消除炎症，可用青霉素40万～80万单位、链霉素50万单位，一次肌内注射。亦可用磺胺嘧啶钠5～8克、碳酸氢钠5克，加水口服，每日1次，连用1周以上。亦可使用健胃剂、镇痛剂。

（九）肠套叠

肠套叠是某一部分肠管套叠在邻部肠腔内而引起的疾病，多见于小肠（图9-12）。

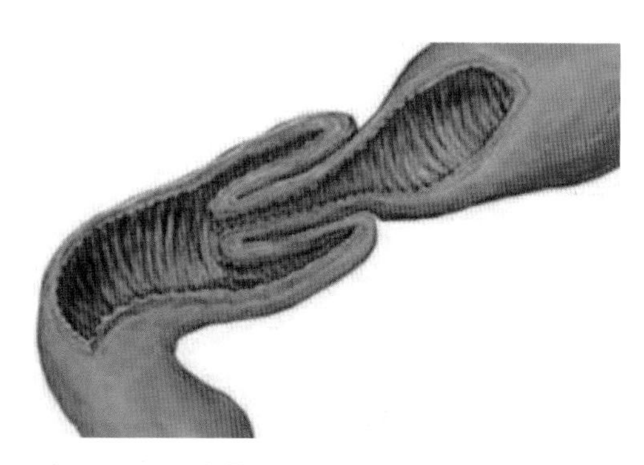

图9-12 肠套叠

由于肠结节虫寄生于肠管，羊无规律运动，突然奔跑，以及胎儿压迫等均可引起肠套叠。本病多见于绵羊，而绵羊中以细毛羊和细毛杂种羊为多见，占发病羊总数的90%以上。不同性别的绵羊都有发病，母羊发病较多。

本病一年四季都能发生，以3—5月和9—11月发病较多。放牧绵羊发病率高于舍饲羊。

【病因分析】 肠套叠形成的原因比较复杂，主要有以下几种。

一是肠结节虫寄生于肠壁形成坚硬的结节，直接干扰和破坏肠管正常的、有规律的运动，由于结节的障碍，致使套入的一段无法恢复原状，形成套叠性肠梗阻。病羊不断努责，使前一段肠管不断涌入被套进的肠腔内。随着病情恶化，套叠越来越严重。有的套入肠管可长达60～100厘米。

二是羊群突然间受惊，或因为其他原因急骤驱赶，羊剧烈奔跑，跳跃沟渠，可诱发肠套叠。

三是空腹饱饮冷水，常可引起肠管的痉挛性收缩蠕动，诱发肠套叠。

四是公羊、羯羊相互抵架，或被放牧人员突然踢打腹部等外力冲击致伤，可能诱发肠套叠。

五是妊娠或产羔时，由于胎儿压迫或助产不当，或因产羔时努责过度，也可引起肠套叠。

【临床症状】

（1）初期 病羊突然食欲大减或废绝，口色发青，口腔腻涩，舌苔发白，眼结膜瘀血。脉搏达每分钟80～120次，病羊伸腰屈背，不论站立多久或爬卧时间多长，再站立时均可见伸腰曲背现象。病羊腹部膨大，反刍停止，一般胃蠕动音少而弱，肠音呈半途性中断。有时排便少许，粪便坚硬、呈小颗粒状。触诊右腹部有明显的压痛感，腹壁较紧张，可摸到硬块状的肠套叠部分。

（2）中期 病羊表现苦闷，发出呻吟声，常常呆立，不愿卧下和行走，有时用后蹄踢腹部。如强行运动，则表现剧烈腹痛，趴卧在地。有时可见肛门排出少量铁锈色黏液。听诊胃蠕动音减弱，仅每分钟3～4次。

（3）末期 肠内气体增多，腹部臌胀，胃肠无蠕动音。呼吸浅表，呻吟加剧，精神萎靡。体温一般正常，有时升高。卧多立少，不吃不嚼。磨牙，眼呈嗜睡状，最终因体质极度衰弱而死亡。

【治疗方法】治疗原则是镇痛和恢复肠管的正常位置。一旦确诊，应立即进行手术整复。肠套叠一旦发生，就会引起急性肠梗阻，后果非常严重。最有效的疗法为施行开腹整复术，而且必须争取时间及早进行。手术步骤如下。

（1）术前准备　除做好一般器材的消毒外，应备好 0.25% 盐酸普鲁卡因注射液、青霉素、链霉素、硫化钠、甘油、磺胺噻唑软膏、磺胺脒和水合氯醛等药物。

（2）手术方法　将羊前后肢分别绑在一起，使左侧向下放倒，由两人固定，将右肷部的毛剪到最短程度，再于该部涂以硫化钠与甘油（2 ∶ 8）配合剂，使毛完全脱光。口服水合氯醛 8 ~ 10 克，令其睡眠，然后用 3% 来苏尔溶液和 70% 酒精对术部进行清洗、消毒。用 0.25% 盐酸普鲁卡因注射液对术部进行矩形局部麻醉，然后切开长约 15 厘米的切口，沿腹肌伸入右手，通过盲肠底摸寻坚硬的患部。取出患部，检查其颜色，如有呈暗紫色、有腐烂趋势处，则表示为患病部位。此时，应用外科手术刀切开患部的两端，并用灭菌肠线进行肠管断端缝合，然后给缝合部位涂以磺胺噻唑软膏，以防粘连与发炎，最后轻轻放回原位。如果病变部位颜色稍红，无腐烂趋势，可用两手拇指和食指推压使套叠复位。还纳肠管前，吻合口周围喷洒一些青霉素和链霉素的混合物，并向腹腔内注入 120 万 ~ 160 万单位的青霉素和 1 克链霉素。把腹膜和肌肉分别进行连续缝合，皮肤行结节缝合，并用脱脂棉和纱布包扎伤口。

（3）术后处理　将羊放在安静、清洁、干燥的隔离室，给予适量的温水与流食，避免给予泻剂和任何可以增强肠蠕动的药品，以防肠管断裂与粘连。第二、第三天有的羊体温略有升高，精神萎靡，食欲不振，此为肠炎表现，可给予消炎收敛制酵剂；第三天可开始饲喂青草，但应避免饲喂高蛋白质饲料。

（十）肠扭转

肠扭转是由于肠管位置发生改变，引起肠腔机械性闭塞，继而肠管发生出血、麻痹、坏死等变化。病羊表现重剧性腹痛症状，如不及时整复肠管位置，可造成病羊急性死亡。本病平时少见，多发生于绵羊剪毛后，故牧民称其为“绵羊剪毛病”。

【病因分析】肠扭转一般继发于肠痉挛、肠臌气、瘤胃臌气，在这些疾病中肠管蠕动增强并发生痉挛收缩，或因腹痛引起羊打滚旋转，或因瘤胃臌气，瘤胃体积增大，迫使肠管离开正常位置，各段肠管互相扭转缠叠而发病。另外，剪毛前羊采食过饱，腹压较大，在放倒固定腿蹄时羊挣扎，或翻转体躯时动作粗暴、过猛，均可导致肠扭转。

【临床症状】发病初期，病羊精神不安，口唇染有少量白色泡沫，回头顾腹，伸腰拱背或蹲胯，两肷内吸，后肢踢腹，翘唇摆头，时而摇尾，不排粪尿。腹部听诊瘤胃蠕动音先增强，后变弱，肠音亢进，随着时间延长，肠音废绝。体温正常或略高，呼吸浅而快，每分钟 25 ~ 35 次，心率增快，每分钟 80 ~ 100 次。随着病情发展，症状加剧，病羊急起急卧，前冲后撞，腹围增大，叩之如鼓，腹壁触诊敏感拒按，眼结膜发绀，即使用镇痛药物也不能止痛。此时，瘤胃蠕动音和肠音消失，体温达 40.5 ～ 41℃，呼吸促迫，达每分钟 60 次以上，心音弱而节律失常，可达每分钟 110 ～ 120 次。衰竭期病羊精神委靡，腹部严重臌气，眼结膜苍白，呆立不动，或卧地不能站立，强迫运动时步态蹒跚，体温下降至 37℃以下，呼吸微弱，心音亢进。腹部穿刺，有淡红色如洗肉水样液体流出。一般病程为 6 ～ 18 小时，如变位肠管不能复位，其结局将以死亡而告终。

【治疗方法】 治疗以整复法为主，药物镇痛为辅。

（1）体位整复法　由助手用两手抱住病羊胸部，将其提起，使羊臀部着地，羊背部紧挨助手腹部和腿部，让羊腹部松弛，呈人伸腿坐地状。术者蹲于羊前方，两手握拳，分别置两拳头于病羊左右腹壁中部，紧挨腹壁，交替推揉，每分钟推揉 60 次左右，助手同时晃动羊体。推揉 5 ～ 6 分钟后，再由两人分别提起羊的一侧前后肢，背着地面左右摆动十余次。放下病羊让其站立，持鞭驱赶，使羊奔跑运动 8 ～ 10 分钟，然后观察结果。

推揉中术者用力大小要适中，以使腹腔内肠管、瘤胃晃动并可听到胃肠清脆的撞击音为度。若病羊嗳气，瘤胃臌气消散，腹壁紧张性减轻，病羊安静，可视为整复术成功。

（2）手术整复法　若采用体位整复法不能达到目的，应立即进行剖腹探诊，查明扭转部位，整理扭转的肠管使之复位。

整复后，宜用如下药物治疗：镇痛可用安痛定注射液 10 毫升，肌内注射；或用美沙酮注射液 5 毫升，分 2 次皮下注射；或用水合氯醛 3 克、75% 酒精 30 毫升，一次口服；或用三溴合剂 30 ～ 50 毫升，一次静脉注射。中药可用延胡索 9 克，桃仁 9 克，红花 9 克，木香 3 克，大黄 15 克，陈皮 9 克，厚朴 9 克，芒硝 12 克，槟榔 3 克，茯苓 9 克，泽泻 6 克，加水煎成汤剂，一次口服。

（十一）胃肠炎

胃肠炎是胃肠黏膜及其深层组织的出血性或坏死性炎症。临床表现以食欲减退或废绝、体温升高、腹泻、脱水、腹痛和不同程度的自体中毒为特征。

【病因分析】 本病多因前胃疾病引起。饲养管理不当是引起本病的重要原因，如采食大量的冰冻、发霉饲料，饲草、饲料中混进具有刺激性的化肥，如过磷酸钙、硝酸铵等。服用过量的蓖麻油、芦荟、芒硝等也可致病。圈舍潮湿，卫生不良，春季羊体质乏弱，营养不良，以及投服驱虫药剂量偏大，也是导致本病发生的原因之一。本病还可继发于羊副结核、巴氏杆菌病、羊快疫、羊肠毒血症、羊炭疽、羔羊大肠杆菌病等疾病。

【临床症状】 急性胃肠炎病羊表现食欲减少或废绝，口腔干燥发臭，舌有黄厚苔或薄白苔，伴有腹痛。肠音初期增强，其后减弱或消失，排稀便或水样便，排泄物腥臭或恶臭，粪便中混有血液、黏脓、坏死脱落的组织碎片。脱水严重，少尿，眼球下陷，皮肤弹性降低，消瘦，腹围紧缩。当虚脱时，病羊卧地，脉搏微细，心力衰竭。体温在整个病程中升高。病至后期，因循环和微循环障碍，病羊四肢冷凉，昏睡、抽搐而死。

慢性胃肠炎病程较长，病势缓慢，主要症状同急性胃肠炎，也可引起恶病质。

【病理变化】 肠内容物常混有血液，恶臭，黏膜呈现出血斑或溢血斑。在肠黏膜表面形成霜样或麸皮状覆盖物。黏膜下水肿，白细胞浸润。坏死组织剥落后，遗留烂斑和溃疡。病程时间过长，肠壁可能增厚并发硬。淋巴滤泡以及肠系膜淋巴结肿大，常并发腹膜炎。

【预防措施】 加强饲养管理，不用霉败饲料饲喂，不让羊采食有毒物质和有刺激性、腐蚀性的化学物质。防止各种应激因素的刺激。做好羊群的定期预防接种和驱虫工作。定期检查，注意平时观察，当发现羊采食、饮水和排便异常时，应及时治疗，加强护理。

【治疗方法】 治疗原则是消除炎症，清理胃肠，预防脱水，维护心脏功能，解除中毒，增强机体抵抗力。

消炎可用磺胺脒 4 ~ 8 克、碳酸氢钠 3 ~ 5 克，加水适量，一次口服。亦可用药用炭 7 克、萨罗尔 2 ~ 4 克、次硝酸铋 3 克，加水适量，一次口服；或用黄连素片 15 片、链霉素片 2 片（每片 0.5 克）、红根草粉 15 克，加水适量，一次口服；或用泻速宁 2 号 30 克，加水口服；或用青霉素 40 万 ~ 80 万单位，链霉素 50 万 ~ 100 万单位，以 10 毫升蒸馏水溶解，一次肌内注射，连用 5 天。

脱水严重的宜补液，可用 5% 葡萄糖注射液 300 毫升、生理盐水 200 毫升、5% 碳酸氢钠注射液 100 毫升，混合后一次静脉注射，必要时可以重复应用。腹泻严重者可用 1% 硫酸阿托品注射液 2 毫升，皮下注射。

心力衰竭时，可用 10% 樟脑磺酸钠注射液 3 毫升，一次肌内注射；或用尼可刹米注射液 2 毫升，皮下注射。

急性胃肠炎可用中药方剂治疗。白头翁 12 克，秦皮 9 克，黄连 2 克，黄芩 3 克，大黄 3 克，山栀 3 克，茯苓 6 克，泽泻 6 克，郁金 9 克，木香 2 克，山楂 6 克，水煎，一次口服。

（十二）羔羊消化不良

羔羊消化不良是哺乳期羔羊较为常见的一种胃肠疾病。以消化与物质代谢障碍、消瘦、不同程度的腹泻为特征。本病多发生于 1 ~ 3 日龄的初生羔羊，任何时间都可发生，2 月龄后发病较为少见。

【病因分析】 对妊娠羊饲养管理粗放。特别在妊娠后期，饲料中营养物质不足，缺乏蛋白质、矿物质元素和维生素 A、维生素 C、维生素 D 等。对乳母羊和羔羊的饲养管理不当，羔羊受寒，以及人工哺乳不能定时、定量、定温，均可引起羔羊消化不良。中毒性消化不良，多由单纯性消化不良转归而来。

【临床症状】

（1）单纯性消化不良　病羔精神不振，食欲减退或拒食，体温正常或稍低。轻微腹泻，粪便变稀。随着时间的延长，粪便变成灰黄色或灰绿色，其中混有气泡和黄白色的凝乳块，气味酸臭，粪便中混有未消化的凝乳块或饲料碎片。肠音响亮，腹胀，腹痛。心音亢进，心搏和呼吸加快。腹泻不止则表现严重脱水，皮肤弹性降低，被毛无光，眼球塌陷。严重时，病羊站立不稳，全身颤动。

（2）中毒性消化不良　病羔精神极度沉郁，眼光无神，食欲废绝，全身衰弱，躺地不起，头颈后仰，体温升高，全身震颤或痉挛。严重时呈水样腹泻，粪便中混有黏液和血液，气味腐臭，肛门松弛，排便失禁。眼球凹陷，皮肤无弹性。心音变弱，节律失常，脉搏微细，呼吸浅表。病至后期，病羊体温下降，四肢及耳冰凉，乃至昏迷而死亡。

【病理变化】剖检时可见皮肤干皱，眼窝深陷，尾根和肛门被粪便污染，肠道黏膜充血、出血，肝脏肿胀、脆弱，心肌质地变软，心内膜与心外膜有出血点，脾脏和肠系膜淋巴结肿胀。

【预防措施】加强饲养管理，改善卫生条件，维护心脏血管功能，抑菌消炎，防止酸中毒，抑制胃肠的发酵和腐败，补充水分和电解质。

【治疗方法】治疗时，首先可将病羊置于保暖、干燥处，禁食 8 ～ 10 小时，饮服电解质溶液；可对羔羊应用油类或盐类缓泻剂（如液状石蜡 30 ～ 50 毫升），排出胃肠内容物；可用人工胃液（胃蛋白酶 10 克、稀盐酸 5 毫升，加水 1 000 毫升，混匀），每次 10 ～ 30 毫升，一次灌服；或用胃蛋白酶、胰酶、淀粉酶各 0.55 克，加水一次灌服，每日 1 次，连用 5 天，可促进消化。可选用抗生素药物进行治疗，防止肠道感染。特别是对中毒性消化不良的羔羊，每千克体重可用链霉素 20 万单位，或新霉素 25 万单位，或卡那霉素 50 毫克，任选其中一种灌服。或用磺胺脒，首次量 0.5 克，维持量 0.2 克，灌服，每日 2 次，连用 3 天。腹泻不止的病羔，可用矽碳银 1 克，灌服。脱水严重者可用 5% 糖盐水 500 毫升、5% 碳酸氢钠注射液 50 毫升、10% 樟脑硝酸钠注射液 3 毫升，混合后静脉注射。

（十三）羔羊肠痉挛

羔羊肠痉挛是因不良因素刺激使肠平滑肌发生痉挛性收缩而引发的一种间歇性腹痛症。本病多发生在羔羊哺乳期，特别羔羊是开始学会吃草、饮水和反刍时发病率最高。

【病因分析】寒冷刺激是导致发病的主要原因。我国北方地区春季产羔季节，正值气候变化比较剧烈的时候，经常有风雪、寒潮、雨雹侵袭，羔羊最容易遭受寒冷刺激。此外，羔羊舔食冰雪和采食冰冻饲料，人工哺乳温度过低，或遭受雨淋等都可使之发病。

饲养管理不良，以酸败的奶及奶制品给羔羊补饲，吃了霉败和难以消化的饲料，也可引起发病。母羊营养不良，乳汁营养成分或数量不足，羔羊经常处于饥饿状态，耐寒能力随即降低。有研究表明，当气温低于适宜温度时，气温每下降 1℃，饥饿家畜的新陈代谢即提高 5%。因此，瘦弱羔羊最易患肠痉挛。

羔羊慢性消化不良，也往往是肠痉挛的致病因素。

【临床症状】病羔耳、鼻俱冷，体温正常或偏低，结膜苍白，背拱而立或蜷曲而卧。突然腹痛发作，回头顾腹，后肢蹴踢，有时作排尿姿势。严重腹痛时，病羔急起急卧，或前肢跪地，匍匐而行。有的突然跳起，落地后就地转圈或顺墙疾行，咩叫不已，持续约数十分钟，又处于安静状态。有的表现腹胀、下痢、口流清涎，有的在疼痛停止时，又出现食欲。

【预防措施】加强母羊的饲养管理，注意羔羊保暖，调整母羊出牧时间，避免羔羊过于饥饿，禁食品质不良饲料。

【治疗方法】及时治疗，一般收效迅速。可用 75% 酒精或姜酊 10 ～ 20 毫升加水灌服。或用 30% 安乃近注射液 2 ～ 6

毫升，肌内注射。较大羔羊可用等渗葡萄糖溶液、0.5%普鲁卡因溶液，混合加温，腹腔注射。体温过低的病羔，可先肌内注射樟脑油2～4毫升。民间常将腹痛病羔放在热炕上或用烧热的砖热敷腹部，同时灌给热奶，可以收到满意效果。

（十四）羔羊便秘

羔羊便秘又名胎粪停滞或胎粪秘结。本病在山羊羔和绵羊羔都可能发生。

【病因分析】一是吃不到初乳或初乳不足，尤其是初乳质量不良。二是羔羊体质瘦弱，肠道蠕动无力。三是人工喂奶不能定时、定量、定温。四是有时是继发于羔羊肠套叠。

【临床症状】羔羊精神不好，吃奶很少或完全不吃奶，排便困难，表现拱背、努责、摇尾，后躯下蹲呈排尿姿势。严重者腹部发胀，腹痛不安，卧地不起，后腿伸直，发出哀叫声。羔羊有时起卧不安，近似疯狂。腹部听诊时，肠音减弱或停止。进行腹部触诊，有时可以摸到硬条状的肠段，细摸时有颗粒状感觉。发展到后期时，呼吸和心跳变快，结膜发红，口流清水，粪便干黑，覆有黏液，或者排出少量黑褐色糊状粪便，好似面酱。

如果发生肠套叠，即完全排不出粪便，病情发展较快，预后不良。

【预防措施】加强母羊妊娠后期的营养，增强羔羊体质，提高乳汁的质量，避免发生缺奶现象；人工喂奶时，必须做到定时、定量、定温。

【治疗方法】停止吃奶，防止症状加剧和胀气。促使粪便排出，可用温肥皂水或2%食盐水进行深部灌肠。如果灌肠无效，可给予液状石蜡5～10毫升，也可给予小儿七珍丹15粒，口服每日1次。还可用中药番泻叶60克，加水500毫升，煮沸，再加水至500毫升，每只羔羊灌服30毫升，每日1次。按摩腹部，促进肠道活动。如诊断为肠套叠，可用手术方法整复。

（十五）羔羊脐带炎

羔羊脐带炎是脐带血管及其周围组织遭受感染而引起的炎症，可分为脐血管炎及坏疽性脐炎。

【病因分析】脐带剪断时消毒不彻底，环境卫生不好，羔羊互相吸吮脐带等原因造成脐带感染病菌而发炎。

【临床症状】羔羊患脐血管炎时，病羊精神不振、腰背拱起、食欲不振、不愿运动，局部增温。触诊脐部有热痛，脐带中央有较硬的索状物，穿刺时有脓液排出。脐部周围感染严重时，呼吸、脉搏加快，体温升高。坏疽性脐炎时，脐带断端湿润，呈污红色，溃烂，有恶臭味，常形成脐带溃疡。当脐带炎症蔓延时，可引起腹膜炎，易继发败血症及脓毒败血症，有时感染破伤风梭菌而并发破伤风。

【预防措施】初生羔羊的脐带要彻底消毒，不仅要对表面进行消毒，还应向残存的脐内灌注消毒液。改善产房卫生，羔羊吃奶后要擦净嘴边的残奶，避免互相吸吮。

【治疗方法】早期症状较轻时，可用抗生素及局部封闭治疗，可于脐孔周围皮下注射青霉素普鲁卡因溶液，并涂布碘酊。后期脓肿发生时，应用外科手术排脓，清洁创围，用0.1%高锰酸钾溶液、3%过氧化氢溶液、0.02%呋喃西林溶液或0.01%新洁尔灭溶液等冲洗创腔，除去腐烂组织，排出脓液，然后敷以消炎药物。对坏疽性脐炎，需彻底切开坏死组织，以碘酊处理创口，并向创口内撒布碘仿磺胺粉，或青、链霉素粉，或蒲黄粉（地榆、蒲黄、白芝等量研为细末），或珍珠散。

为防止感染和并发症，可肌内或静脉注射抗菌药物或磺胺类药物，也可肌内注射破伤风疫苗，或口服消炎解毒散（黄芩、黄柏、金银花、板蓝根各10克，生地、麦冬、当归各9克，共为细末），连用5天。

（十六）腹膜炎

腹膜炎的特征是腹腔浆膜发生急性或慢性炎症，腹腔内有渗出液积留。

【病因分析】 腹膜炎没有原发性的，一般都继发于以下各种情况。

（1）为意外创伤或手术伤的结果 如去势、瘤胃切开术或瘤胃穿刺术等，都可能造成感染而引起严重的腹膜炎。膀胱破裂必然会引起腹膜炎，而且通常会造成死亡。

（2）为腹腔或骨盆腔器官炎症的扩展 这种情况并不少见，如子宫炎扩及腹膜，脓肿向腹腔破裂都可引起腹膜炎。皱胃及肠道发生并发症时，可以造成局部的腹膜炎。瘤胃或网胃沉积有泥土或砂子时，可在胃壁上造成炎症过程，致使浆膜穿通而引起腹膜炎。

（3）为急性传染病或寄生虫病所引起 出血性败血症及炭疽均可引起腹膜炎。干酪样淋巴结炎偶尔亦可影响到腹膜。肝片吸虫造成的损伤也可以引起腹膜炎。

【临床症状】 急性腹膜炎多属于脓毒性弥漫性腹膜炎。病羊精神极度沉郁，食欲废绝，口渴贪饮，腹围增大，腹部僵硬，由于腹部疼痛，因而腰背弓起，腹围紧缩，行动小心。当腹腔内液体增多时，则腹下部呈对称性增大，触诊敏感，叩诊有水平浊音。体温升高达40℃以上，脉搏增数微弱，呼吸浅快，且为胸式呼吸。有时症状很不明显，一般没有腹壁压痛反应，甚至在急性情况下，除了体温升高、精神沉郁、消化紊乱及慢性臌气外，很少有其他表现。

【病理变化】 急性腹膜炎的典型变化是腹腔内积有大量渗出液，腹膜上附有纤维性渗出物。患慢性腹膜炎时常常见到腹膜表面失去光泽，不滑润，有的区域和腹内器官发生粘连。

【防控措施】 及时应用抗生素治疗，如肌内注射青霉素或链霉素，也可以同时注射青、链霉素。或用青霉素40万单位、链霉素0.5～1克、0.25%普鲁卡因注射液100毫升，一次腹腔内注射。

对于腹壁的开放性伤口，应认真进行外科处理，进行缝合。

抓紧治疗原发性疾病。

（十七）感冒

感冒是一种全身性疾病，以上呼吸道黏膜炎症为主要特征。多发生于早春、晚秋气候剧变时，没有传染性，若及时治疗，可以治愈。

【病因分析】 主要由于气候突然发生变化，羊只受寒冷刺激而引起。夏、秋季节天气闷热，羊出汗后又到风较大处，或剪毛后天气突然变冷或冷雨淋浇、寒夜露宿等都会引起感冒。

【临床症状】 在寒冷因素作用后突然发病。病羊精神沉郁，被毛蓬乱，低头耷耳，食欲减少或废绝。鼻端发凉，鼻黏膜充血、肿胀，有浆液性鼻液、咳嗽、时而打喷嚏或擦鼻现象。体温升高，肌肉震颤，呆立。口色青白、舌有薄苔，舌质红，呼吸加快，脉搏细数。小羊有磨牙现象，大羊常发出鼾声。听诊肺泡呼吸音有时增强，有时伴有湿性啰音，瘤胃蠕动减弱。

【预防措施】注意天气变化，做好防寒保暖工作。冬季羊舍门窗、墙壁要封严，防止冷风侵袭。夏季要预防汗后吹风淋雨。保持环境的清洁卫生，防止流感侵袭。

【治疗方法】病羊应避风保暖，充分供给饮水，饲喂易消化的饲料，并注意休息。

病初应给予解热镇痛药，如30%安乃近注射液、复方氨基比林注射液或复方奎宁注射液4～6毫升，每日1次，肌内注射。也可口服阿司匹林、水杨酸钠等2～5克。当高热不退时，应及时应用抗生素或磺胺类药物，如青霉素、链霉素，每日2次，每次40万～80万单位，肌内注射。

（十八）肺炎

绵羊与山羊均可患肺炎，以绵羊引起的损失较大，尤其是羔羊。

【病因分析】引起的肺炎的原因较多，归纳如下。

（1）气候变化剧烈，因感冒而引起　放牧时忽遇风雨，或剪毛后遇到冷湿天气。圈舍湿潮，空气污浊，且兼有贼风，即容易引起鼻卡他及支气管卡他，如果护理不周，即可发展为肺炎。

（2）羊抵抗力下降　并未见到病原菌存在，但因各种原因，绵羊抵抗力减弱，许多细菌即可乘机感染羊只引发肺炎。

（3）肺寄生虫引起　如肺丝虫的机械刺激作用可造成营养不良，从而发生肺炎。

（4）异物入肺　吸入异物或灌药入肺，都可引起异物性肺炎，也叫机械性肺炎。灌药入肺的现象多由于灌药过快或者由于羊头抬得过高，同时羊只挣扎反抗。例如，对臌胀病灌服药物时，由于羊呼吸困难，最容易挣扎而发生问题。

（5）继发于其他疾病　如出血性败血症，伪结核等，往往因病羊长期偏卧一侧，引起一侧肺脏充血，继而发生肺炎。一旦继发肺炎，致死率常高于原发疾病。

【临床症状】症状因病因的性质而异。疾病发展速度一般较慢，但在小羊偶尔也发生急性肺炎。初发病时，病羊精神迟钝，食欲减退，寒战，呼吸加快，体温上升达40℃。心悸亢进，脉搏细弱而快，眼、鼻黏膜变红，鼻无分泌物，常发出干涩而痛苦的咳嗽音。随着病程的发展，呼吸越来越困难，表现喘息，最终死亡。通常发病1周左右死亡，死亡率的高低不定。

【病理变化】可见喉部充血，气管与支气管发炎，内含白色或淡红色泡沫或脓液。肺部呈黑红色，质地较硬，摸起来很像肝脏（图9-13、图9-14）。病灶很显著，有时限于一侧，有时可波及两侧。或为扩散性，或为局限性，严重时其他器官也可发现病灶。胸腔内常积聚多量的淡红色液体。如为进行性慢性肺炎，肺脏上常见有坚硬的灰色病灶。

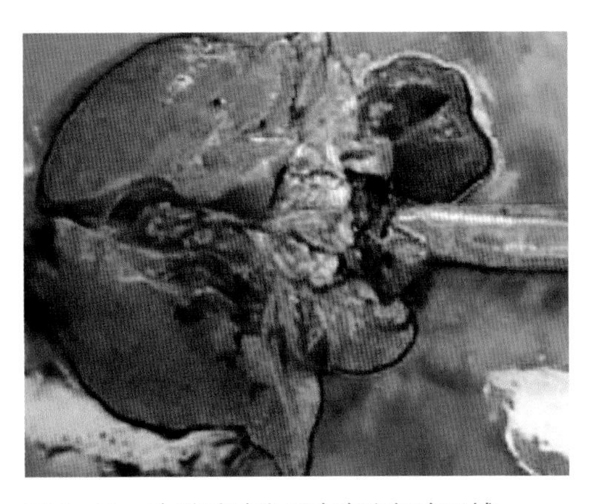

图9-13　病羊肺脏出现实变和坏疽区域

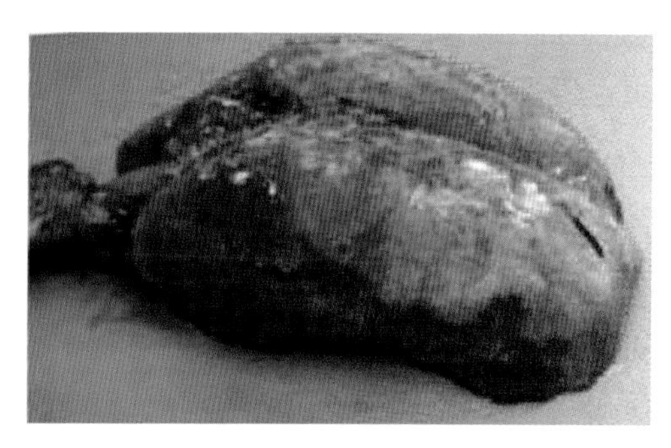

图 9-14 病羊肺脏出现大面积的实变区域

【预防措施】 加强饲养管理是最根本的预防措施，应供给富含蛋白质、维生素和矿物质的饲料。注意圈舍卫生，不要过热、过冷、过于潮湿，通气要好。剪毛后若遇天气变冷，应迅速把羊赶到室内，必要时还应在室内生火取暖。夏、秋季下午较晚时不要给羊洗浴，因没有晒干羊毛的机会。长途运回的羊只，不要急于喂给精饲料，应多喂青绿饲料或青贮饲料。

对呼吸系统的其他疾病要及时发现，抓紧治疗。由传染病或寄生虫病引起的肺炎，应集中力量治疗原发病。为了预防异物性肺炎，灌药时务必小心，不能使羊嘴的高度超过额部，同时要缓慢灌入。遇有咳嗽，应立即停止。最好是使用胃管灌药，但要注意不可将胃管插入气管内。

【治疗方法】 发现羊有肺炎症状后，及早将其置于清洁、温暖、通风良好但无贼风的羊舍内，保持安静，喂给容易消化的饲料，经常供应清水。

采用抗生素或磺胺类药物治疗，病情严重时可以同时应用两种药物。如肌内注射青霉素或链霉素的同时，口服或静脉注射磺胺类药物。采用四环素，则疗效更为理想。也可用卡那霉素 100 万单位，一次肌内注射，每日 2 次，连用 3 ~ 4 天。

由于患肺炎的羊只有不同的临床表现，应采用相应的对症疗法。当体温升高时，可肌内注射安乃近注射液 2 毫升或口服阿司匹林 1 克，每日 2 ~ 3 次。当发现干咳、有稠鼻液时，可给予氯化铵 2 克，分 2 ~ 3 次于 1 天内服完。还可以按下列处方给药：磺胺嘧啶 6 克、碳酸氢钠 6 克、氯化铵 3 克、远志末 6 克、甘草末 6 克，混合均匀，分 3 次于 1 天内灌服。

（十九）鼻炎

鼻炎是鼻腔黏膜的炎症，同时上呼吸道也可能受到侵害。临床以鼻黏膜充血、肿胀、敏感性增高、流鼻液为主要特征。夏、秋炎热季节多发，可能形成群发。

【病因分析】 急性鼻炎主要发生于早春、晚秋季节，与气候剧烈变化或潮湿有关。圈舍通风不良、污秽不堪，羊只吸入氨、硫化氢等有害气体；牧地和饲料中的尘土、真菌孢子侵入鼻腔，刺激鼻黏膜等也可致病。急性鼻炎常可继发于流行性感冒、咽炎、支气管炎、肺炎等。慢性鼻炎一般由急性鼻炎未能及时治愈而转归而来。原发性慢性鼻炎比较少见。本病也可由寄生虫侵入鼻腔引起。

【临床症状】 病初鼻黏膜充血，病羊鼻黏膜有痒觉，常常表现喷鼻，并以鼻端摩擦饲槽、地面或摇头。两侧鼻孔先是流出浆液性鼻液，逐渐流出黏稠浑浊的乳白色渗出物。因鼻黏膜肿胀导致鼻腔狭窄，病羊可表现为呼吸困难，有鼻塞音。比较严重的病例，鼻黏膜可形成溃疡，并伴发急性结膜炎，畏光流泪。有的伴发咽喉炎，病羊吞咽困难、咳嗽、喉部敏感。若有其他继发性疾病发生，则体温升高，并有全身反应。

【预防措施】 保持圈舍环境清洁，除

去饲料、饲草中的尘埃和其他杂物；改善饲养管理条件，增强羊只的抵抗力，防止继发性感染。

【治疗方法】 应用1% ~ 2%碳酸氢钠溶液或1% ~ 2%克辽林溶液清洗鼻腔。消毒和收敛鼻黏膜炎症，可用10%磺胺嘧啶钠溶液50毫升、蜂蜜15克、蒸馏水100毫升，混合摇匀盛入玻璃瓶中，每日滴鼻1次，连用5天。消除鼻黏膜肿胀可用0.1%肾上腺素溶液滴鼻。

（二十）支气管炎

支气管炎是支气管黏膜和黏膜下层组织发生的炎症。剧烈咳嗽和呼吸困难为其临床特征，多发生于冬、春两季。根据病程长短可分为急性和慢性2种。

【病因分析】 急性支气管炎的病因主要是寒冷与感冒，特别是在秋、冬季节与早春，如天气剧变，风雪侵袭，羊舍漏风、漏雨等，特别是羊在剪毛后，因淋雨受寒，使羊呼吸道防御功能降低，诸多常在菌如肺炎球菌、巴氏杆菌、链球菌等大量繁殖，引发疾病。羊舍通风不良，空气污浊，存有大量的氨气、硫化氢等，以及饲草中混有较多尘土，也是支气管炎的致病因素。寄生虫和真菌的侵害也不可忽视。本病也可继发于喉、气管、肺的疾病或某些传染病（口蹄疫、羊痘等）与寄生虫病（肺丝虫）。

慢性支气管炎常由于急性支气管炎的病因未能及时除去延续而来，或继发于其他器官疾病。

【临床症状】

（1）急性支气管炎　主要症状是咳嗽。病初表现有干性、疼痛的咳嗽，咳声短促而痛苦。以后变为湿性长咳，痛感减轻，有时咳出痰液，同时鼻腔或口腔排出黏性或脓性分泌物。胸部听诊可听到啰音。体温一般正常，有时升高0.5 ~ 1℃，全身症状较轻。若炎症侵害范围扩大到细支气管，则呈现弥漫性支气管炎的特征。全身症状重剧，体温升高1 ~ 2℃，呼吸急促，呈呼气性呼吸困难，可视黏膜呈蓝紫色，有弱痛咳。

（2）慢性支气管炎　也是以咳嗽、流鼻液、气管敏感和肺部啰音为特征。体温正常，无全身变化。由于病期拖长和反复发作，病羊日渐消瘦和贫血，直至极度衰竭而死亡。

【防控措施】 建立良好的饲养管理制度，排除致病因素。注意羊舍的环境卫生，避免尘埃、细菌的侵害，饲喂营养丰富的饲料，天气变化时做到防风御寒，消除支气管炎的致病原因。

在治疗上，祛痰可口服氯化铵1 ~ 2克，酒石酸锑钾0.2 ~ 0.5克，碳酸钠2 ~ 3克。其他如吐根酊、远志酊、杏仁水等均可应用。止喘可肌内注射3%盐酸麻黄素注射液1 ~ 2毫升。

控制感染，以使用抗生素及磺胺类药物为主。可用10%磺胺嘧啶钠注射液10 ~ 20毫升肌内注射，也可口服磺胺嘧啶，每千克体重0.1克（首次加倍），每日2 ~ 3次。或肌内注射青霉素20万 ~ 40万单位或链霉素0.5克，每日2 ~ 3次，直至体温下降为止。

二、外科病

（一）创伤

创伤是羊体深部组织发生的损伤，并

伴有皮肤和黏膜的破损。创伤可分为新鲜创伤和化脓性感染创伤。新鲜创伤包括新鲜手术创伤和新鲜污染创伤，新鲜污染创伤是指伤后12小时以内，伤部虽被污染但还没有出现感染症状的创伤；化脓性感染创伤是指创内有大量细菌侵入，出现化脓性炎症的创伤。

【病因分析】

（1）机械性损伤　系机械性刺激作用所引起的损伤，包括开放性损伤和非开放性损伤（图9-15、图9-16）。

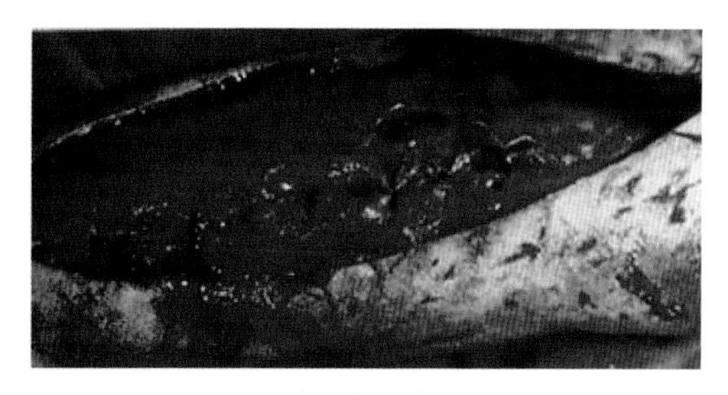

图9-15　撕裂伤

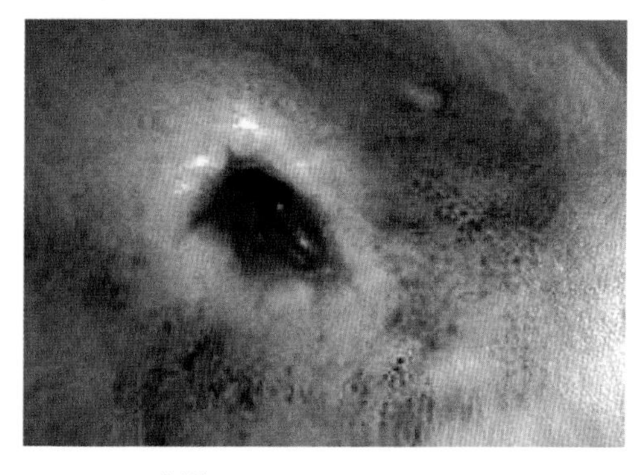

图9-16　刺伤

（2）物理性损伤　因物理因素引起的损伤，如烧伤、冻伤、电击及放射性损伤等。

（3）化学性损伤　系化学因素引起的损伤，如化学性热伤及强刺激剂引起的损伤等。

（4）生物性损伤　由生物性因素引起的损伤，如各种细菌和毒素引起的损伤等。

【临床症状】 新鲜创伤的临床特点是出血、疼痛和创口裂开。伤后时间较短，创内尚有血液流出或存有血凝块，且创内各部分组织的轮廓仍能识别，有的虽被严重污染，但未出现创伤感染症状。严重创伤有不同程度的全身症状。

化脓性感染创伤的特点是创面脓肿、疼痛，局部增温，创口不断流出脓液或形成很厚的脓痂，有时出现体温升高。随着化脓性炎症的消退，创面出现新生肉芽组织，称为肉芽创。正常肉芽组织比较坚实，呈红色平整颗粒，表面覆有少量黏稠的、灰白色的脓性物。

【防治措施】 新鲜创面不必清洗，可用消毒纱布盖住创面，在创面周围剪毛，消毒后撒布消炎粉、碘仿磺胺粉及其他防腐生肌药。如有出血，应外用止血粉撒布创面，必要时可用安络血、维生素K_3或氯化钙等全身性止血药，先用3%过氧化氢溶液、0.1%高锰酸钾溶液冲洗创面污物，然后用生理盐水冲洗，擦干后撒布上述药物。如创面大、创口深，撒布上述药物前需进行缝合。

化脓性感染创伤应先扩创排脓，剪掉或切除坏死组织，然后用3%过氧化氢溶液、0.1%高锰酸钾溶液或0.1%新洁尔灭溶液等冲洗创腔，最后用松碘流膏（松榴油15克、5%碘酊15毫升、蓖麻油500毫升）纱布条引流。有全身症状时可适当选用抗菌消炎类药物，并注意强心解毒。

肉芽创应先清理创围，并用生理盐水冲洗。然后局部选用刺激性小、能促进肉芽组织和上皮生长的药物，如松碘流膏、3%龙胆紫溶液等。肉芽组织赘生时，可用硫酸铜腐蚀，也可用烙烧法去除赘生肉芽。

（二）关节扭挫

关节扭挫包括关节扭伤和挫伤，多是关节韧带、关节囊和关节周围组织的非开放性损伤，多发生于肩关节、腕关节、膝关节和髋关节。

【病因分析】 多数由于道路泥泞不平而滑走、跌倒或误踏深坑、奔走失足、跳跃闪扭等引起。羊舍地面不平、不铺垫草等也是主要致病原因。

致病的机械外力直接作用于关节，引起皮肤脱毛和擦伤，皮下组织溢血和挫伤。关节周围软组织血管破裂形成血肿以及急性炎症。若患病关节长时间固定不动，可引起粘连性滑膜炎，关节活动受限制，有时关节软骨、骨膜和骨骺受到损伤，形成关节粘连。

【临床症状】 受伤时出现轻重不一的跛行，站立时患肢屈曲或蹄尖着地，或完全不敢负重而提起。触诊患部有热、肿、痛，其程度依伤势轻重而不同。仅关节侧韧带受伤时，于韧带的起止部出现明显的压痛点。如由外力直接引起，患部的被毛及皮肤常有脱落或擦伤的痕迹。

关节被动运动使韧带紧张时，则出现疼痛反应；使受伤韧带松弛时，则疼痛反应轻微。如发现受伤关节的活动范围比正常关节的活动范围增大，则是关节侧韧带发生全断裂的表现。

（1）冠关节扭挫　轻度扭挫时，局部肿胀不明显，触诊冠关节侧韧带或被挫部出现疼痛反应，运步时呈轻度跛行；重度扭挫时，冠关节部出现明显肿胀及疼痛，运步时呈中度跛行，有时于受伤处可发现挫伤的痕迹。

（2）系关节扭挫　轻度扭挫时，局部肿胀，疼痛较轻，呈轻度跛行。重度扭挫时，病羊站立时系关节屈曲，以蹄尖着地，运步时跛行严重，局部触诊疼痛剧烈，肿胀明显。

（3）腕关节扭挫　腕关节多发生挫伤，常见腕关节前面有深浅不一的组织损伤，轻者仅伤及皮肤，重者则伤及骨骼，呈轻度或中等程度混合跛行。有时皮肤及其他组织出现缺损而形成挫创，有时伤及腕前皮下黏液囊，出现黏液囊炎。

（4）肩关节扭挫　患部前肢肩关节正常轮廓改变，触诊患部有热痛。站立时多将患肢伸向前方，以蹄尖着地。重度挫伤时，患肢不敢完全着地，运步时出现以悬跛为主的混合跛行。

（5）膝关节扭挫　患肢提举悬垂或以蹄尖着地，呈混合跛行。触诊膝关节侧韧带，特别是股胫关节侧韧带常有明显肿痛。重度扭挫时，膝关节腔内因积聚多量浆液性渗出物或血液而明显肿胀。

（6）髋关节扭挫　有时因分娩、久卧不起或粗暴提举而引起伤跨。站立时，患肢膝、跗关节屈曲，或髋关节脱位，则荐骨下降而髂骨突出；运步时步样不灵活，患肢外展，臀部摇摆，卧下后起立困难或不能站立；局部触诊或直肠内检查时有疼痛反应。

【预防措施】 加强饲养管理，羊舍要保持清洁卫生，道路泥泞或不平时，放牧人员要严加护羊。

【治疗方法】 于伤后 1 ～ 2 天，包扎压迫绷带或施行冷敷，必要时可注射止血药，如 10% 氯化钙注射液、维生素 K_3 注射液等。

急性炎症缓和后，应用热敷疗法，如温敷、石蜡疗法、温蹄浴（40 ～ 50℃温水，每日2次，每次1 ~ 2小时），能使溢出较快吸收。如关节腔内积聚多量血液不能吸收时，可进行关节腔穿刺，排除腔内血液，缠以压迫绷带，但须严格消毒，以防感染。

可肌内注射安乃近、安痛定；患部涂擦用醋调制的复方醋酸铅散或贴速效跌打膏；也可在患部涂擦轻度皮肤刺激剂，如10%樟脑酒精或碘酊樟脑酒精合剂（10%樟脑酒精80毫升，5%碘酊20毫升）；为了加速炎性渗出物的吸收，可适当进行缓慢的运动。

对重度扭挫有韧带、关节囊断裂或关节内骨折可疑者，应装石膏绷带。

炎症转为慢性时，可用碘樟脑合剂（碘片20克，95%酒精100毫升、乙醚60毫升、精制樟脑20克、薄荷脑20克、蓖麻油25毫升），涂擦患部5 ~ 10分钟，每日1次，连用5 ~ 7天；也可外敷扭伤散，口服跛行散。

（三）结膜炎

结膜炎是指眼结膜受到外界刺激和感染而引起的炎症，又称接触传染性眼炎，是绵羊和山羊的一种常见病，夏季多发。结膜充血、发炎、流泪及分泌物增多为本病的特征。

【病因分析】 羊舍环境污浊、氨气过浓和环境灰尘多，均可刺激羊眼，引起发病。放牧时，野草籽进入羊眼会引起异物性结膜炎。在炎热夏季，蝇、灰尘和长草利于病原的散播，容易传染结膜炎。气候较冷的季节，由于羊群拥挤，羊只互相接触，容易扩大传染。

【临床症状】 主要表现为结膜发炎，严重发病时，可涉及角膜。疾病初期，病羊流泪，眼睛下部皮肤变湿。检查时，可见结膜发红，角膜浑浊，继而眼分泌物变稠。当化脓性细菌侵入损伤的结膜囊时，常引起化脓性结膜炎，病眼有较多的眼分泌物，常使上、下眼睑被脓液黏着。本病一般在2周之内可以痊愈。偶尔发生角膜溃疡，有时引起角膜穿孔，可致眼球内液体流出，预后不良。

【预防措施】 对病羊迅速治疗，并进行隔离。改善羊舍卫生条件，注意通风换气与增加光照，防止风尘的侵袭，严禁在羊舍内调制饲料。防止羊眼受伤。

【治疗方法】 设法将病因除去。若是症候性结膜炎，则应以治疗原发病为主。若因环境不良而致病，应设法改善环境。

将病羊安置于暗舍内或装眼绷带。当分泌物量多时，以不装眼绷带为宜。

一般而言，滴用抗生素眼药水，每日2 ~ 3次，具有良好疗效。亦可采用抗生素眼膏如氯胺苯醇眼膏或邻氯青霉素眼膏。有些病例不经治疗可以自愈。当眼分泌物多而浓稠时，可用生理盐水或2% ~ 3%硼酸水进行冲洗，然后应用眼膏或眼药水。

对症治疗可用以下方法。

急性卡他性结膜炎：充血显著时，初期冷敷；分泌物变为黏液时，改为温敷，再用0.5% ~ 1%硝酸银溶液点眼（每日1 ~ 2次）。用药后经10分钟，用生理盐水冲洗，防止硝酸银分解，且可预防银沉着。若分泌物减少趋于收缩时，可用收敛药，如0.5% ~ 1%硫酸锌溶液（每日2 ~ 3次）。疼痛明显时，可用1% ~ 3%普鲁卡因溶液点眼。转为慢性时可用0.2% ~ 2%硫酸锌溶液点眼。

慢性结膜炎：治疗以刺激温敷为主，局部可用较浓的硫酸锌或硝酸银溶液，轻擦上、下眼睑，擦后立即用2%～3%硼酸水冲洗，然后再进行温敷。或用黄连1.5克、枯钒6克、防风9克，煎后过滤，用药液洗眼，效果良好。患病毒性结膜炎时，可用5%磺乙酰胺钠眼膏涂布眼内。同时，补充维生素A，可以加大治愈率。

三、产科病

（一）流产

流产又称妊娠中断。母羊妊娠以后，如果发生胚胎被母体吸收，或者排出死亡的或未足月的胎儿，均称为流产。山羊发生流产较多，绵羊较少见。流产胎儿具有生活力的最低妊娠期，在羊为4.5个月。当胎儿尚有生活力时，称为“早产”，若已达到妊娠期而在死亡后产出，称为死产。

【病因分析】 根据发生原因的不同，可以将流产分为两类：一类是由于传染性因素所引起，如布鲁氏菌病、沙门氏菌病、胎儿弯曲菌病和边界病等。另一类是由非传染性因素所引起，如子宫瘢痕及子宫与腹膜粘连、子宫畸形、胎盘出血或脐带捻转，胎儿畸形等；母体生理异常，如母体营养不足，长时间绝食或长期饥饿；内科病，如肺炎、肾炎、有毒植物中毒、食盐中毒、农药中毒等；营养代谢病，如无机盐缺乏、微量元素不足或过量、维生素A、维生素E不足等；或由于日常饲养管理不当而引起，如羊自己滑跌、受其他羊只抵撞或羊腹部受到踢打，以及羊只经过狭窄的通路而使腹部受到强度挤压等；食入发霉或冰冻饲料，饮用冷水；药物作用如在治疗发热性疾病时，给予地塞米松，亦可引起流产。

【临床症状】 流产通常在胎儿死亡后3天内发生，其症状因妊娠期的长短而异。突然发生流产者，一般无特殊表现。妊娠初期流产者，胎儿及胎盘尚小，与子宫黏膜结合较松，故经过迅速。妊娠越到后期，则症状越近似正常分娩。故发生于妊娠后半期时，可以偶然见到母羊乳房膨大，乳头充血。食欲、反刍、体温及脉搏等虽无多大异常，但举动不安，则为流产象征。以后阴户流血，有丝状黏液自阴户下悬，最后胎儿与胎衣先后排出。胎儿成熟期发生流产者，因胎儿过大，或因死胎的胎位及胎势不易发生变化，或因子宫收缩力不足，子宫口开张不全，致使胎儿不能产出，即可发生难产，此时可见母羊食欲减退、不安静、常努责，阴户流出血色黏液，经时较久，可使体温增高、精神委顿。此种情况下，必须实行助产手术。如果未将死胎排出，即会发生胎儿浸软分解、腐败分解或干尸化等结局。

【预防措施】 加强饲养管理，重视传染病的防治，定期检疫、预防接种、驱虫和消毒。凡遇到疾病，要即时诊断，及早诊断，及早治疗，谨慎用药。变更饲养管理时，应该逐渐改变，不可过于突然，以免由于不习惯而忽然显出有害作用。不应喂给妊娠羊不良饲料、雪及冰水。为了避免由于拥挤而发生流产，应准备足够的饲槽，把饲料均匀地放在槽底。防止妊娠羊抵斗、剧烈运动或摔倒。放牧妊娠羊时，必须缓慢，以免因过度疲劳而破坏母体和胎儿之间的气体交换，以致引起流产。发生流产时，先行隔离消毒，一边查明病因，一边进行处理，以防传染性流产传播扩散。

【治疗方法】 在发现前驱症状时，可

试用以下各种疗法：对有流产征兆而胎儿未被排出及习惯性流产，应全力保胎，以防流产。可用黄体酮15毫克，一次肌内注射。如果胎儿已发生干尸化，为了排出胎儿，可肌内注射己烯雌酚2～3毫克或皮下注射妊娠羊（6—8个月）的新鲜尿液25～30毫升，通常在注射后2～4天，胎儿即被排出。如果胎儿已发生腐败，首先应给子宫腔内注入0.002%高锰酸钾溶液100毫升，然后灌入灭菌植物油，使胎儿和子宫壁分离。之后用产科钩或产科套拉出胎儿，亦可用纱布条绑住胎儿颈部或用钳子夹住下颌骨骨体向外拉。

对于排出不足月胎儿或死亡胎儿的母羊，一般不需要特殊处理，但需要加强营养。对于安哥拉山羊的习惯性流产，可将母羊淘汰，只对发育良好的健康母羊配种。

（二）难产

难产指分娩过程中发生困难，母羊不能将胎儿顺利地由阴道排出体外。

【病因分析】 主要病因有母羊阵缩及努责微弱、阵缩及努责过强、骨盆狭窄和产道狭窄；胎儿姿势不正（胎势不正），位置不正（胎位不正），方向不正（胎向不正），胎儿过大，双胎难产，胎儿畸形等。

【临床症状】 绵羊胎儿的产出时间为15分钟至2.5小时，双胎间隔时间为5～6分钟；山羊胎儿的产出时间为30分钟至4小时，双胎间隔时间为5～15分钟。难产多发生于超过预产期时，妊娠羊表现极度不安，不时徘徊，阵缩及努责，呕吐，阴唇松弛湿润，阴道流出胎水、污血及黏液，母羊时而回头顾腹及阴部，但经1～2天仍不产羔。有的母羊外阴部夹着胎儿的头或腿，长时间不能产出。随难产时间的延长，妊娠羊精神变差，痛苦加重，表现呻吟、爬动、精神沉郁、心率加快、呼吸加快、阵缩减弱。病至后期阵缩消失，母羊卧地不起，甚至昏迷。

【预防措施】 加强饲养管理，对于留作繁殖用的母羊，从小就要保证其发育良好，体格健壮。分群饲养，供给必需的饲养条件，保持妊娠期间母羊的体况良好，但不可过肥。对于接近预产期的母羊，应再进行分群，特别多加照管。

准备好分娩场所，天气温暖时，可在露天生产，但必须备有羊棚，以防天气突然变化时应用。在大牧场，应备有较大的环境良好的产圈或产棚，并应装置分娩栏。每个分娩栏大小约为1.5米^2,可排列成行，将临产羊和产后羊放于栏内，由经验丰富的饲养员护理。清晨和傍晚母羊分娩较多，应该有专人值班，特别注意接产。

在分娩过程中，要尽量保持环境安静，接产人员不要高声喧哗，也不要让犬惊扰羊群。对于分娩的异常现象，要做到尽早发现，及时处理。当发现分娩时间过长时，即应进行产道检查，根据反常情况进行助产。只要发现及时，母羊还有分娩力量，稍微加以帮助，胎儿即容易产出，可以防止发生严重的难产。

【助产方法】 为了保证母子安全，对于难产羊必须进行全面检查，及时进行人工助产术，必要时可进行剖宫产手术。

（1）助产原则 当发现难产时，应及早采取助产措施。助产越早，效果越好。使母羊呈前低后高或仰卧（有时）姿势，把胎儿推回子宫内进行矫正，以便利于助产操作。如果胎膜未破，最好不要弄破。因为当胎儿周围有液体时，比较容易产出。但当胎儿的姿势、方向、位置复杂时，就需要将胎膜刺破，及时进行助产。如果胎膜破裂时间较长，产道变干，就需要注入灭菌液状石蜡或其他油类制剂，以利于助产手术的进行。将刀子、钩子等尖锐器械带入产道时，必须用手保护好，以免损伤产道。所有助产动作都不要过于粗鲁。一般来说，只要不是胎儿过大或母体过度疲乏，仅仅需要将胎儿向内推，校正反常部分，即可自然产出。如果需要人力拉出，也应缓缓用力，使胎儿地拉出和自然产出一样。因为羊的子宫壁较马、牛薄，如果在矫正或拉出时过于粗鲁，容易造成子宫穿孔或破裂。在矫正之后，如果一个人用一定的力量还不能拉出胎儿，或者胎儿过大、畸形、肿大时，就需考虑施行截胎术或剖宫产术。

（2）助产时间　当母羊开始阵缩4～5小时或更长时间，仍未见羊膜在阴门外或阴门内破裂，母羊停止阵缩或阵缩无力时，需迅速进行人工助产，不可拖延时间，以防羔羊死亡。

（3）助产准备　助产前询问母羊分娩时间，是否初产或经产，看胎膜是否破裂，有无羊水流出，检查母羊全身状况。

①保定母羊　一般使母羊侧卧，保持安静，让前肢低、后躯稍高，以便于矫正胎位。

②消毒措施　对手臂、助产用具进行消毒；对阴户外周，用0.02%新洁尔灭溶液进行清洗。

③产道检查　检查产道有无水肿、损伤、感染，产道表面干燥和湿润状态。

④胎位、胎儿检查　确定胎位是否正常，判断胎儿死活。胎儿正产时，手伸入产道可摸到胎儿的嘴巴、两前肢，两前肢中间夹着胎儿的头部，可用手牵拉胎儿舌头或压迫其眼睛，看是否有反应；当胎儿倒生时，手伸入产道可摸到胎儿的尾巴、臀部、后蹄，以手压迫胎儿或手指伸入其肛门，如有反应，表示尚存活。

（4）助产方法

①胎位不正的处理　常见的难产有头颈侧弯、头颈下弯、前肢腕关节屈曲、肩关节屈曲、胎儿下位、胎儿横向、胎儿过大等，可按不同的异常产位将其矫正，然后将胎儿拉出产道。

②进行剖宫产　子宫颈扩张不全或子宫颈闭锁，胎儿不能产出，或骨骼变形，致使骨盆腔狭窄，胎儿不能正常通过产道，在此情况下，可进行剖宫产急救胎儿，保护母羊的安全。

③阵缩及努责微弱的处理　皮下注射麦角碱1～2毫升。必须注意，麦角制剂只限于子宫颈完全开张，胎势、胎位及胎向正常时方可使用，否则易引起子宫破裂。

④双羔的处理　当羊怀双羔时，可遇到双羔同时将一肢伸出产道，形成交叉的情况。由此形成难产，应分清情况，辩明关系。可触摸到腕关节确定前肢，触摸跗关节确定后肢。若遇交叉，可将另一只羊的肢体推回腹腔，先理顺一只羔羊的肢体，将其拉出产道；再将另一只羔羊的肢体理顺推回拉出。切忌将两只羊的不同肢体误认为同只羔羊的肢体。

（三）新生羔羊窒息

新生羔羊窒息也称新生羔羊假死，其主要特征是刚出生的羔羊发生呼吸障碍或没有呼吸而仅有心跳，如抢救不及时，往往死亡。

【病因分析】分娩时产出时间拖延或胎儿排出受阻，胎盘水肿，胎囊破裂过晚，倒生时脐带受到压迫，脐带缠绕，子宫痉挛性收缩等，均可引起胎盘血液循环减弱或停止，使胎儿过早地呼吸，吸入羊水而发生窒息。

对接产工作组织不当，严寒的夜间分娩时，因无人照料，使羔羊受冻太久，出现假死。

母羊贫血或患严重的热性病时，血液内氧气不足，二氧化碳积聚过多，刺激胎儿过早地发生呼吸反射，以致将羊水吸入呼吸道而发生窒息。

【临床症状】 轻度窒息时，羔羊软弱无力，黏膜发绀，舌伸出口角，口腔和鼻孔充满黏液；呼吸徐缓，张口喘气，心跳快而弱，听诊肺部有湿啰音，特别是喉和气管更为明显。

严重的病例，羔羊呈假死状态，全身松软，横卧不动，舌外垂，黏膜和皮肤苍白，眼睑闭合，反射消失，呼吸停止，仅心脏有微弱跳动。

【预防措施】 在产羔季节，应进行严密的组织安排，夜间必须有专人值班，及时进行接产，对初生羔羊精心护理。在分娩过程中，正确及时地进行接产、助产、处理难产；抢救窒息的羔羊时，动作要准确迅速，分秒必争，措施无误。如果母羊有病，在分娩时应迅速助产，避免延误而发生羔羊窒息。

【治疗方法】 根据假死程度的不同，采取不同的急救措施。不管采用哪一种方法治疗，都必须争取时间及早进行。如果羔羊尚未完全窒息，还有微弱呼吸时，应立即将羔羊倒置提起，双手按在胸部两侧，用手轻轻地有节奏地压动胸廓部位，帮助空气进入肺部，刺激呼吸反射，同时促进排出口腔、鼻腔和气管内的黏液和羊水，并用干净的布擦干羊体，然后将羔羊泡在温水中，使头部外露。稍停留之后，取出羔羊，用干布片迅速摩擦身体，然后用毡片或棉布包住全身，使口张开，用软布包舌，每隔数秒钟，把舌头向外拉动 1 次，使其恢复呼吸动作。待羔羊复活以后，放在温暖处进行人工哺乳。

若已不见呼吸，必须在除去鼻孔及口腔内的黏液及羊水之后，施行人工呼吸。有条件的可进行输氧疗法。同时，注射尼可刹米、洛贝林注射液 0.5 毫升。也可以将羔羊放入 37℃左右的温水中，让头部外露，用少量温水反复洒向心脏区，然后取出，用干布摩擦全身。

给脐动脉内注射 10% 氯化钙注射液 2 ~ 3 毫升。因为在脐血管和脐环周围的皮肤上广泛分布着各种不同的神经末梢网，形成了特殊的反射区，所以在这里可以兴奋在短时间内失去功能的呼吸中枢。

（四）阴道脱出

本病的特征是阴道壁的部分或全部从阴门中向外脱出，引起阴道黏膜充血、发炎，甚至形成溃疡或坏死。本病常发生于妊娠末期及分娩以后，以妊娠末期为最多，山羊比绵羊多见，圈养羊多发。

【病因分析】 主要是由于饲养管理不当所引起，如全身虚弱、缺乏运动、疲劳过度，以及饲料品质不良、缺乏矿物质或给量不足，或者羊只过肥，常可引起全身组织紧张性降低。胎次较多的母羊和胎盘分泌雌激素过多的母羊，由于骨盆腔和阴道壁的结缔组织及外阴松弛，也容易发生本病。母羊妊娠末期，在卧下时因后躯位置低，使腹腔内容物对阴道壁的压力增高也可引起本病的发生。因为生殖器官受到刺激而努责过度，如难产及胎衣不下时的剧烈努责，妊娠羊严重的腹泻，可能引起阴道完全脱出。

【临床症状】病初，当羊卧下时，可以看到阴道上壁的黏膜向外突出，起立时又退缩而消失，这时称为阴道外翻或阴道不完全脱出。疾病继续发展时，则可见一个大而圆的粉红色肿瘤样物露出阴门之外，羊站立时亦不复原，称为阴道完全脱出，阴道黏膜往往红肿干燥（图 9-17）。在山羊，有时可以看到阴道完全脱出数分钟，即又复原。发病以前常有消化道发炎的症状。有时阴道脱出的程度很大，从外面就可看到子宫颈，子宫颈口充有黏液。当接触到硬物体时，容易引起出血。这种现象只见于努责剧烈而频繁，以及单胎的情况下。

图 9-17　病羊阴道壁向外突出，形成一个大而圆的肿瘤样物

【预防措施】本病主要是因为饲养管理不当而引起，所以在预防时首先应该改善妊娠羊的饲养条件，并且每天要保证适量的运动，及时防治便秘、腹泻、瘤胃臌气等疾病。在妊娠前 1/3 时期不可过于肥胖。羊舍地面的倾斜度不宜太大。在妊娠的后 1/3 期间，不可用汽车运输妊娠羊。

【治疗方法】阴道脱出不大时，不需要治疗。但在发生污染和创伤时，应用 2% 明矾溶液冲洗。为了防止阴道壁反复脱出，必须使羊的后躯站高，为此可将羊拴在狭窄的羊栏内，绳子拴短，限制其活动，然后在羊脚下放一块向前倾斜的木板，或者给后躯多垫些垫草。

在阴道完全脱出时，应立即进行整复。整复的方法与步骤如下：先用温水灌肠，使肠内空虚，再用温开水清洗阴道的脱出部分及其周围，然后用 2% 明矾溶液洗涤，让血管及组织收缩变小；使羊后部站高，或者将羊放倒后躯垫高，然后进行整复。整复时应当用手指将脱出部分推向前上方，逐渐推入骨盆腔内；如果因山羊努责而妨碍操作时，应让其口服白酒 200 毫升左右，使之镇静；在完全推入骨盆腔以后，将手指伸入阴道，展平阴道黏膜上的皱襞。为了减轻刺激和促进组织收缩，可用 3% 明矾溶液灌入阴道。

当突出的阴道水肿时，可用针头刺破黏膜使渗出液流出，待阴道水肿减轻、体积缩小后再进行整复。局部损伤处结痂者，应先除去结痂块，清理坏死组织，然后进行整复。为了防止重复脱出，可用阴门固定器压迫并固定，也可用粗缝合线缝合阴门。缝合之前必须消毒术区，不要缝得过紧，但必须让缝合线穿过组织深部，以免撕裂阴唇。山羊比较敏感，努责较强，因此应该多缝几针。除了在阴门下角留一小孔以便排尿外，将其余部分都应尽量缝合起来。在临分娩之前方可去除阴门固定器或抽掉缝合线，以免在母羊努责时扯破阴门组织。

（五）胎衣不下

胎儿出生以后，绵羊排出胎衣的正常时间为 2 ～ 6 小时，山羊为 1 ～ 5 小时，如果在分娩后超过 14 小时胎衣仍不排出，即称为胎衣不下。本病在山羊和绵羊都可发生。

【病因分析】 产后子宫因多胎、胎水过多、胎儿过大以及持续排出胎儿而伸张过度，出现收缩不足。饲料的质量不好，特别是当饲料中缺乏维生素、钙盐及其他矿物质时，容易使子宫发生弛缓。妊娠期，尤其是在妊娠后期，母羊缺乏运动或运动不足，往往会引起子宫弛缓，因而胎衣排出很缓慢。分娩时母羊肥胖，可使子宫复旧不全，因而发生胎衣不下。流产和其他能够降低子宫肌内和全身张力的因素，都能使子宫收缩不足。

患布鲁氏菌病的母羊常因胎儿胎盘和母体胎盘发生黏着而发生胎衣不下，究其原因，有以下 2 种情况：一是妊娠期子宫内膜发炎，子宫黏膜肿胀，使绒毛固定在凹穴内，即使子宫有足够的收缩力，也不容易让绒毛从凹穴内脱出；二是当胎膜发炎时，绒毛也同时肿胀，因而与子宫黏膜紧密粘连，即使子宫收缩，也不容易脱离。

【临床症状】 胎衣可能全部不下，也可能是一部分不下。未脱下的胎衣经常垂吊在阴门之外（图 9-18）。病羊背部拱起，时常努责，有时由于努责剧烈可能引起子宫脱出。如果胎衣能在 14 小时以内全部排出，多半不会发生什么并发症。但若超过 1 天，则胎衣会发生腐败，尤其是气候炎热时腐败更快。从胎衣开始腐败起，即因腐败产物引起中毒，使羊精神不振，食欲减退，体温升高，呼吸加快，泌乳量降低或泌乳停止，并从阴道中排出恶臭分泌物。由于胎衣压迫阴道黏膜，可能使其发生坏死。本病往往并发败血病、破伤风或气肿疽，或者造成子宫和阴道的慢性炎症。如果羊只不死，一般在 5 ～ 10 天内全部胎衣发生腐烂而脱落。山羊对胎衣不下的敏感性比绵羊大。

图 9-18　山羊胎衣不下

【预防措施】 加强妊娠羊的饲养管理，不使妊娠羊过肥；应给妊娠羊饲喂含钙及维生素丰富的饲料。舍饲羊每天必须保证适当的运动。临产前一周减少精饲料喂量，分娩后让母羊自行舔食羔羊身体上的黏液，必要时可给母羊灌服羊水，并尽早让羔羊吮乳。分娩后立即静脉注射葡萄糖氯化钙溶液，或饮益母草当归水。

【治疗方法】 在产后 14 小时以内，

可待其自行脱落。如果超过14小时，即应采取适当措施，因为这时胎衣已开始腐败，若再滞留于子宫中，可以引起子宫黏膜的严重发炎，导致暂时性或永久性不孕，有时甚至引起败血症。处理胎衣不下时绝不可强拉胎衣，以免扯断而将胎衣留在子宫内。

（1）皮下注射催产素　羊的阴门和阴道较小，只有手小的人才能进行胎衣剥离。如果将手勉强伸入子宫，不但不易进行剥离操作，反而有损伤产道的危险，故当手难以伸入时，可皮下注射催产素2～3单位（注射1～3次，每次间隔8～12小时）。如果配合用温的生理盐水冲洗子宫，收效更好。为了排出子宫中的液体，可以将羊的前肢提起。

（2）手术剥离胎衣　先用消毒液洗净外阴部和胎衣，再用鞣酸酒精溶液冲洗和消毒术者手臂，并涂以消毒软膏，以免将病原菌带入子宫。如果手上有小伤口或擦伤，必须预先涂擦碘酊，贴上胶布。用一只手握住胎衣，另一只手送入橡皮管，将0.01%温高锰酸钾溶液注入子宫。手伸入子宫，将绒毛膜从母体子叶上剥离下来。剥离时，由近及远。先用中指和拇指捏挤子叶的蒂，然后设法剥离盖在子叶上的胎膜。为了便于剥离，事先可用手指捏挤子叶。剥离时应当小心，因为子叶受到损伤时可以引起大量出血，并为微生物的进入开放门户，容易造成严重的全身症状。

（3）中药治疗　当归9克、白术6克、益母草9克、桃仁3克、红花6克、川芎3克、陈皮3克，共研为末，用开水调成糊状，待温灌服。

（4）及时治疗败血症　如果胎衣长久滞留，往往会发生严重的产后败血症。其特征是病羊体温升高，食欲消失，反刍停止。脉搏细而快、呼吸快而浅，皮肤冰冷（尤其是耳朵、乳房和角根处）。喜卧下，对周围环境十分淡漠，从阴门流出污褐色恶臭的液体。遇到这种情况时，应该及早进行以下治疗：肌内注射抗生素，如青霉素40万单位，每6～8小时注射1次；链霉素1克，每12小时注射1次；用1%冷食盐水冲洗子宫，排出盐水后给子宫注入青霉素40万单位及链霉素1克，每日1次，直至痊愈；10%～25%葡萄糖注射液300毫升，40%乌洛托品注射液10毫升，静脉注射，每日1～2次，直至痊愈；结合临床表现，及时进行对症治疗，如给予健胃剂、缓泻剂、强心剂等。

（六）产后瘫痪

产后瘫痪是分娩后突然发生的一种严重的神经疾病，又称乳热病或低钙血症。其特征为咽、舌、肠道和四肢发生瘫痪，失去知觉。山羊和绵羊均可患病，但以山羊比较多见。尤其是在2～4胎的某些高产奶山羊，几乎每次分娩以后都重复发病。

【病因分析】 舍饲、产奶量高以及妊娠末期营养良好的羊只，如果饲料营养过于丰富，由于血糖和血钙降低，均可引起发病。据测定，病羊血液中的糖分及含钙量均降低，可能是因为大量钙质随着初乳排出（或者是因为初乳含钙量太高之故）。胎儿发育迅速消耗钙质过多，大脑抑制动用骨骼中钙的能力降低；从肠道中吸收钙的量减少等。其原因是降钙素抑制了副甲状腺素的骨溶解作用，以致调节过程不能适应，而变为低钙状态，而引起发病。

【临床症状】 病羊病初精神抑郁，食欲减退，反刍停止，后肢软弱，步态不稳，甚至摇摆。有的绵羊弯背低头，蹒跚走动。由于发生战栗和不能安静休息，呼吸常见加快。这些初期症状维持的时间通常很短，此后病羊站立不稳，在企图走动时跌倒。有的羊倒后起立很困难，有的不能起立，头向前直伸，不采食，停止排便和排尿。皮肤对针刺反应很弱。少数病羊知觉完全丧失，有极其明显的麻痹症状。舌头从半开的口中垂出，咽喉麻痹。脉搏先慢而弱，以后变快，勉强可以摸到。呼吸深而慢。病的后期常常用嘴呼吸，唾液随着呼气吹出，或从鼻孔流出食物。病羊常呈侧卧姿势，四肢伸直，头弯于胸部，体温逐渐下降，有时降至 36℃。皮肤、耳朵和角根冰冷，很像将死状态。有些病羊往往死于没有明显症状的情况下。例如，有的绵羊在晚上完全健康，而次晨却见死亡。

【预防措施】 根据钙在体内的动态生化变化，在实践中应考虑饲料成分配合，预防本病的发生。

在整个妊娠期间都应喂给富含矿物质的饲料。单纯饲喂富含钙质的混合精饲料，预防效果不理想，如同时给予维生素 D，则效果较好。

产前应保持适当运动，但不可运动过度，因为过度疲劳反而容易引起发病。

对于习惯性发病的羊，于分娩之后，及早应用下列药物进行预防注射：5% 氯化钙注射液 40 ~ 60 毫升，25% 葡萄糖注射液 80 ~ 100 毫升，10% 安钠咖注射液 5 毫升，混合后一次静脉注射。

在分娩前和产后 1 周内，每天给予蔗糖 15 ~ 20 克。

【治疗方法】

（1）补钙疗法　静脉或肌内注射 10% 葡萄糖酸钙注射液 50 ~ 100 毫升。

（2）乳房送风疗法　利用乳房送风器送风，没有乳房送风器时，可以用自行车的打气筒代替。首先使羊呈稍微仰卧姿势，挤出少量乳汁。用酒精棉球擦净乳头，尤其是乳头孔。然后将煮沸消毒过的导管插入乳头中，通过导管打入空气，直到乳房中充满空气为止。用手指叩击乳房皮肤时有鼓响音，为充满空气的标志。两侧乳房中都要注入空气。为了避免送入的空气外逸，在取出导管时，应用手指捏紧乳头，并用纱布绷带轻轻地扎住每一个乳头的基部，25 ~ 30 分钟后将绷带取掉。将空气注入乳房各叶以后，小心按摩乳房数分钟。然后使羊四肢蜷曲伏卧，并用草束摩擦臀部、腰部和胸部，最后盖上麻袋或布块保温。注入空气以后，可根据情况考虑注射 50% 葡萄糖注射液 100 毫升；如果注入空气后 6 小时情况并不改善，应再重复进行乳房送风疗法。

（3）其他疗法

①补磷　当补钙后，病羊机敏活泼，欲起不能站立时，多伴有严重的低磷血症。此时可应用 20% 磷酸二氢钠注射液 100 毫升，一次静脉注射。

②补糖　随着钙的供给，血液中胰岛素的含量会很快提高而使血糖降低，有时可引起低糖血症，故补钙的同时应当补糖。

（七）子宫炎

子宫炎是指母羊子宫黏膜发生的炎症，是一种常见的生殖器官疾病。在绵羊，有时由于某种病原微生物传染而发生，可能成为显著的流行病，是导致母羊不孕的原因之一。

【病因分析】 常发生于流产前后，尤其是传染病引起的流产。这种子宫炎容易相互传染，如不及时采取防治措施，正常分娩的羊也难免受到感染。分娩时期圈舍不清洁，或接产过程消毒不严，容易引起发病。本病也常为阴道脱出、子宫脱出、胎衣不下及阴道炎、腹膜炎、胎儿死于腹中等导致细菌感染而引起的继发症。

【临床症状】 按其病理过程、发炎的性质可分为卡他性、出血性和化脓性子宫内膜炎，临床表现有急性和慢性2种情况。

（1）急性　病羊体温升高，食欲减少，反刍停止，磨牙，精神萎靡。常从阴门流出污红色腥臭的排出物，附着于阴门周围、尾部和后肢，形成干痂。由于炎性渗出物的刺激，同时可使阴道及前庭发炎（图9-19）。有时由于病羊努责而发生阴道不全脱出。发病后期则不易站立，行走困难，后肢踢腹，如为传染性子宫炎，则体温显著增高，病羊极度虚弱，泌乳停止，有时表现昏迷，甚至造成死亡。

图9-19　山羊子宫炎

（2）慢性　多由急性病例转变而来，病羊食欲稍差，阴门排出少量卡他性或脓性渗出物，发情不规律或停止发情，不易受胎。卡他性子宫炎有时可以变为子宫积液，造成长期不孕，但外表没有排出液，不易确诊，只能根据有子宫卡他性炎症的病史进行推测。症状稍明显的可见弓背、努责，做排尿姿势，体温稍微升高，经常从阴门流出少量脓性黏稠的分泌物。有些病例无临床症状，仅是屡配不孕。

【预防措施】 一是加强饲养管理，保证配种公羊的卫生，防止发生流产、难产、胎衣不下和子宫脱出等疾病。二是预防和扑灭引起流产的传染性疾病。三是加强产羔季节接产、助产过程的卫生消毒工作，防止子宫受到感染。四是抓紧治疗子宫脱出、胎衣不下及阴道炎等疾病。

【治疗方法】 严格隔离病羊，不可与分娩的羊同群饲喂；加强护理，保持羊舍的温暖清洁，饲喂营养丰富且带有轻泻性的饲料，经常供给清水；抓紧治疗急性子宫内膜炎，全身注射青霉素或链霉素，防止转为慢性；进行子宫冲洗及灌注，可用100～200毫升0.1%高锰酸钾溶液1%～2%碳酸氢钠溶液、1%食盐水冲洗子宫，每日1次或隔日1次。子宫内有较多分泌物时，食盐水浓度可提高至3%，可促进炎性产物的排出，防止吸收中毒，并可刺激子宫内膜产生前列腺素，有利于子宫功能的恢复。

冲洗后子宫内给予抗生素，由于子宫内膜炎的病原菌非常复杂，且多为混合感染，宜选用抗菌范围广的药物，如四环素、庆大霉素、卡那霉素、金霉素等。可将0.5～1克抗生素用少量生理盐水溶解，做成溶液或混悬液，用导管注入子宫，每日2次。在子宫内有积液时，可注射雌二醇2～4毫克，4小时后注射催产素10～20单位，促进炎症产物排出。

（八）乳房炎

乳房炎是乳腺、乳池、乳头局部的炎症，多见于绵羊、山羊的泌乳期。根据发病原因及病的发展程度又可分成若干种。奶山羊患乳房炎以后，往往可使奶质变坏，不能饮用。有时由于患部循环不好，引起组织坏死，可造成羊只死亡。

【病因分析】挤奶人员技术不熟练或者挤奶方法不正确，损伤了乳头、乳腺体，或挤奶人员手臂不卫生，羔羊咬伤乳头，乳头受到细菌感染等均可引发本病。山羊一般为链球菌和葡萄球菌感染所致，绵羊除这两种球菌外，尚有化脓杆菌、大肠杆菌及巴氏杆菌感染等。乳用羊还可以见到结核性乳房炎。此外，无论在山羊或绵羊的乳房中，都可检测到假分枝杆菌，这种细菌可使乳房中生成脓性溃疡，损坏乳腺功能。分娩后挤奶不充分、乳汁积存过多、乳房外伤等可引起本病。患感冒、结核病、口蹄疫、子宫炎等疾病也可引发本病。

【临床症状】病羊病初无临床症状，乳汁也无大的变化。严重时，由于高度发炎及浸润，使乳房肿胀、发热，变为红色或紫红色。用手触摸乳房，羊只感到疼痛，挤奶困难，产奶量也大为减少。乳汁中常混有脓液或血液，故呈黄色或红色。患出血性乳房炎时，乳汁呈淡红色或血色，内含小片絮状物，乳房剧烈肿胀，异常疼痛（图 9-20、图 9-21）。如果发生坏疽，手摸时感到冰凉。由于行走时后肢摩擦乳房而感到疼痛，因此发生跛行或不能行走。病羊食欲不振，头部下垂，精神萎靡，体温增高。检查乳汁时，可以发现葡萄球菌、化脓杆菌、链球菌及大肠杆菌等，但各种细菌不一定同时存在。如为混合感染，病势则更为严重。

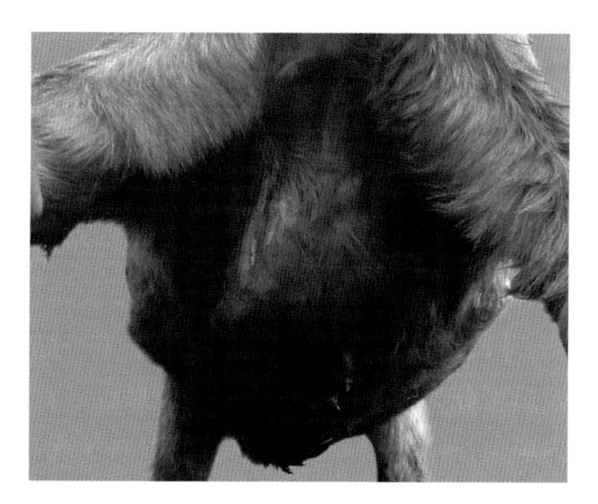

图 9-20　病羊乳房肿大，乳汁稀薄

图 9-21　病羊乳房肿胀、发红

【预防措施】避免乳房中乳汁积留，如果产奶量较大，羔羊吃不完的奶存留在母羊乳房内，易引起乳房炎；经常洗刷羊体，尤其是乳房部，以除去疏松的被毛及污染物；每次挤奶以前挤奶员必须洗手，并用开水或漂白粉溶液浸过的布块清洗，然后再用净布擦干。

保持羊舍清洁，定时清除粪便及不干净的垫草，更换干燥洁净的垫草。

产奶山羊及哺乳绵羊要注意保暖，特别是在雨雪天气时更要多加注意；哺育羔羊的绵羊，最好多进行放牧，这样不但可以预防乳房炎,而且可以避免发生其他疾病。

在挤病羊奶时,应另用一个容器,病羊的奶应该毁弃,以免传播疾病,并应经常清洗及消毒容器。

【治疗方法】 及时隔离病羊,然后进行治疗。治疗方法可分为局部治疗和全身治疗 2 种。

(1)局部治疗 先挤净坏奶,用消毒生理盐水 50 ~ 100 毫升注入乳池,轻轻按摩后挤出,连续冲洗 2 ~ 3 次。最后用生理盐水 40 ~ 60 毫升,溶解青霉素 20 万单位,注入乳池,每日 2 ~ 3 次。

初期乳房红、肿、热、痛剧烈的,每日冷敷 2 次,每次 15 ~ 20 分钟。冷敷以后,用 0.25 ~ 0.5% 普鲁卡因注射液 10 毫升,加青霉素 20 万单位,分 3 ~ 4 点直接注入乳腺组织内。

出血性乳房炎:禁止按摩,轻轻挤出血奶,用 0.25% ~ 0.5% 普鲁卡因注射液 10 毫升溶解青霉素 20 万单位,注入乳房内。如果乳池中积有血凝块,可以通过乳头管注入 0.9% 盐水 50 毫升,以溶解血凝块。

乳房坏疽:最好进行切除。

慢性乳房炎:可用 40 ~ 45℃热水进行热敷,或用红外线灯照射,每日 2 次,每次 15 ~ 20 分钟,然后涂以 10% 樟脑软膏。

(2)全身治疗 为了暂时制止泌乳功能,可施行减食法,即减少精饲料给量,少喂多汁饲料,如青贮饲料、根菜类及青绿饲料;限制饮水。主要喂给优质干草,如苜蓿、三叶草及其他豆科牧草。因为采取减食疗法,故在病羊食欲减退时,不需要设法促进食欲。

体温升高时,可灌服磺胺类药物,用量按每千克体重 0.07 克计算,每 4 ~ 6 小时使用 1 次,第一次用量加倍。或者静脉注射磺胺噻唑钠或磺胺嘧啶钠注射液 20 ~ 30 毫升,每日 1 次。也可肌内注射青霉素,每次 20 万 ~ 40 万单位,每日 2 ~ 3 次。

应用硫酸钠 100 ~ 120 克,配成 5% ~ 10% 水溶液灌服,促进毒物排出和体温下降。

如果乳房炎很顽固,长时期治疗无效而怀疑为特种细菌感染时,可采取乳汁样品,进行细菌学检查。在病原确定以后,选用适宜的磺胺类药物或抗生素进行治疗。

凡由感冒、结核病、口蹄疫、子宫炎等疾病引起的乳房炎,必须同时治疗这些原发病。

参考文献

范国雄，1999. 牛羊疾病诊治彩色图说［M］. 北京：中国农业出版社.

朱维正，2000. 新编兽医手册［M］. 北京：金盾出版社.

陈怀涛，2003. 羊病诊断与防治原色图谱［M］. 北京：金盾出版社.

石冬梅，李峰，龚晓勇，等，2004. 羊病门诊实用技术［M］. 郑州：河南科学技术出版社.

周庆民，2004. 羊病防治［M］. 哈尔滨：黑龙江科学技术出版社.

董蠡，2004. 实用羊病临床类症鉴别［M］. 北京：中国农业出版社.

王凤英，普爱兰，2008. 羊病防治问答［M］. 北京：化学工业出版社.

王志武，2008. 羊病类症鉴别与防治［M］. 太原：山西科学技术出版社.

程凌，郭秀山，2009. 羊的生产与经营［M］.2 版. 北京：中国农业出版社.

黄修齐，何英俊，2009. 牛羊生产［M］. 北京：化学工业出版社.

钟静宁，2010. 动物传染病［M］.2 版. 北京：中国农业出版社.

王仲兵，郑明学，2013. 舍饲羊场疾病预防与控制新技术［M］. 北京：中国农业出版社.

王林枫，辛国省，2014. 羊病诊治原色图谱［M］. 郑州：河南科学技术出版社.

乌力吉，2016. 牛羊病防治［M］.3 版. 北京：中国农业出版社.

陈万选，2015. 羊病快速诊治与科学养羊法［M］. 北京：中国农业科学技术出版社.

马玉忠，2013. 羊病诊治原色图谱［M］. 北京：化学工业出版社.